LA LOGIQUE
DU GRAIN DE SABLE

DU MÊME AUTEUR

Ne tuez pas le yankee, Stock, 1990.

Erik Durschmied

LA LOGIQUE DU GRAIN DE SABLE

Quand la chance ou l'incompétence a changé le cours de l'Histoire

Traduit de l'anglais par Gerald Messadié

JC Lattès / Trinacra

Titre de l'édition originale
THE HINGE FACTOR
How chance and stupidity have changed history
publiée par Hodder & Stoughton

Extraits de *Pursuit* de Ludovic Kennedy
(The Peters Fraser & Dunlop Group Limited)

Pour William et Alexander

Sommaire

Prologue

L'imprévu : clair et net...

« La chance et l'incertitude sont les éléments les plus courants et les plus importants de la guerre. »

Carl von Clausewitz,
De la Guerre, 1832.

Une superforteresse gris-argent du 509e groupe mixte de la 20e escadrille de l'US Air Fleet s'élança en grondant sur la piste de l'atoll Trinian. Elle ne transportait pas de bombes ni d'autres moyens de destruction. Rien que douze paires d'yeux. Et pourtant, cet avion allait causer la mort de plus de cent mille civils.

Trente minutes plus tard, un autre avion, portant le numéro 82 et un R cerclé sur l'empennage, décolla de la même piste. Sous le cockpit de Plexiglas étaient peints les prénoms de la mère du pilote, *Enola Gay*. Le pilote était le colonel Paul W. Tibbets de l'US Air Force et cet avion-là transportait une bombe, une grosse bombe.

Quand Tibbets et son équipage de douze hommes eurent pris de l'altitude, on lui communiqua quatre cibles possibles. C'était à lui de choisir laquelle. Les ordres qu'il avait reçus du général Thomas T. Handy, de l'US Air Force, étaient précis : « ... larguer la bombe spéciale *selon les conditions météo*, sur une des cibles suivantes, Kokura, Nigata, Hiroshima, Nagasaki... »

À 7 h 42 le matin du 6 août 1945, à l'altitude de 26 000 pieds au-dessus du Pacifique, Tibbets reçu un message codé de l'observateur météo dans l'avion de reconnaissance, celui qui avait précédé l'*Enola Gay* de trente minutes.

L'une des cibles était voilée par des nuages. La visibilité d'une autre était limitée. Mais une troisième était en plein soleil. Le grand bombardier se dirigea donc vers sa destination en raison d'un message ainsi libellé :

« COUVERTURE NUAGEUSE SUR MOINS DE TROIS DIXIÈMES. AVIS : *bombe primaire.* »

Par un caprice de la nature, une ville plutôt qu'une autre fut choisie pour la destruction.

Bombe primaire était une ville appelée Hiroshima.

Un jour ensoleillé de septembre — j'avais huit ans à l'époque — mon père rentra à la maison et m'annonça : « Hitler a déclaré la guerre. »

Je savais tout de Hitler. Je l'avais vu sur la Ringstrasse quand il avait fait son entrée triomphale dans ma Vienne natale. Mais la guerre ? Et je demandai donc : « *Papa*, qu'est-ce que c'est que la guerre ? »

Depuis ce jour de l'automne 1939, j'ai appris ce qu'est la guerre. La première fois, ce fut pendant que j'étais tapi, grelottant de peur, dans une cave à charbon tandis que les avions alliés lâchaient des bombes sur ma ville, ma maison, ma famille et plus tard, quand toute ma vie se trouva indissolublement liée à la guerre. Pendant trente ans, j'ai été ballotté de conflit en conflit et j'ai donc été capable d'observer la folie de gens tels que Hitler. Quelle que soit la guerre, je n'en ai jamais vu une qui n'ait abouti à de terribles souffrances.

La guerre est affaire de batailles et de choc des armes. Aussi superflue qu'elle paraisse, la bataille est le cœur de la guerre. C'est une obsession à laquelle tout le monde est tenu de participer. Certains meurent, d'autres se lamentent. D'autres se souviennent et célèbrent. Et puis il y a ceux qui planifient. J'ai rencontré des hommes dont les esprits étaient obsédés par le désir de la gloire militaire, des hommes qui déplaçaient des soldats de plomb dans des bacs à sable et qui conquéraient des cités de carton. Puis ils allaient sur le champ de bataille et déplaçaient de vrais soldats. D'une certaine façon, ça ne se passait jamais comme dans un bac à sable.

L'Histoire en témoigne : de grandes armées ont été vaincues par la stupidité et l'incompétence de leurs chefs. La guerre n'est pas une affaire de trompettes et de gloire militaire, mais une affaire de mort. Ou, pour citer Georges Clemenceau, l'homme qui arracha la France aux horreurs de la Première Guerre mondiale : « La guerre est une affaire trop importante pour la laisser aux militaires. »

Certains chroniqueurs voudraient nous faire croire que les batailles sont gagnées grâce à la valeur et au brio de seigneurs de la guerre, qu'ils coiffent du prestige du « génies » quand ceux-ci ont gagné. Ils présentent le vainqueur comme un homme brillant, à la différence du vaincu. Et pourtant, il n'est pas de formule secrète pour l'issue victorieuse d'une bataille, et celle-ci dépend beaucoup de la plus grosse bourde qu'aura commise l'un des belligérants. De nombreuses batailles ont dépendu d'un caprice du temps, de bons (ou de mauvais) renseignements, d'un héroïsme inattendu ou d'une incompétence individuelle, en d'autres termes de l'imprévisible. En termes militaires, ce phénomène se définit comme le « facteur grain de sable ».

Dans beaucoup de cas, le scénario qui aboutit au désastre était prêt bien avant que la pièce fût écrite. Les annales de la guerre abondent en exemples qui prouvent que, la plupart du temps, l'incompétence n'est pas due à une faille de l'intelligence, mais du caractère. L'obstination, qui veut qu'on aborde une situation rapidement changeante avec des idées préconçues et fixes, est invariablement une forte cause d'échec. Bien souvent, des hommes courageux ont été balayés par des attaques impitoyables par la faute d'ordres dictés, non par une vision claire de la situation, mais par l'ignorance, le dépit ou la soif de gloire personnelle. Avant de prendre ses positions dans le désert pour affronter les armées de Sarrasins du sultan Saladin, l'héroïque Raymond de Tripoli demanda à son roi, le Franc Guy de Lusignan : « Sire, posez-vous la question : pourquoi livrer bataille ? Est-ce pour la gloire de mon pays ou bien la mienne ? »

Quand un industriel choisit un projet mal conçu, il risque de fermer son usine et de mettre ses ouvriers au chômage ; quand un financier se livre à des spéculations imprudentes en Bourse, il risque de faire perdre de l'argent à de nombreux investisseurs. Les conséquences sont graves, mais non mortelles. Mais lorsqu'un chef militaire commet pareille erreur, les conséquences sont désastreuses ; elles se paient dans le sang et la souffrance de milliers d'êtres humains et souvent de beaucoup plus.

Et puis il y a toujours l'inattendu, introduit par la volonté divine, les nuages qui occultent une cible et condamnent l'autre à l'annihilation. La tuile, comme le plan de bataille secret trouvé par l'ennemi. Ou peut-être, le plus imprévisible de tout, la manière dont les hommes se comporteront dans l'épreuve et sous le feu. Et l'initiative personnelle et l'héroïsme, pas nécessairement ceux d'un traîneur de sabre dont la mémoire sera immortalisée par une statue de bronze, mais ceux d'un soldat inconnu et jamais célébré et gisant dans un tombeau anonyme.

L'histoire écrite relate des événements. Cependant il existe invariablement un « pourquoi » à ceux-ci. Je ne prétends pas offrir une explication cohérente ou définitive des raisons pour lesquelles l'issue d'une bataille particulière a soudain changé. Après chaque conflit, il est devenu courant pour les hommes politiques et les militaires de justifier leurs actions par l'écrit, d'expliquer leurs entreprises sur l'échiquier du champ de bataille ou de discuter à l'aide de statistiques abruptes les masses de morts qu'ils ont causées. Le simple fantassin, lui, raconte son expérience dans ses lettres au foyer. C'est en me fondant sur ces deux points de vue que j'ai choisi quelques « grains de sable ».

Quand on lit, bien des années plus tard, le récit d'un combat particulier, on se trouve confronté à un problème complexe : comment distinguer les informations fiables de la licence poétique. Dans l'abîme d'une défaite, l'objectivité est, dans le meilleur des cas, mise à mal et les archives sont incomplètes, quand elles n'ont pas complètement disparu. Il en est même qui ont été falsifiées par des chroniqueurs ou des poètes contemporains pour des raisons personnelles. Et cela vaut pour hier comme pour aujourd'hui [1]. Les récits médiévaux de Juvénal des Ursins sur le massacre de la noblesse française à la bataille d'Azincourt reflètent son point de vue français. Quand le duc de Wellington parle à propos de Waterloo d'« une chose rondement menée », il ne mentionne jamais l'erreur de Ney ni le rôle de Blücher. Quand le reporter du *Times* qui se trouvait sur les lieux, William Howard Russel, décrivit la pagaille de la charge de la brigade légère, on l'accusa d'avoir trahi des informations militaires secrètes [2]. Et ce sacrifice insensé fut

1. Cela est particulièrement vrai pour les jeux de nombres sur les forces au combat et leurs pertes. Par exemple à Azincourt, en 1415, les pertes du côté français sont estimées entre 8 000 et 10 000 chevaliers, alors que les Anglais n'auraient compté que 400 morts. Mais quand on prend en compte les corps à corps, c'est peu crédible. Nous ne connaissons même pas les chiffres exacts des victimes atomisées à Hiroshima et Nagasaki, et pourtant, c'était dans un passé relativement récent.

2. Cela devrait rappeler à mes confrères, si souvent considérés par les militaires comme des « voyeurs professionnels », que nos descriptions transforment le chaos du combat en images indélébiles et que l'effet de nos récits est plus durable que le journal du lendemain.

célébré dans un poème par Lord Tennyson. Où se trouve donc la vérité ?

La guerre a toujours été le domaine de la confusion. Je ne saurais dire si elle est réellement indispensable au progrès de l'humanité. Je sais seulement que c'est une des occupations favorites de l'homme et qu'elle a prévalu sur toutes les autres activités humaines.

E.D.
Domaine de Valensole,
hiver 1998

1

Un cheval de bois

Troie, 1184 av. J.-C.

> « Ne soyez pas dupés par ce cheval. Quoi qu'il soit, je crains les Grecs, même quand ils apportent des cadeaux. »
>
> Virgile, *Énéide*.

L'an 1184 avant notre ère.

Un dieu descend du ciel ; déguisé en cygne, il conquiert les faveurs de Léda. Le fruit de leur amour est une fille, Hélène, si belle que tous les princes demandent sa main. Elle choisit Ménélas, roi de Sparte. Un jour, un beau et jeune prince rend visite au couple. C'est Pâris, fils de Priam, roi de Troie, une cité fortifiée sur la côte orientale de la Méditerranée. Pâris est royalement reçu, mais il ne révèle pas le but de sa visite.

Avant que Pâris eût quitté sa Troie natale, le roi Priam avait été prévenu que son fils provoquerait la ruine de son pays. Ce qui arriva. La tragédie s'enclenche quand Pâris reçoit la visite de trois déesses, Aphrodite, Héra et Athéna. Elles lui remettent une pomme d'or et le prient d'élire la plus belle des trois. Héra lui promet la maîtrise de l'Asie et de l'Europe, Athéna, une grande victoire contre les Grecs et Aphrodite, la plus jolie fille du monde. Le jugement de Pâris élit Aphrodite, déesse de l'amour. Car elle a informé le jeune homme de l'existence d'Hélène de Sparte.

Quand Ménélas s'en va faire la guerre en Crète, Pâris enlève Hélène de Troie. On ne sait si elle le suit par amour ou bien contrainte. À son retour de Crète, le roi Ménélas fait appel à tous les héros grecs pour l'aider à venger le forfait et à réduire Troie en cendres. L'armée grecque, conduite par Agamemnon[1], est certes puissante, mais Troie l'est aussi. Le roi Priam a des fils valeureux, dont le plus brave est Hector[2], lequel n'a qu'un rival, Achille, héros des Grecs. La bataille fait rage pendant des années, la victoire reste cependant incertaine. Au cours d'une bataille, une de plus, Hélène apparaît sur les remparts. Son visage est si radieux que les belligérants s'arrêtent, à l'exception d'Achille et d'Hector, qui poursuivent un combat singulier. Athéna tend sa lance à Achille, qui en transperce la gorge d'Hector. « Ramenez mon corps à mon père », murmure en agonisant le héros troyen.

« Si je le pouvais, je te mangerais cru pour les malheurs que tu m'as valus ! » réplique Achille. Le Grec fait traîner le cadavre d'Hector par son char autour des murs de Troie[3]. Aphrodite donne alors à Pâris une flèche empoisonnée, que le héros décoche vers le seul endroit vulnérable du Grec, son talon. Achille meurt. Mais une autre flèche s'envole et tue Pâris.

Cependant, Troie résiste. Au bout d'un siège de dix ans, la guerre est au point mort. À moins que les Grecs puissent en abattre les murailles, ils ne conquerront jamais la cité fortifiée et ils devront alors se résigner à

---

1. Les ruines de son palais s'élèvent près de Corinthe.

2. Dans l'histoire ancienne, Hector est mis sur le même pied que Jules César et Charlemagne.

3. C'est sur la mort de son héros, Hector, qu'Homère finit l'*Iliade*, le reste est raconté dans l'*Énéide* de Virgile, écrite un millier d'années après la chute de Troie.

la défaite. Ulysse, le plus intelligent des Grecs, conçoit alors un plan astucieux : construire un cheval de bois, légèrement plus haut que la porte Scéenne, le remplir de soldats grecs et le laisser devant la porte de Troie. Une fois le plan exécuté, les Grecs retournent à leurs navires et mettent les voiles, mais en réalité vont se cacher derrière l'île la plus proche. Pour s'assurer que les Troyens céderont à sa ruse, Ulysse laisse derrière lui Sinon le Grec, qui persuade les Troyens de faire entrer le cheval à l'intérieur de leur ville en cadeau votif à Athéna.

Le roi Priam se laisse duper et ordonne de faire entrer le cheval. Pour cela, les Troyens devront ouvrir une brèche dans leurs murs. C'est alors que Laocoon, le chef des prêtres troyens, avertit le roi : « Je crains les Grecs, même lorsqu'ils apportent des cadeaux. »

Tyran farouche, Priam s'irrita de ce qu'un simple prêtre osât critiquer la volonté de son roi. Et pourtant Laocoon n'était pas le seul à redouter une ruse. La belle Cassandre, fille du roi, s'opposa aussi à son père et fit écho aux avertissements du prêtre : « Misérables gens, vous ne comprenez rien à votre destin ennemi ! »

Le conseil judicieux du prêtre-philosophe convainc presque les Troyens, quand le destin prend l'initiative. Deux serpents surgissent de la mer pour étouffer Laocoon et ses deux fils. Le destin l'emporte, comme il étouffera si souvent les hommes prudents et sages au cours des trois millénaires suivants. Les peuples n'écoutent jamais leurs prophètes ; ils restent spectateurs quand ceux-ci sont réduits au silence et puis se mettent aveuglément en marche vers le désastre. Les Troyens déposent donc le linteau de la porte Scéenne, ce qui entraîne la chute de leurs murs. Ils tirent le cheval vers l'autel d'Athéna et organisent une grande fête. « Tout en chantant dans de grandes réjouissances, ils introduisirent la mort, la trahison et la ruine. »

Au milieu de la nuit, Sinon déverrouille une trappe secrète dans le ventre du cheval de bois. Ulysse et ses guerriers en surgissent tandis que le reste de l'armée grecque s'élance à travers la brèche et incendie la cité. Quand les Troyens s'arrachent à leur stupeur alcoolique, le sang coule partout. Ce n'est plus un combat, mais une boucherie. On voit des hommes désespérés se tuer l'un l'autre plutôt que d'être tués. Des Troyens se défont de leurs propres armures et endossent celles de Grecs morts. Se croyant rejoints par leurs propres hommes, les Grecs paient cette erreur de leurs vies. Du haut des toits, les Troyennes précipitent sur les envahisseurs des madriers enflammés et l'écroulement d'une tour du palais écrase de nombreux Grecs. Mais la partie est inégale, trop de Troyens sont déjà morts et les Grecs font irruption dans le palais. Le roi Priam est brutalement exécuté devant ses femmes et ses enfants, et sa mort jette les Troyens dans le désespoir. Les Grecs se livrent au viol, au pillage et au saccage. Ils tuent les hommes, jettent les enfants du haut des remparts et emmènent les femmes en esclavage. Troie se meurt.

Seul Énée[1], fils d'Aphrodite, échappe à ce bain de sang. Il part en mer et le vent pousse son navire vers un rivage lointain, à l'embouchure du Tibre. Là, il fonde la ville qui deviendra Rome et qui un jour vaincra les conquérants de Troie.

La justice immanente est drapée de mythologie.

Ce qui s'est réellement passé cette nuit-là, il y a trois mille ans, nous ne pouvons que l'imaginer. « Je dois aux dieux cette guerre désastreuse », s'écrie Priam vaincu[2].

Oublions les interventions des dieux pour considérer les aspects stratégiques, militaires et économiques de cette guerre. À la fin du XIXe siècle, un archéologue ama-

---

1. Le héros de l'*Énéide*, écrite par Virgile à la gloire de Rome.

2. Homère, qui vécut vers 850 av. J.-C., n'est pas la meilleure source d'informations sur la chute de Troie puisqu'il termine son récit à la mort d'Hector. C'est Virgile qui rapporte les récits sans doute transmis oralement pendant des siècles. Il est possible qu'une reine de Sparte ait bien été enlevée par les Troyens au cours d'un raid, déclenchant ainsi la riposte des Grecs. Au Ve siècle av. J.-C., Hérodote, le père de l'Histoire, rapporte que les Troyens répondirent aux Grecs qu'Hélène n'était pas à Troie, mais que les dieux voulaient la guerre.

teur, Heinrich Schliemann, découvrit les ruines de ce qui aurait pu être la Troie de Priam, une cité fortifiée fondée par les guerriers phrygiens sur la colline de Hissarlik[1]. Nous pouvons déduire de sa position géographique que les ambitions maritimes des Grecs et des Troyens s'opposaient. Le contrôle de l'Hellespont, que nous appelons aujourd'hui Dardanelles, de la mer Égée et des routes commerciales avec la Méditerranée était en jeu.

Pour ce qui est du siège, il n'a pu durer dix ans d'affilée ; sans moissons saisonnières, les soldats des deux camps seraient morts de faim. La guerre a donc dû consister en une succession de batailles et probablement d'engagements maritimes.

Il est un élément essentiel qu'il ne faut pas négliger, c'est l'avertissement du philosophe Laocoon ; il indique que Troie était gouvernée par un despote et il témoigne d'une opposition à sa tyrannie, illustrant une tendance que le plus grand des philosophes grecs, Socrate, et ses disciples allaient plus tard porter à son apogée.

Dix ans s'étaient écoulés et rien n'était advenu. Soudain, en un instant, tout fut résolu. Le cheval de Troie n'est sans doute pas une fiction[2]. La ruse a toujours été utilisée durant les sièges de places fortes et la plus simple consistait à endormir la méfiance des défenseurs et à ouvrir une brèche dans les murs. L'histoire du cheval d'Ulysse est donc celle d'une *conquête par stratagème*.

Les chemins circulaires de l'Histoire sont étranges. Les Grecs ont tiré leur science des Troyens. Des réfugiés troyens ont fondé Rome et les Romains à leur tour ont conquis la Grèce et ont été conquis par sa culture.

Le grain de sable à Troie fut la *victoire par stratagème*.

---

1. Sur la rive asiatique des Dardanelles.

2. Dans ses *Descriptions de la Grèce*, Pausanias (IIe siècle) avance que le cheval aurait été une machine de guerre ou une catapulte.

2

La perte de la vraie Croix

Les cornes de Hattin, 4 juillet 1187

« Je ne déposerai pas les armes tant qu'il y aura un seul Infidèle sur la terre. »

Le sultan Saladin, selon
Baha'el Dine Ibn Shedâd, 1187[1].

Un désert aride et chaud, la plaine de Baroûf, s'étendait devant l'armée franque. S'y aventurer dans la journée eût été courtiser la mort pour une grande armée de chevaliers en armures et cottes de mailles. Et pourtant, Guy de Lusignan, roi de Jérusalem, leur ordonna justement de le faire. Un homme de haute taille s'approcha du roi ; il portait une cotte de mailles recouverte d'une cape blanche ornée de la croix rouge de l'ordre des chevaliers de la Sainte Quête. Sa longue épée pendait à sa ceinture. Sa tête était coiffée d'un casque en boulet et à garde-nez, comme en portaient les chevaliers des croisades. C'était Raymond III, comte de Tripoli, l'un des héros de l'histoire médiévale. « Monseigneur, pourquoi donnez-vous à votre armée l'ordre d'avancer dans ces terres arides ? »

---

1. Contemporain et ami du sultan Salah el-Dine, dit Saladin.

Les Cornes de Hattin, 4 juillet 1187

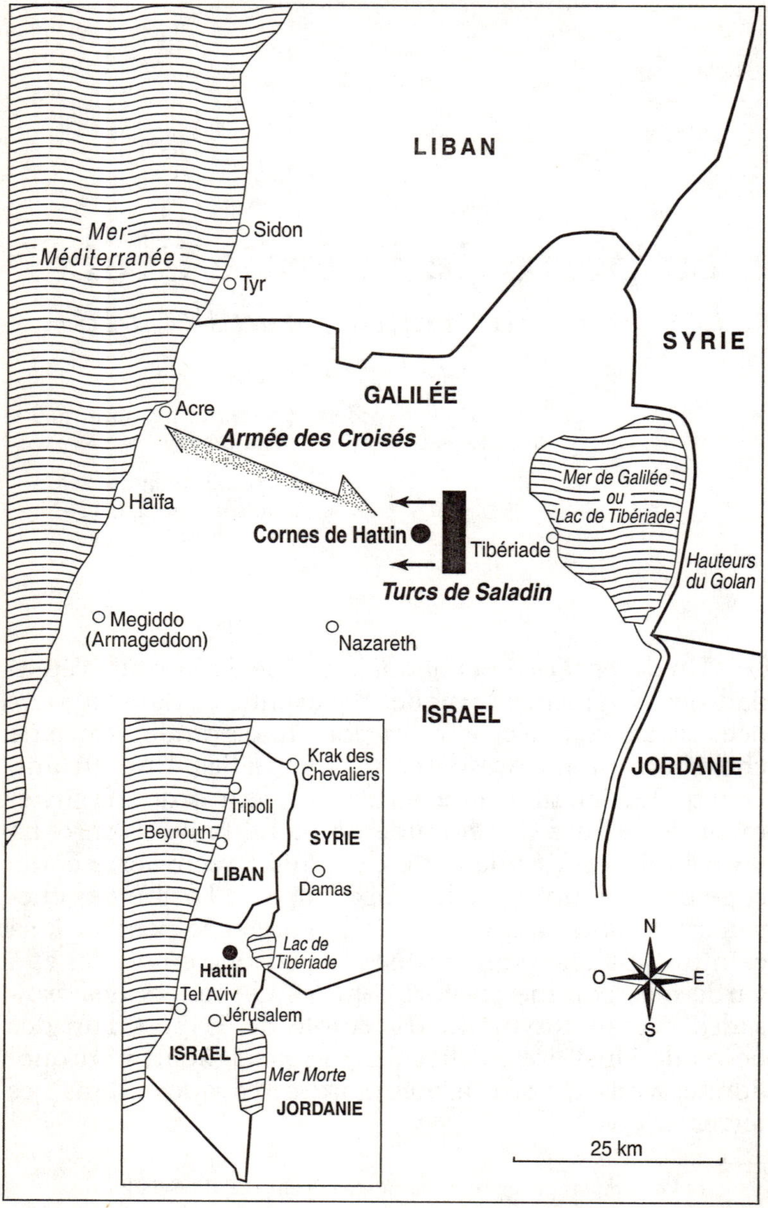

« Pour porter secours à votre dame en détresse. » Le roi faisait là allusion à dame Eschiva, comtesse de Tripoli, assiégée par les Sarrasins dans la forteresse de Tibériade, sur le lac de Galilée.

Raymond savait que le chef des Turcs, le sultan Saladin, observerait toujours le code d'honneur des Sarrasins et n'offenserait jamais une dame de haut rang ; mais il pensait aussi que Saladin était rusé comme un renard du désert : son vœu le plus ardent était de piéger les Francs dans une opération hâtive de secours, qui ne pourrait les conduire qu'au désastre. C'était pourquoi Saladin avait laissé passer sans encombre le messager de dame Eschiva. « Sire, répondit Raymond, si vous voulez engager le combat avec Saladin, que ce soit donc près de notre forteresse d'Acre. Si nous étions en difficulté, la ville pourrait toujours voler à notre secours. Et si, en revanche, Dieu était avec nous, nous pourrions égarer les Sarrasins. »

« Les égarer ? s'écria l'un des barons, Renaud de Châtillon, seigneur de Kerak. Les égarer ? De quelle perfidie s'agit-il donc ? »

« Oui, les égarer, répliqua le comte de Tripoli, et les massacrer par la même occasion, et Saladin sera tellement écrasé qu'il devra fuir la Terre sainte pour n'y jamais revenir. Monseigneur, dit-il en se tournant le roi, là-bas, dans le désert, Saladin a l'avantage de sa mobilité, sa force aura le dessus. Et qui défendra alors Jérusalem ? »

Le roi se rangea à la sagesse de Raymond.

Cette nuit-là, après le souper que le roi Guy avait partagé avec ses barons, la vanité et l'ambition commencèrent à tresser une intrigue. Le malin Gérard de Ridefort, Maître des Templiers, se présenta sous la tente du roi. « Sire, le comte de Tripoli voudrait que nous reculions comme des couards. »

Le roi craignait le Templier, un homme puissant qui l'avait aidé à usurper la couronne de son héritier légitime. Il hésita. Ayant rabattu la portière de sa tente, il sortit contempler dans le ciel nocturne les mêmes étoiles que son adversaire regardait, de l'autre côté du désert. Il se trouvait aux prises avec le problème suivant : comment justifier son choix ? Comme il advint si souvent à d'autres hommes qui détenaient le pouvoir suprême et qui avaient engagé tout leur avenir sur une décision unique, il était saisi de doutes. Son ordre de marche ne mènerait-il pas à des conséquences tragiques ? Mais Ridefort n'était pas homme à laisser passer une occasion de se montrer indispensable à son monarque. « Mon roi, vous savez que le comte de Tripoli ne vous porte pas dans son cœur. Dans sa duplicité, il ne se soucie que de maintenir sa trêve avec les Turcs. Nous sommes d'une essence supérieure aux païens. Je vous conseille de partir de ce principe et de vous mettre en marche pour notre glorieuse victoire. »

L'on raconte que cette même nuit, un domestique du roi vit passer un aigle portant sept flèches dans ses griffes en criant : « Prends garde, Jérusalem ! »

Oui, il y avait de la traîtrise dans l'air et de la témérité aussi, mais ce n'était pas le fait du comte de Tripoli, un chevalier qui avait étudié la stratégie de Saladin. Il savait que le sultan leur tendrait une embuscade. Une dernière fois avant l'aube, le comte essaya de faire changer le roi d'avis. « Roi Guy, je vous mets en garde, ne quittez pas ces lieux ou bien Saladin nous vaincra dans le désert. »

Contesté par le seul baron qui n'avait pas soutenu ses prétentions au trône de Jérusalem, le roi rétorqua avec vivacité au chevalier : « Ce n'est pas à vous de dire à votre roi ce qu'il faut faire. Je veux que mes chevaliers se mettent en selle et se préparent à prendre la direction de Tibériade[1]. »

Sur quoi le roi franc de Jérusalem se lança vers un désastre dont il était responsable.

---

1. D'après *Estoire d'Eraclès*, texte du XIIIe siècle, probablement inspiré par Guillaume de Tyr.

On peut dater le commencement des croisades par la défaite militaire de l'empire d'Orient à Manzikert en 1071, face aux hordes de cavaliers turcs Seldjoukides, venues des steppes d'Asie et converties à l'islam[1]. En dépit de sa querelle avec l'Église de Rome, Constantinople demanda l'aide du pape pour reconquérir l'Asie Mineure. En 1095, le pape Urbain II lança la première croisade, une aventure qu'on peut considérer comme unique, même du point de vue contemporain. Godefroy de Bouillon mena une armée de seigneurs et chevaliers français sur le chemin de la Croix. Le pardon de leurs péchés et le salut pour l'éternité fut promis à ses partisans. En 1099, les croisés s'étaient emparés de la cité de Dieu, victoire ternie par le massacre de toute la population musulmane[2]. Cela déclencha une guerre sainte ou *djihad* qui dura pendant les deux siècles suivants et qui, en rétrospective, ne prit jamais fin. Les premiers croisés francs fondèrent le royaume de Jérusalem. Pendant près d'un siècle, tout se passa bien. Les chrétiens tinrent les villes fortifiées et places fortes d'Acre, de Jaffa, de Tyr, dont le kérak ou *Krak* des chevaliers, tandis que les campagnes étaient dévastées par des bandes errantes de Sarrasins. Ce ne fut qu'après la défaite désastreuse de l'empereur Manuel à Myriocephalum en 1176 que la tournure finale des événements commença à se dessiner. Sans le support de Byzance, les chevaliers francs n'avaient plus assez d'hommes pour tenir contre les forces de l'islam en Palestine. Chrétiens et musulmans se dirigeaient rapidement vers une confrontation.

Pour aggraver la situation, l'époque de la chevalerie en quête de la sainte Croix avait pris fin ; c'était celle des bandes de barons soudards qui voulaient s'emplir les poches. Renaud de Châtillon était l'un de ces aventuriers partis en Terre sainte pour faire fortune. Au lieu de faire

1. Menacé de perdre le combat, le sultan turc avait acheté les mercenaires de Byzance, dont la trahison lui assura une écrasante victoire.

2. Guillaume de Tyr écrivit : « On vit avec horreur des monceaux de cadavres... »

montre de sa valeur comme défenseur de la vraie foi, il séduisit la veuve du prince d'Antioche, qui s'enticha de lui au point qu'elle lui céda les droits de ses provinces. Vite fatigué de ses charmes fanés, il l'abandonna pour épouser une dame de haut lignage, la dame de Kerak, et continua de vaquer à ses affaires, qui consistaient à piller les caravanes. Un autre ruffian était Gérard de Ridefort, qui avait recouru à une ruse pour se faire élire Maître des Templiers. Puis il s'était servi de ses nobles chevaliers pour terroriser et piller des citoyens sans défense. Le plus perfide de tous était le patriarche Heraclius de Jérusalem, « chaste moine » dont la maîtresse était une prostituée notoire connue dans toute la Ville sainte comme « La Patriarchesse ». Ce déplorable trio mena l'empire des Francs à sa ruine.

Face à ces malfrats se dressait Raymond III, comte de Tripoli[1], régent désigné de Jérusalem et le seul qui maintînt son serment à son roi-enfant, Baudouin V. Mais l'enfant chétif mourut et Guy de Lusignan, un autre aventurier, ayant épousé la tante du petit roi, usurpa la couronne. Raymond et le nouveau monarque s'affrontèrent dès lors. Le dommage fut rude pour la chrétienté, étant donné que Raymond était le seul baron en qui Saladin eût confiance. En 1185, le prince franc et le sultan sarrasin avaient conclu un armistice fondé sur la confiance réciproque et les principes de chevalerie. Ce ne fut qu'après l'incident aux sources de Cresson, quand les Sarrasins s'apprêtèrent à envahir la Galilée, que sa fidélité à la cause chrétienne contraignit Raymond à se rallier à son suzerain.

À la fin du XIIe siècle, le royaume franc de Jérusalem était menacé par le plus grand de tous les sultans guerriers, le fameux Saladin[2]. C'était un Turc dont les ancêtres avaient émigré des contreforts des monts Altaï,

---

1. Le comté de Tripoli avait été fondé par son grand-père, Raymond de Toulouse.

2. Le mot signifie « puissance ».

en Asie centrale. Au xe siècle, cette tribu de guerriers avait découvert l'islam. On peut soutenir que la conversion des Turcs à l'islam eut sur l'Orient le même effet que celle du christianisme teutonique avait eu sur l'Occident. Fils d'un lieutenant du sultan Nour el-Dine, émir d'Alep et de Damas, Saladin avait fait montre de sa valeur dans une succession de batailles contre les Francs ainsi que contre des potentats musulmans dissidents. En 1169, il devint vizir du Calife[1] et en 1171, il déposa le dernier des Fatimides décadents. Nouveau calife d'Égypte et vizir de Syrie, il tenait désormais le royaume des croisés dans un étau, ne leur laissant que la mer comme route ouverte vers Chypre et l'Europe. Pendant douze ans, les chrétiens parvinrent à tenir Saladin en respect jusqu'à ce que deux événements rompissent cet équilibre fragile. Le premier fut déclenché par Renaud de Châtillon.

Une nuit, un espion arriva au château du seigneur Renaud pour l'informer qu'une caravane de pèlerins en route pour La Mecque transportait de grandes richesses. Le seigneur de Kerak et ses hommes-liges se lancèrent dans un raid et saisirent la caravane. Or, celle-ci ne transportait pas seulement de l'or et des épices, mais un trésor plus précieux encore, la sœur même de Saladin, « une jeune fille si belle que les rossignols célébraient sa beauté ». Le sultan dépêcha un messager à la cour du roi Guy pour demander que sa noble sœur fût immédiatement libérée. Renaud de Châtillon, qui escomptait une forte rançon pour la royale captive, refusa d'obéir aux ordres de son roi, clamant qu'à la différence de Raymond de Tripoli, il n'avait jamais conclu de pacte avec les Sarrasins.

À peu près à la même époque, le 30 avril 1187, le fils de Saladin, Malik al-Afdal, demanda à Raymond de

1. Un calife est le « successeur du Prophète ». Dans le monde chrétien, ce serait un pape.

Tripoli le droit de passage à travers les provinces du comte, ce que Raymond accorda, à la condition que le passage s'effectuât entre l'aube et le crépuscule et sans importuner ses villes. Pour s'assurer que tous les barons seraient informés de cette promesse, le comte Raymond envoya une lettre de garantie à Gérard de Ridefort. Au lieu de souscrire à cette trêve, ce dernier, qui était en quête de gloriole, envoya ses quatre-vingt-dix Templiers et dix chevaliers Hospitaliers pour attaquer les Sarrasins. Ils les trouvèrent campant paisiblement près des sources de Cresson[1]. Un des Templiers, Jacques de Mailly, mit en garde son chef impétueux, lequel rétorqua : « Serait-ce que tu veux sauver ta jolie tête blonde ? Alors, décampe. »

« Je mourrai brave, mais vous, mon maître, vous prendrez la fuite ! » répliqua le chevalier offensé. Sa prédiction devait se réaliser. Animé d'un mépris injustifié pour la valeur des Sarrasins au combat, l'insolent Ridefort attaqua les sept mille guerriers musulmans avec sa poignée de chevaliers. L'inévitable advint : les Sarrasins les encerclèrent. Ridefort et trois de ses chevaliers abandonnèrent le combat et prirent la fuite, mais les autres furent capturés et décapités. Les Turcs défilèrent avec les têtes au sommet de leurs lances sous les murs de Tibériade, avant de se retirer dans leurs propres terres, comme promis avant le crépuscule.

Sans essayer de connaître la cause de ce massacre, le roi Guy ordonna sottement à tous les chevaliers chrétiens de se rallier à lui et commanda au patriarche de Jérusalem, Heraclius, de se munir de la vraie Croix, afin de conduire l'armée chrétienne au combat. Le patriarche alla donc décrocher la croix de l'église du Saint-Sépulcre et elle ne revint jamais à Jérusalem.

À la suite de l'impardonable affront fait à sa sœur, Saladin fit le serment sacré qu'il décapiterait personnel-

1. De nos jours Saffouria.

lement le félon Renaud de Châtillon. Il leva « une armée sans nombre, vaste comme l'océan[1], des unités vinrent d'Égypte, de Mossoul et de Marieddine. Après l'accrochage de Cresson, le 1er mai 1187, Saladin fut rallié par son fils près d'Astara[2] et tous deux partirent le 27 mai pour établir leur campement à Dabeira. Le 2 juillet, il attaqua Tibériade où, par maladresse, l'un des siens mit le feu aux entrepôts. La ville entière fut bientôt la proie des flammes et seule la citadelle fut épargnée.

Le lendemain, le 3 juillet 1187, un vendredi, l'armée franque s'avança dans le désert sans eau qui sépare Saffouria de Tibériade. Quinze mille chevaliers et fantassins commencèrent leur marche vers la mer de Galilée[3]. L'avant-garde était commandée par Raymond de Tripoli et l'arrière par Balian d'Ibelin. Au centre chevauchait Guy de Lusignan, protégeant les évêques Ruffin d'Acre et Bernard de Lydda, porteurs de la vraie Croix. Vue à distance, l'armée des croisées offrait un spectacle impressionnant, avec ses rangées de cavaliers en tuniques blanches et les compagnies des archers en justaucorps de cuir et jupes couleur sable. Étant donné que la distance à parcourir était relativement courte[4], le roi espérait la franchir en moins d'un jour et il n'avait pas voulu que son armée fût ralentie par les chars à eau[5] que tiraient des bœufs, et il avait donc décidé de s'en passer. Grave erreur. La distance qu'un cavalier pouvait parcourir en quelques heures de trot prenait plusieurs

1. 80 000 hommes.

2. L'actuelle Bursa.

3. Juste avant de partir, les rangs des croisés avaient été grossis de 1 200 chevaliers et 7 000 fantassins, payés grâce à la rançon qu'Henry II avait dû verser pour l'assassinat de l'archevêque de Cantorbéry.

4. Une trentaine de kilomètres par les routes modernes.

5. Les chars à eau étaient le moyen courant d'assurer une traversée du désert ; ceux-ci, néanmoins, étaient tirés par des bœufs, ce qui les rendait très lents.

jours à des fantassins. Et comme les uns et les autres voyageaient en armée homogène, les cavaliers ne pouvaient pas aller plus vite que les fantassins et les archers.

L'avant-garde s'était bien déployée sous le commandement de Raymond de Tripoli ; le comte avait placé à l'avant une phalange de ses soldats d'élite. Des escouades d'archers protégeaient les flancs des colonnes en marche et des boucliers étaient disposés sur les côtés pour repousser une attaque contre la vraie Croix. Le centre, toutefois, n'était pas si bien organisé, les fantassins se mêlaient aux cavaliers et aux domestiques qui transportaient les tentes. Bientôt l'armée commença à s'étirer, les fantassins traînant à l'arrière dans les sentiers montagneux. Le roi ordonna une halte pour donner aux éléments à la traîne l'occasion de les rattraper, mais alors les groupes se désorganisèrent encore plus, les uns se heurtant aux autres.

Quand Saladin fut informé de l'initiative du roi chrétien, il en fut enchanté : « Cela répond tout à fait à mes vœux. Une fois que nous aurons détruit cette armée d'Infidèles, nous aurons Tibériade et, avec elle, tout le front côtier. » Il ordonna à son armée de prendre position à Loubiya et dépêcha ses cavaliers sur leurs chevaux légers pour harasser les chrétiens qui avançaient lentement. Ils les harcelèrent de flèches, sans pourtant lancer un assaut organisé, conscients de la précision du tir des archers francs. Le roi Guy n'en fut pas excessivement contrarié ; des archers maraudeurs ne pouvaient s'attaquer à ses chevaliers lourdement cuirassés, à moins qu'il n'eût l'imprudence d'offrir à Saladin l'occasion d'un massacre[1]. Les fantassins parvenaient à protéger les chevaliers de ces piqûres de flèches, mais ils ne pouvaient préserver ces hommes en cottes de mailles — pas plus qu'eux-mêmes — de l'implacable soleil du désert. Le calcaire qui réfléchissait la chaleur des

1. Les Sarrasins se servaient d'un arc court, qui n'avait pas le pouvoir de pénétration des arcs longs anglais, utilisés à Crécy et à Azincourt.

falaises transforma la vallée en un véritable chaudron. Les gourdes furent bientôt vides et les hommes commencèrent à se plaindre de la soif. Guy de Lusignan manqua l'occasion d'assurer le ravitaillement en eau de ses troupes quand il négligea un petit détour qui les aurait menés aux sources de Tourân. À la fin de la matinée, tout le monde était bien conscient qu'il n'y aurait pas d'eau avant d'atteindre la mer de Galilée. Il ne fallut pas longtemps pour que la colonne commençât à ressembler davantage à une bande de vagabonds qu'à une armée organisée. Ils traînaient tous piteusement. Le roi Guy s'avisa alors de son erreur, mais pour lui, c'eût été perdre la face que de battre en retraite.

La longue colonne venait de déboucher sur un plateau aride quand soudain des hommes jaillirent de trous dans le sol et enflammèrent des fagots de broussailles préalablement coupés et disposés en tas. Un demi-cercle de feu se forma de part et d'autre du sentier. La chaleur et l'épaisse fumée ajoutèrent aux tourments des chevaliers. Un vent fort attisa les flammes, qui se propagèrent aux autres broussailles du désert. Les flammes barrèrent la piste et la longue colonne piétina, accablée par une pluie de flèches que lançaient des Sarrasins de plus en plus nombreux alentour. C'était le comble : la retraite était devenue impossible et la soif, intolérable.

Plus mortelle que n'importe quelle attaque de Sarrasins, la soif décimait hommes et bêtes[1]. Les animaux léthargiques s'effondraient, les hommes fous de soif se querellaient. Les chevaliers qui tentaient de se frayer un passage à travers l'épaisse fumée tombaient sous les sabres des Sarrasins. D'autres, blessés par des flèches ou rendus inconscients par la soif, tombaient de leur cheval

1. Dans *The Recovery of Jerusalem* (La reconquête de Jérusalem), Morrisson le décrit ainsi : « La route de Sefariah à Tibériade suit une longue vallée jusqu'à Loubieh, où elle commence à descendre vers le lac. Ce fut sur cette route, où il n'y a ni eau, ni ombre et où la réverbération du calcaire ajoute à l'intense chaleur du soleil, que les chrétiens avancèrent, harassés de toutes parts par les Sarrasins sur leurs chevaux légers. »

et brûlaient dans les broussailles. Quelques fantassins s'enfuirent pour se rendre à l'ennemi, se convertissant à l'islam en échange d'eau. Même certains chevaliers déposèrent les armes [1] et quand ils furent menés devant Saladin, ils lui dirent : « Sire, qu'attendez-vous ? Attaquez-les, car ils sont tous morts. »

De leur position sur les hauteurs, les croisés pouvaient voir au loin la mer de Galilée étinceler, ce qui accroissait leur frustration. Mais l'armée franque ne pouvait y parvenir, car la route était barrée par le formidable corps d'armée du sultan.

Raymond de Tripoli connaissait un puits au nord de la région montagneuse ; le détour les éloignerait sans doute de Tibériade et de la mer de Galilée. Comme l'eau était devenue vitale, c'était leur seule chance de salut. Raymond se rendit donc auprès de son roi et lui suggéra de diriger l'armée dans les collines, vers les sources des cornes de Hattin [2]. Ce point d'eau se trouvait sur les terres du comte et le roi ordonna à Raymond d'attaquer l'ennemi, d'ouvrir une brèche dans ses rangs.

Quand l'armée franque se dirigea vers le nord, Saladin, déjà informé des plans de Raymond par l'un des chevaliers prisonniers, comprit qu'il devait barrer aux croisés la route de ce puits. Il lança une attaque de cavalerie en bonne et due forme sous le commandement de son neveu, Taqui el-Dine, qui forma une barrière sur les pentes menant aux cornes de Hattin. À l'endroit même où, selon la tradition, le Christ prononça le sermon sur la Montagne, Raymond donna l'assaut et le massacre qui s'ensuivit fut terrible. Le fracas de la bataille emplis-

---

1. Ils sont nommément cités dans l'*Estoire* : Baud de Fortuna, Raymond Buccus, Laodicius de Thabaria, et ils livrèrent à Saladin les plans de Lusignan.

2. La crête montagneuse des cornes de Hattin se trouve au nord-est de Thabor et au sud-est du village de Hattin (ou Hittin). Elle se trouve à quelque cinq kilomètres de Tibériade, ce qui représente un trajet à pied d'environ trois heures et demie.

sait l'air. Des monceaux de cadavres jonchèrent la plaine rocailleuse qui menait à la montagne.

Saladin observait la bataille du haut d'un monticule voisin. Il vit les vagues de cavaliers de Taqui se briser contre les chevaliers en cottes de mailles, qui se battaient avec la fureur d'hommes dévorés par la soif. La supériorité numérique des musulmans ne pouvait pas se déployer, étant donné qu'ils attaquaient sur un front restreint. Leurs lignes commencèrent à faiblir et les chevaliers chrétiens chargèrent avec la force irrésistible d'un bélier. Leurs longues épées frayaient des trouées dans les rangs des Sarrasins, prenant à revers les fantassins qui gardaient les flancs des forces de Taqui. Les lignes des Sarrasins faiblirent et se rompirent.

La charge furieuse menée par le comte de Tripoli avait réussi. Le comte se tourna sur sa selle pour faire signe au gros de l'armée qui entourait le roi. Ils ne bougèrent pas ! Raymond de Tripoli avait accompli un miracle en brisant les lignes turques au péril de ses hommes ; mais comme s'il avait peur d'exposer sa sainte relique, le roi ne bougeait pas ! Un messager du roi rejoignit Raymond pour lui transmettre un ordre fatal. Au lieu de poursuivre les Turcs en déroute, le comte avait reçu l'ordre de faire une halte et d'installer un camp sur la rocaille. Désespéré, il alla voir le roi et lui déclara : « Monseigneur, il nous faut avancer ou bien c'est ici la fin et la guerre est finie, nous sommes trahis et nos terres sont perdues. Si nous ne pouvons avoir d'eau ce soir, notre armée est condamnée. »

Le roi ne voulut pas entendre raison et donna l'ordre de dresser sa tente sur une colline voisine [1]. Cette nuit-là, l'armée tout entière de Saladin cerna le camp si étroitement que « même un chat n'eût pu s'en échapper » [2]. Quatre cents chameaux chargés de flèches furent

1. Après la bataille, une mosquée fut construite sur cette même colline, sur l'ordre de Saladin.

2. *Estoire d'Eraclès.*

mandés et les projectiles furent distribués aux archers du sultan, après quoi ils s'agenouillèrent tous pour prier. Les collines répercutaient les échos de milliers de gosiers qui entonnaient *Allahou akbar*, « Dieu est le plus grand », suivi par le sermon des Combattants de la vraie foi[1].

La veille des chevaliers fut rendue encore plus pénible par les scorpions et les araignées qui se faufilaient sous leurs armures. Et toute la nuit les Sarrasins les tourmentèrent en versant de l'eau dans les paumes de leurs mains et en la laissant perdre dans le sable.

À l'aube du 4 juillet 1187, le roi entouré de ses barons se mit à genoux pour implorer le Tout-Puissant : « Dieu, regarde tes enfants qui portent en ton saint nom la croix de la vraie foi, pria-t-il. Si nous devons livrer la bataille finale, que ce soit mon Dieu qui triomphe, pas le sien. » Mais Dieu ne se souciait guère d'un autre royaume que du Sien propre.

Le bruit d'un galop rompit le silence. Un jeune homme vêtu d'un tunique splendide et portant son poignard arabe au flanc dans un fourreau d'or descendit de cheval. « Sire, déclara-t-il d'une voix assez sonore pour que tout le monde pût l'entendre, je viens en paix de la part de mon seigneur le sultan. Il souhaite vous faire savoir que vous devez abandonner votre quête et retourner au-delà des mers d'où vous êtes venus et ne jamais revenir. »

« Au nom de la sainte Croix, jamais ! » cria Renaud de Châtillon. « Jamais, allez le dire à votre roi infidèle », clama le Templier.

Le roi chercha autour de lui quelqu'un de bon conseil, mais il ne rencontra que les regards hostiles des chevaliers en cottes de mailles. L'homme sage, le seul

1. « Ceux qui troquent la vie de ce monde contre l'autre combattront sur le sentier d'Allah. Ceux qui combattent sur le sentier d'Allah, tués ou vainqueurs, nous leur donnerons bientôt un salaire grandiose. » (Coran, IV, 74).

qui eût pu éviter la tragédie, Raymond de Tripoli, n'était pas visible. Guy de Lusignan s'adressa alors à l'émissaire et, tout pâle, lui répondit : « Dites à votre souverain que moi, roi de Jérusalem, le convoque devant le tribunal du Ciel. »

Quand Raymond de Tripoli fut informé de la réponse du roi, il s'avança vers ce dernier, mit un genou à terre et lui dit : « Monseigneur, si vous voulez mourir ici aujourd'hui, je serai à votre côté. Mais nous n'aurons pas la victoire, quel que soit le nombre de Sarrasins que nous tuerons, car nous aurons donné cette Terre sainte à Saladin. » À quoi le roi répondit : « Je préfère mourir avec mes chevaliers, ici, sur cette terre, que de voir Jérusalem la Sainte tomber aux mains de l'Infidèle. »

Après cette déclaration, il donna l'ordre à son armée de lever le camp et de gravir la pente qui menait aux sources de Hattin. Au lieu d'y aller en colonnes formées, qui eussent pu leur offrir une certaine protection, plusieurs des fantassins rompirent les rangs et s'élancèrent vers les collines, espérant atteindre les sources. Ils se trouvèrent freinés par d'épaisses rangées de Sarrasins qui les abattirent sous une pluie de flèches. Ceux qui en réchappèrent furent taillés en pièces par les épées des ennemis. Puis les cavaliers de Saladin partirent à l'assaut des rangs des croisés. L'avant-garde de Raymond de Tripoli encaissa le premier choc. Ceux des fantassins qui lui restaient plantèrent leurs lances en terre, à l'oblique, les pointes dirigées vers les yeux des chevaux arabes. Les montures des Sarrasins n'y résistèrent pas et ceux-ci descendirent de selle et engagèrent le combat à l'aide de leurs arcs et de leurs épées. Le mur de chevaliers en cuirasses ne céda pas d'un pouce, leurs cottes de mailles les rendant invulnérables aux flèches des arcs courts. Un jeune Mamelouk se jeta dans une trouée de guerriers francs et tua plusieurs archers avant d'être lui même taillé en deux par l'épée d'un chevalier. Cela jeta les Turcs dans une telle fureur qu'ils chargèrent pêle-mêle ; mais ils furent repoussés par une nouvelle charge des chevaliers, à laquelle succéda une nouvelle ruée de Turcs.

L'affrontement se changea en mêlée, les hommes hurlaient dans le fracas des armures et se taillaient en pièces les uns les autres. Saladin observait le combat avec une anxiété croissante. Bien qu'ils fussent peu nombreux, les croisés repoussèrent les Turcs, trop désavantagés face aux armes plus lourdes de leurs adversaires. La bataille se poursuivait de façon intermittente, Templiers et Hospitaliers chargeant jusqu'à ce qu'une nouvelle vague de Turcs s'élance à son tour contre les chrétiens, dont le nombre allait diminuant à chaque assaut. Cela n'allait pas durer indéfiniment, les quelques centaines de croisés ne pouvaient pas résister aux vagues successives de milliers de Turcs qui déferlaient de tous côtés.

Le comte Raymond de Tripoli leva son épée et mena le petit noyau des siens dans une attaque furieuse contre le centre du front turc, commandé par Taqui el-Dine. Peut-être sur ordre du sultan, qui respectait plus que quiconque le valeureux chrétien, les Sarrasins n'opposèrent quasiment pas de résistance à l'offensive de Raymond ; ils ouvrirent leurs lignes et permirent au comte et à sa suite de gagner les collines. Puis leurs rangs se reformèrent et le sort du roi et de sa dernière poignée de fidèles fut scellé.

Saladin observait la bataille avec son fils Afdal. « Et Afdal se tenait sur son étalon près de son père, le noble sultan, quand ils virent le roi des Francs battre en retraite vers le haut d'une colline. Les Infidèles étaient braves ; ils tombèrent l'un après l'autre. Saladin se flattait la barbe et il était très triste. “Réglez son compte au diable !” cria-t-il, et nos hommes bondirent. “Ils s'enfuient !” cria Afdal, mais son père, le Glaive d'Allah, lui coupa la parole : “Tais-toi ! Ils ne seront pas vaincus avant que tombe la tente du roi[1].” »

---

1. D'après le chroniqueur arabe Ibn el-Assir.

Les derniers fantassins chrétiens s'enfuirent vers le sommet d'une colline et abandonnèrent les chevaliers à leur destin. Ni les discours ni les supplications du roi Guy ne les convainquirent de revenir au combat. Celui-ci rallia donc ses troupes décimées autour de lui pour défendre l'évêque Ruffin d'Acre et la vraie Croix. Saladin mit en jeu ses dernières réserves, qui encerclèrent les chevaliers sans montures. Ce qui brisa à la fin la résistance franque ne fut pas la chute de la tente royale, mais une vigoureuse offensive du neveu du sultan, qui parvint jusqu'à l'évêque d'Acre et le tua. Les Turcs s'emparèrent de la vraie Croix et partirent au galop sur le champ de bataille, en la tenant bien haut pour que tout le monde la vît. Les Turcs éclatèrent en clameurs de jubilation. Mais avec la perte de la relique la plus sacrée de la chrétienté, le moral des chevaliers francs s'effondra. Ils déposèrent les armes et attendirent d'être capturés. Les hordes de Sarrasins déferlèrent et occirent la plupart d'entre eux. Seuls deux cents chevaliers et un millier de fantassins survécurent au massacre[1]. Là où l'armée franque avait opposé sa dernière résistance autour de la Croix, Saladin mit pied à terre, étendit son tapis de prière sur le sol ensanglanté et rendit grâce à Allah le Tout-Puissant.

« Les chrétiens étaient des lions au début du combat, et à la fin ils n'étaient plus que des brebis dispersées. Seul un petit nombre d'entre eux survécut sur les milliers qu'ils avaient été. Je regardai avec horreur ces visages écrasés collés au sable et leurs corps recouverts par le sable du désert, et je rendis grâce à Allah, l'Unique[2]. »

Les barons francs prisonniers furent conduits devant Saladin. C'étaient Guy de Lusignan, son frère Geoffroy, Gérard de Ridefort, l'évêque Bernard de

1. Parmi eux on compta Raymond de Tripoli et ses quatre fils, Hugo, Guillaume, Raoul et Otto, ainsi que Balian d'Ibelin.

2. Emad el-Dine, un contemporain, dans sa *Chronique de Hattin*.

Lydda, Honfred de Turon, fils du seigneur de Kerak, et Renaud de Châtillon. Saladin traita ses prisonniers avec une grande courtoisie, car il admirait la bravoure, où qu'elle fût. Devant leur état pitoyable, il fit remplir un calice de sirop de fruits et le tendit à Guy de Lusignan. Mais quand le roi passa le calice à Renaud de Châtillon, Saladin s'irrita : « "Il me déplaît que vous lui donniez à boire dans ma coupe. Cet homme maudit ne boira pas sous ma tente avec mon consentement et s'il le fait, sa vie ne sera pas épargnée." Néanmoins, il laissa Châtillon finir de se désaltérer puis lui annonça qu'il ne boirait plus jamais. Il demanda ensuite à ce dernier pourquoi il avait rompu le serment de chevalerie ; Renaud de Châtillon lui répondit : "C'est la coutume entre les princes et j'ai suivi le sentier battu." Sur quoi Saladin lui jeta un regard de haine, mais lui offrit d'épargner sa vie s'il abjurait l'Église et se convertissait à la vraie foi, ce que le Franc refusa dédaigneusement. Aucune rançon n'aurait alors persuadé Saladin de laisser Renaud de Châtillon vivre plus longtemps. Quand le seigneur de Kerak eut fini de boire, Saladin le fit mener hors de la tente. Là, le sultan se munit d'une lame tranchante et d'un coup puissant, il le décapita. Sur son ordre, la tête fut fichée sur une lance et "paradée dans tout le pays comme signe de la victoire d'Allah sur l'Infidèle". [1] »

Ce jour-là, Jérusalem fut perdue pour toujours.

Et si...

... Renaud de Châtillon n'avait pas attaqué la caravane de Saladin ?

L'armistice fragile conclu entre Saladin et Raymond de Tripoli aurait pu se prolonger et aurait assuré pour

1. *Estoire d'Eraclès* et *Passio Reginaldi*, par Pierre de Blois, contemporain de Saladin.

quelque temps au moins la survie du royaume de Jérusalem.

Mais il est douteux que Saladin, musulman dévôt, aurait toléré longtemps la présence chrétienne dans les lieux saints.

Et si Gérard de Ridefort avait été tué aux sources de Cresson quelques mois avant le désastre de Hattin ? Guy de Lusignan n'eût pas eu à écouter ses mauvais conseils.

Les faits

Dans les années qui suivirent la conquête de Jérusalem, en 1099, l'on fit grand cas de l'équilibre délicat entre deux doctrines antagonistes, l'islam et le christianisme. Les deux religions se présentaient comme les seules défenderesses de la vraie foi. Cette distinction se brouilla quand la doctrine divine papale s'investit de pouvoir temporel et que ce dernier se servit des croisades pour son enrichissement. Les armées franques se battirent entre elles d'une part, et de l'autre, le sultanat entra en décadence. Puis vint Saladin. Son ascension météorique contraignit les barons francs à s'unir : l'armistice devint fragile et la possibilité d'un conflit entre les armées musulmanes et chrétiennes ne tint plus qu'à un cheveu.

Il se trouva qu'à la fin le sens de l'honneur des Sarrasins triompha de la traîtrise chrétienne. Saladin, qui était incontestablement le plus grand et le plus noble guerrier du temps des croisades, prit les armes. La perte de la vraie Croix à la bataille de Hattin et le fait que la victoire fût allée à Allah et non à Jésus démoralisèrent les Francs. Hattin sonna le glas de la suprématie chrétienne au Moyen-Orient et désagrégea tout l'élan des croisades.

Le reste peut être défini comme la guerre-éclair de Saladin. Trois jours après Hattin, le 7 juillet, Tibériade se rendit et trois jours plus tard encore, le 10, Acre ouvrit ses portes au sultan victorieux. Ensuite Jaffa et Nazareth tombèrent, et les batailles de Saffouria, Césarée et Haïfa suivirent. Puis Naplouse. Sidon tomba le 29 juillet et Beyrouth le 6 août. Raymond de Tripoli, qui s'était réfugié dans sa citadelle éponyme, mourut de pleurésie au début de septembre. Seule Tyr résista à l'assaut, grâce aux troupes de Conrad de Montferrat, opportunément arrivées par mer. Saladin leva donc le siège de cette dernière et se dirigea vers Ashkelon, qui se rendit le 5 septembre. De là, Saladin se rendit au nord, vers le cœur du conflit, Jérusalem, qui était défendue par Balian d'Ibelin. Saladin arriva devant ses portes le 19 septembre et les gens de son génie militaire eurent tôt fait d'ouvrir une brèche dans ses remparts. Les défenseurs chrétiens résistaient encore, mais le 2 octobre, tout était fini. La ville fut mise à sac, les symboles chrétiens furent détruits et les populations chrétiennes exécutées ou rançonnées.

Dans le chaos qui succéda à l'entrée triomphale de Saladin à Jérusalem, des appels à de nouvelles croisades s'élevèrent et l'histoire alla vite. Ayant reçu le pardon de Saladin, Guy de Lusignan partit pour Chypre. Les rois Philippe Auguste de France, Henry II d'Angleterre et l'empereur du Saint Empire romain germanique, Frédéric Ier, dit Barberousse, relevèrent la croix. Mais Henry II mourut, Barberousse se noya et Philippe Auguste rentra en France. Richard Cœur de Lion leur succéda, il quitta cependant la Terre sainte avant d'avoir reconquis Jérusalem. Le pape Innocent III lança la quatrième croisade. Ceux qui répondirent à son appel ne le firent pas pour reprendre la quête sacrée, mais pour piller les richesses de l'Orient. Des hordes de chevaliers déferlèrent en terrain étranger, mettant Constantinople à sac, pillèrent les églises et violant les chrétiennes. Les richesses de ce monde avaient pris le pas sur celles de l'au-delà. Une époque d'hérésies commença[1], qui mit l'Église en conflit avec les pouvoirs temporels. En 1229, tirant parti d'une querelle fratricide entre les gouverneurs musulmans d'Égypte et ceux de Syrie, Frédéric II, l'empereur excommunié de l'Allemagne, contraignit ces derniers à signer le traité de Jaffa et à rendre Jérusalem à la chrétienté ; la revanche ne dura que de 1229 à 1244 et n'éteignit pas les braises de la discorde chez les chrétiens. En effet, l'empereur fit remplacer les Templiers français par les chevaliers Teutoniques de Hermann von Salza.

Depuis la défaite de Hattin, le royaume de Jérusalem avait été réduit à un chapelet de places fortes côtières ; il s'écroula dans le sang avec la chute d'Acre et le massacre de ses défenseurs le 18 mai 1291.

Jérusalem, berceau du christianisme, ne redevint jamais chrétienne.

Le facteur décisif à Hattin a été l'aridité du désert. « ... Parce qu'il est écrit que celui qui s'aventure dans des terres hostiles sans avoir offert un hommage à Allah est condamné à périr. »

---

1. Telles que celles des Valaisans et des Albigeois dans le sud de la France.

3

Une empoignade de va-nu-pieds

Azincourt, 25 octobre 1415

« Suivez votre courage et dans cette charge criez : “Dieu pour Harry, l’Angleterre et saint Georges !” »

Shakespeare, *Henri V.*

La veille de la Saint-Crépin, le connétable de France, Charles d’Albret, comte de Dreux, suivi par le duc d’Alençon, s’éloigna à cheval de son camp pour inspecter la plaine sur laquelle il avait décidé de livrer bataille. De l’épaisse forêt de Tramécourt jusqu’aux bois d’Azincourt, des centaines de feux de camp éclairaient cette nuit sans lune. Écuyers et fantassins s’empressaient d’une tente conique à l’autre. Chacun indiquait par sa livrée la fortune relative de son maître. Les archers en justaucorps de cuir ornés des armes de leurs maîtres brandissaient des torches à la lueur desquelles on distinguait bien les étendards plantés en face de chaque tente : salut Bourgogne, salut à vous, Armagnac, Orléans, Bourbon, Alençon, et salut Brabant. La fleur de la chevalerie se préparait à la joute finale.

Azincourt, 25 octobre 1415

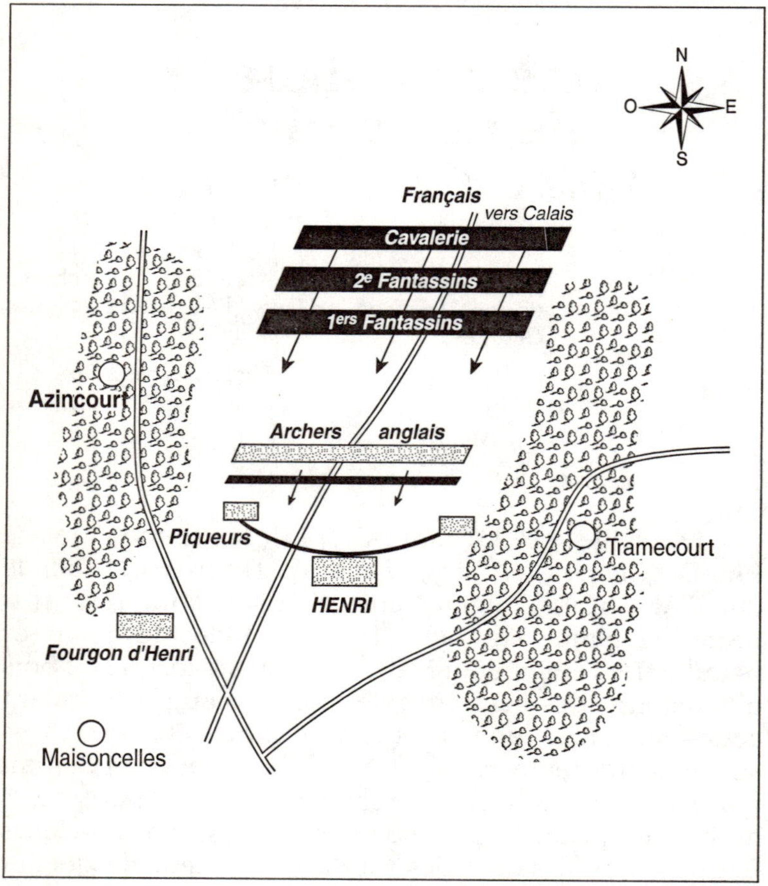

De ce camp seigneurial partait un chemin boueux, encombré de carrioles tirées par des mules et menant à un campement tout différent. Là, les archers coudoyaient des cuisiniers, des filles de peu et des manants, tous profiteurs de massacres. À quelque distance de là, des hommes juraient, des filles criaient et un moine priait, agenouillé.

Indifférents au vacarme, les deux chevaliers scrutaient l'étendue de terre. Le connétable avait par trois fois changé d'avis sur le terrain. À la fin il avait choisi une plaine agricole, large de trois quarts de kilomètre. Les fermiers du seigneur d'Azincourt venaient de le labourer pour les semailles d'hiver.

Le connétable pointa l'index en direction des feux de camp anglais.

« Nous attaquerons en deux colonnes. Vous prendrez un corps de six cents chevaliers et gens d'armes à gauche. Méfiez-vous des longs arcs anglais. Ruez-vous promptement sur eux et jetez-les à bas. »

« Et qui dirigera le corps de droite ? » demanda le duc.

« Moi. Retournons au camp pour nous préparer à la joute. »

La joute, dit-il, et non « le combat ». Ses huit mille chevaliers et dix mille gens d'armes affronteraient une maigre force de mille gens d'armes et cinq mille archers hâves et fantassins. Ce ne serait guère un grand engagement[1]. Demain, avec la grâce de Dieu, ces pestes d'Anglais décamperaient pour toujours de cette terre légère qu'était la France.

De l'autre côté du terrain, et si proches qu'ils entendaient les cris des Français, se trouvait l'armée anglaise

1. Le nombre des combattants à Azincourt diffère d'un chroniqueur à l'autre. Peut-être les Français étaient-ils 25 000 et les Anglais 5 000, mais les chiffres ne changent guère le dénouement.

du roi Henri. C'était une engeance traquée, souffrant de dysenterie et de malnutrition. On les avait pourchassés depuis la Normandie. Là, ils étaient le dos au mur ; l'armée française leur avait coupé la retraite vers Calais. Le roi Henri savait qu'il devait résister et se battre, il n'avait pas d'autre choix. Il savait aussi que la puissance de la cavalerie française écraserait ses fantassins au sol.

« Les Français ont huit mille lanciers, songea-t-il, et moi seulement un millier. »

Il en avait vu de rudes, mais il n'avait jamais été aussi seul. Il n'avait que vingt-huit ans et ne le savait que trop. Seul son charisme lui permettait de se faire obéir de ses hommes. Son camp était silencieux, bien différent de celui de cette soldatesque ivre et de ces filles à soldats dont les braillements impudents et sûrs de leur victoire parvenaient jusqu'à lui. Henri eut froid, peut-être était-il anxieux. Il alla à un feu autour duquel se reposaient des archers, ou plutôt des coupe-jarrets en justaucorps et en *kilts*[1]. L'un d'eux, un rabougri au masque tanné comme du cuir, reconnut le roi.

« Levez-vous, les hommes, cria-t-il. Vous ne voyez pas qu'il vient. Rendez hommage à votre roi. »

Ils se levèrent comme un seul homme. Et clamèrent un « Ho, Harry ! » pour témoigner de leur loyauté.

Ces archers constituaient l'une des forces de l'Angleterre et il en avait été ainsi depuis que l'arrière-grand-père d'Henri, Édouard III, avait battu les Français à Crécy en 1346. Henri pouvait leur faire confiance. Et pourtant, un sentiment de culpabilité le poignait.

« Je vous ai menés pour mourir en terre étrangère. »

L'homme au visage tanné répliqua : « Mon roi, serait-ce pire que de mourir de faim en Angleterre ? »

Mourir de faim en Angleterre ? Combien peu il connaissait la misère du commun, lui qui avait festoyé

1. « Le port d'armure et l'usage d'armes était réservé par Dieu et par la nature à des gens de qualité » (Colonel Lloyd, *History of Infantry*).

dans les bordels de Londres avec son compagnon Falstaff.

« Quel est ton nom, archer ? » demanda-t-il, pour prendre l'aune de l'homme.

« Fluellen, sire. Fluellen de Galles. »

Les regards d'un roi et d'un archer de bas rang se nouèrent un instant. « Eh bien, Fluellen de Galles, que le Seigneur nous accorde la victoire et je le promets, demain toi et les tiens n'aurez plus faim. »

« Pour Harry et l'Angleterre », cria Fluellen. Repris par d'autres, le cri se répercuta au travers du camp et enfla comme une vague. « Harry, Harry, Harry », cria tout le camp.

Henri de Lancastre, par la grâce de Dieu roi d'Angleterre, s'efforça de rester impassible. Mais il ne pouvait s'empêcher de penser à la mort. À l'aube, sur un champ fraîchement labouré et loin de chez lui. Quand le roi s'agenouilla pour la prière du soir, un crachin commença de tomber et bientôt se changea en averse, éteignant les feux et détrempant la terre fraîchement retournée.

Il plut toute la nuit.

Nous sommes en 1415, à la fin du Moyen Âge. Les nations ne sont pas nées. N'existent que les féodalités de rois, de princes et de seigneurs, forts de leurs droits héréditaires de mener des guerres personnelles et de frapper monnaie. Les bâtisseurs de cathédrales ont perdu leur ardeur, la peste sévit sur le continent et les campagnes sont écœurées de la guerre, une guerre dévastatrice qui a déjà duré soixante-quinze ans.

La guerre de Cent Ans n'a pas commencé sous Édouard III, comme le rapporte l'Histoire. Et elle n'a pas non plus durée cent ans. Elle a commencé trois siècles plus tôt ou plus exactement l'année 1152, quand Aliénor d'Aquitaine a épousé Henri Plantagenêt, comte d'Anjou, duc de Normandie. Sa dot était le sud-ouest de la France, la riche Aquitaine. Deux ans plus tard, Henri s'empara de la couronne d'Angleterre et devint Henri II. Le reste est un bain de sang de trois cents ans, une époque que certains décrivent comme « la floraison de la chevalerie » et d'autres comme « le sombre Moyen Âge ».

Avec quatorze millions d'habitants, la France est alors le pays le plus peuplé d'Europe, tandis que l'Angleterre, elle, n'en compte que quatre. Tous les belligérants ont chacun son armée féodale, des hommes qui servent sous les armes pendant un temps donné, en échange d'un lopin de terre. Les deux pays se servent de la lance comme unité : un chevalier, son écuyer, plus des archers et des piquiers ordinaires. La victoire ou la défaite des chevaliers décide habituellement du sort de leurs auxiliaires. Dans le passé, la qualité de l'armée anglaise a compensé son infériorité numérique, surtout grâce à l'arc long, une arme primitive empruntée aux Gallois et aux Écossais. Sa portée est supérieure à celle de l'arc français et sa fréquence de tir quatre fois supérieure. C'est forts de cet arc que les rois anglais ont gagné toute une série de batailles, à Crécy et à Poitiers, et que les armées anglaises se sont renforcées sans cesse, comme celles de Napoléon quatre cent cinquante ans après ou, plus tard encore, celles des Alliés après el-Alamein et Stalingrad. Mais là, en 1415, sur ce terrain, la supériorité numérique de l'ennemi est trop grande pour qu'Henri V puisse espérer autre chose qu'une mort honorable.

Henri de Lancastre a accédé au trône d'Angleterre après la mort de son père Henri IV en 1413. Ce jeune homme est habité d'une ambition sans limites et avide de gloire et de victoire militaires. Il a rassemblé une armée de six mille hommes pour rétablir ses droits au trône de France. Le 13 août 1415, il débarque à Harfleur. Il apprend que les Français ont levé une grande armée contre lui et décide de battre en retraite vers sa forteresse de Calais. Mais la fièvre et la famine ralentissent son armée et un détachement français barre le seul gué franchissable de la Somme : de plus, le corps d'armée principal des Français s'efforce de le rattraper le 24 octobre, à une journée de marche seulement de Calais.

Le 25 octobre 1415 est donc jour de la Saint-Crépin. L'aube point, la pluie s'est arrêtée. Le roi Henri rassemble ses maigres forces. Il recommande à ses partisans de galvaniser leurs corps, de se chauffer le sang et d'imiter les mouvements du tigre. Sa main gantée de mailles saisit la bannière royale.

Une fois de plus sur la brèche, mes amis, une fois de plus,
Ou nous fermerons les remparts de morts anglais...

Les archers de Fluellen de Galles s'écrient : « Harry ! Harry ! »

« Ils ont les lances, nous avons nos flèches. Faisons-leur tâter des pointes anglaises. »

Les archers abattent de petits arbres et en épointent les troncs, puis en durcissent les pointes au feu, pour planter une barrière d'épieux contre la charge des cavaliers ennemis. Le roi a rangé ses hommes en une ligne unique de combat. Ses nobles chevaliers se tiennent près de lui, Warwick, Oxford, York, Talbot, Gloucester, Exeter, Bedford. Une fois de plus, le roi s'agenouille.

« *Memento Nostri Domine !* Notre ennemi est assemblé et ses cœurs sont pleins de mépris. Seigneur, dépouille-les de leur courage et fais-les fuir de telle sorte qu'ils comprennent que nul ne se bat pour nous que Toi, notre Seigneur ! »

Puis il s'appuie sur la hampe de la bannière royale et attend.

Le ciel était gris et lourd. Un héraut impartial, le comte de Montjoie, était présent pour veiller à ce que le combat se déroulât selon les lois de la chevalerie.

Escorté de deux cavaliers qui portaient son étendard blanc de héraut, il galopa vers le camp anglais.

« Monseigneur, demanda-t-il au roi, est-ce le combat que vous souhaitez ? »

« Non, répondit Henri. Dites à mes cousins que je suis disposé à leur parler en paix. Mais si nous devons résister, nous résisterons. »

Le héraut repartit transmettre le message aux Français. La distance qu'il parcourut était d'environ un millier de mètres.

« Connétable, votre adversaire parle en paix. Viendrez-vous aux termes ? »

Charles d'Albert considéra les ducs et les comtes assemblés. « Eh bien, messires. Le roi Henri nous fait une offre. Qu'en dites-vous ? »

Le duc d'Alençon répondit pour tous : « Sans pardon. L'honneur commande que nous nous battions. Sus à eux, dirai-je. »

Le connétable hocha la tête en agrément.

« Vous avez entendu le verdict, héraut. Allez dire au roi Henri qu'il doit résister et qu'il doit se battre. »

Le héraut repartit pour transmettre le défi au camp ennemi. Rien ne pouvait arrêter l'inévitable.

Du côté français, les chevaliers se confessèrent à leurs aumôniers. Pour la première fois depuis des années, les fils invisibles du pouvoir et de l'intrigue, de la méfiance, de la vanité et de l'ambition étaient dénoués. Un esprit d'unité nationale prévalait et même les comtes ennemis d'Armagnac et de Bourbon se serrèrent la main[1]. Les hérauts princiers firent sonner leurs clairons. Dans leurs cottes de mailles polies et leurs armures d'acier riveté, les chevaliers se hissèrent sur leurs montures avec l'aide de leurs écuyers. On tendit

1. Le 24 novembre 1407, le duc d'Orléans avait été assassiné et une guerre sanglante avait éclaté entre les Bourguignons et les Armagnacs, orléanistes.

leurs lances aux cavaliers et à leurs escortes de gens d'armes ; elles avaient été raccourcies en raison du sol détrempé. Les archers se placèrent en bataillons devant les cavaliers. Le connétable avait donné l'ordre de former trois lignes, deux de fantassins et d'archers en avant et les cavaliers derrière.

La brume qui montait du sol mouillé faisait pendre les étendards trempés sur leurs hampes. Avant de monter sur son cheval, le connétable tâta le sol. Il avait tout prévu, excepté le temps. Or la pluie avait transformé les champs fraîchement labourés en fondrières glissantes. Ce serait un handicap important pour les chevaux, lourdement chargés par leurs cavaliers en armures. La terre était même si lourde que les écuyers avaient dû placer des troncs d'arbres sous les sabots des chevaux quand ils aidaient les cavaliers à se mettre en selle.

En guerrier expérimenté, Charles d'Albret comprit qu'un appui ferme au sol manquerait lors des charges de ses cavaliers. À la différence de seigneurs de plus haut lignage, le prudent d'Albret possédait la sagesse du soldat, acquise au cours de dures batailles, et il savait ne pas crier victoire avant l'heure. Il commandait certes des forces d'une supériorité écrasante, mais le sol détrempé l'inquiétait. Plutôt que de tout miser sur une attaque prématurée, le connétable invoqua la raison.

« Messires, nous devons attendre, car le sol est trop mouillé. »

« Et moi je dis, attaquons-les tout de suite », grommela Antoine, duc de Brabant.

« Nos chevaux vont s'enliser dans la boue », observa Philippe de Nevers.

« Auriez-vous peur de cette canaille aux pieds nus, noble comte ? » lança avec hauteur le duc de Brabant.

Une fois de plus, les antagonismes entre les seigneurs français se faisaient jour. Les rivalités entre les deux camps français, momentanément tues, menaçaient de s'aviver.

Le connétable s'avisa qu'il était inutile de prolonger

la discussion ; quand le courage d'un chevalier français était mis en doute, celui-ci perdait le sens commun. Il fallut tout le sens diplomatique d'Albret pour arrêter une querelle entre partisans et adversaires d'une attaque immédiate. Ces hommes ne comprenaient pas que la décision leur avait été retirée des mains.

On peut dire qu'Henri de Lancastre savait bien juger les hommes. La réponse que lui transmit l'impartial héraut rendit évident que les Français brûlaient de se battre. Henri comprit qu'un coup d'audace s'imposait. Personne de bon sens n'aurait envoyé la lourde cavalerie sur un sol tellement détrempé que les chevaux seraient incapables d'accélérer pour « le moment du choc ». Sa seule chance d'y survivre était d'inciter les Français à attaquer pendant que le terrain était encore boueux et que les chevaux étaient vulnérables ; ses archers et ses piquiers jouissaient alors d'un certain avantage. Les Français étaient lourds et les Anglais, légers. Le sol jouait en sa faveur, les Français avaient fait un mauvais choix. En dépit de la vaste supériorité de leurs cavaliers, ils avaient choisi un terrain trop petit et trop étroit pour se déployer en formation. La forêt qui le bordait ferait que leurs montures se bousculeraient et elle limiterait le choix des manœuvres. Henri devrait donc les provoquer pour offrir à ses archers une cible de masse. C'était sa seule chance.

Il ordonna qu'on tirât son convoi de chariots à l'arrière ; ils contenaient le trésor royal, sa couronne et les bagages personnels de son aristocratie, ainsi que le butin de sa chevauchée à travers le nord de la France. Comme il n'avait pas beaucoup de troupes, il avait été contraint de réduire la garde de ce convoi, ce qui allait ajouter à la bataille un élément tragique. Puis il prit un risque calculé en ordonnant à ses archers de s'avancer jusqu'à une distance où leurs flèches causeraient des dommages certains. La ligne des archers anglais avança donc prudemment. La droite du front anglais, que commandait le duc d'York, était fermée par la forêt ; le centre était commandé par Henri, légèrement en retrait ; la gauche, sous le commandement de Lord Camoys, était un peu en avant du centre. Le front anglais dans son ensemble formait un arc-de-cercle dont les corps des archers constituaient les extrémités, placés à l'oblique des attaques attendues contre le centre. Les mêmes archers avaient planté leur barrière d'épieux à huit cents mètres des Français.

Ici s'insère un incident que l'Histoire n'a jamais expliqué. Soit sur ordre du roi, soit par bravade, un petit groupe d'archers anglais avança en douce le long de la forêt. Quand ils furent à bonne portée, ils lâchèrent quelques flèches. Trois ou quatre atteignirent leurs cibles, sans causer trop de mal. Mais c'en fut assez pour déclencher la fureur des chevaliers français. Cette pointe de provocation précipita les événements et contraria le connétable d'Albret, qui avait conseillé d'attendre que le terrain fût sec. Les oriflammes furent dressés, les clairons résonnèrent, l'acier heurta l'acier. L'on se bouscula pour se mettre en position, les chevaliers brûlaient de se battre, le prix en serait la gloire et la récompense, des titres, des châteaux, des terres. D'Albret s'efforça en vain d'établir quelque semblance de formation. Des groupes s'amalgamèrent, chaque seigneur ralliant ses gens d'armes à sa bannière. Archers et fantassins furent poussés en première ligne par leurs capitaines et avancèrent lentement. À terre lourde, pas lent. Derrière eux la chevalerie française attendait impatiemment le signal sur ses destriers massifs.

Henri embrassa la scène du regard. Dès que l'avant-garde des archers français fut à cinq cents pas, plusieurs de ses archers, sélectionnés pour leur maîtrise de la distance et leur précision, bandèrent leurs arcs. Puis lâchèrent leurs flèches. Une demi-douzaine atteignirent leurs cibles, entraînant la chute d'archers ennemis. Une partie du front français hésita et suspendit son pas.

Cette provocation exaspéra les seigneurs à cheval. L'orgueil, associé à l'impétuosité et au mépris qu'ils portaient à leurs ennemis, les rendit rebelles et téméraires. La dernière tentative du connétable d'Albret de les raisonner et de lancer en avant un corps d'archers pour annihiler les archers anglais fut rejetée avec arrogance. « Vous essayez de nous priver de notre gloire ! »

Quelques têtes brûlées éperonnèrent leurs montures et, menés par des seigneurs indisciplinés, des groupes s'élancèrent au trot en désordre, bientôt suivis par d'autres qui n'avaient pas l'intention de manquer l'empoignade. Le reste les suivit en lançant des clameurs. Dans leur élan, ils bousculèrent leurs fantassins et désorganisèrent complètement la ligne de leurs propres archers. Ceux-ci ne pouvaient plus, en effet, décocher leurs flèches, sauf à tirer dans le dos de leurs propres maîtres. Deux colonnes distinctes de quelque six cents cavaliers chacune, sous les ordres de Guillaume de Saveuse et de Clignet de Brébant, foncèrent sur les lignes anglaises. Comme l'avait prédit le connétable, les chevaux s'empêtrèrent dans la gadoue. Ce qui eût dû être une charge furieuse à grande vitesse se changea en une avance molle, les chevaux, en plus d'être ralentis du bas, étant surchargés du haut. Les bêtes glissaient et trébuchaient et les cavaliers se heurtaient les uns les autres sur ce terrain étroit. Les cavaliers essayaient bien de pousser les chevaux à grande vitesse vers les archers anglais, mais la terre collait aux sabots de leurs montures comme une épaisse mélasse[1].

Campés devant leurs épieux protecteurs, les archers anglais faisaient face à la charge de cavalerie dans un morne silence. Ils ne payaient guère de mine dans leurs justaucorps de cuir, face aux splendides armures qui avançaient. Un clairon résonna. Les cavaliers s'écartè-

1. « Les Français étaient pesamment armés et étaient en terre molle jusqu'au gros des jambes, ce qui leur était moult grand travail : car à grand-peine pouvaient-ils ravoir leurs jambes et se tirer de la terre » (Juvénal des Ursins).

rent et formèrent un front de deux cents hommes, qu'un mouvement d'ensemble fit onduler quand ils mirent leurs puissantes lances en position.

Henri observait anxieusement cette menaçante masse de cavalerie foncer sur ses hommes. Il possédait une bonne expérience des joutes et perçut que la cavalerie française était bien trop lente et qu'elle présentait à ses archers une cible idéale. Il attendit patiemment le moment crucial. Quand les Français ne furent plus qu'à trois cents pas, il leva son épée et cria : « Pour l'Angleterre et saint Georges ! »

Tout le long de leur front, archers et gens d'armes lui firent écho : « Pour Henri, l'Angleterre et saint Georges ! »

Un millier d'archers bandèrent leurs longs arcs jusqu'à ce que les empennages des flèches leur vinssent aux joues [1]. Une vaste vibration, comparable à celle d'un millier de harpes, emplit l'air et le ciel s'obscurcit d'autant de flèches. Les Français furent heurtés par une pluie de flèches à empennage, qui devaient rester les projectiles les plus puissants jusqu'à l'avènement, quatre cents ans plus tard, de l'artillerie massive de l'infanterie napoléonienne. Le vacarme des têtes de flèches sur les armures fut assourdissant. Les bascines [2] permirent de faire dévier les flèches des têtes et des épaules, mais beaucoup des chevaux qui n'étaient pas pareillement protégés furent atteints.

La première volée de flèches n'était pas plutôt partie que la deuxième suivait. Une quarantaine de milliers de flèches s'abattaient toutes les minutes sur la cavalerie française, avec des effets immédiats et dévastateurs. Sur l'ordre d'Henri, les archers tiraient à l'oblique en visant,

1. Il est intéressant de relever que l'expression anglaise de « deux doigts », qui passe pour obscène, ne l'est pas du tout, mais dérive du geste que les Anglais faisaient pour montrer aux Français les deux doigts qui leur servaient à bander l'arc. Quand les Français capturaient un archer anglais, ils lui coupaient justement ces doigts.

2. Casque à large bord.

non les chevaliers cuirassés, mais les jambes arrière de leurs montures. Les chevaux se cabraient donc et démontaient leurs cavaliers, qui gisaient impuissants sur le dos, comme d'énormes scarabées d'argent, prisonniers de leurs armures. Et ils continuaient de tomber tandis que les archers anglais accablaient leur mêlée sans interruption de leurs flèches meurtrières[1].

Ceux des Français qui étaient restés à cheval criaient. Le salut était à l'avant, au-delà de la grêle de projectiles ailés. Trois volées de flèches s'abattirent encore sur la cavalerie française. Les archers anglais ne tentèrent pas de garder leurs positions, mais reculèrent en se glissant entre les épieux qu'ils avaient fichés en terre, pour éviter le choc imminent des chevaux. Ceux des Français qui avaient passé l'orage de flèches se trouvèrent soudain confrontés à des pointes encore plus meurtrières, celles de ces épieux. Les montures des chevaliers français de première ligne s'empalèrent dessus et ceux qui réussirent à freiner leurs chevaux se trouvèrent démontés par le choc des cavaliers suivants qui s'écrasaient contre eux. Certains des chevaux s'éloignèrent de cette haie qu'ils ne pouvaient franchir et leur brusque halte expédia leurs cavaliers droit sur la forêt d'épieux. Le premier à mourir de la sorte fut Guillaume de Saveuse, le chef de l'une des deux colonnes. Les flèches ne volaient plus en essaim, les archers visant désormais des cibles déterminées et, à faible portée, leurs flèches parvenaient à percer les armures des Français.

Sur son grand cheval de guerre, Henri observait le massacre, les lèvres serrées. Il leva sa bannière pour faire signe à son aile droite. Les chevaliers du comte d'Oxford contournèrent les épieux pour foncer sur l'ennemi. Les Français qui faisaient face au corps d'armée d'Henri subirent le choc des lances d'acier aiguisées d'Oxford. Les épées s'abattirent sur les cuirasses, les

1. « Les archers d'Angleterre, légèrement armés, frappaient et abattaient les Français à tas... » (Juvénal des Ursins).

heaumes se fracassèrent, les lances passèrent sous les aisselles. Mais les Français ne battaient toujours pas en retraite. L'honneur de la chevalerie était en jeu. Ils avaient oublié que plus d'une bataille avait été perdue à cause d'un sens déplacé de l'honneur.

L'élan de la vague suivante des cavaliers français ne fut pas stimulé par le spectacle qu'ils trouvèrent devant eux. Ils se désorganisèrent encore plus quand, avançant en désordre, ils tombèrent sur les chevaux morts et leurs camarades tombés. Des montures sans maître couraient çà et là, saisies de panique, et se heurtèrent aux rangs des cavaliers et des gens d'armes démontés. En plus des chevaux fous, les chevaliers battant en retraite se heurtèrent à leurs propres fantassins qui avançaient et ils les renversaient comme des quilles.

Bien que handicapés et désorganisés par cette charge à l'envers, les fantassins français se dirigeaient en trois colonnes denses vers les bannières anglaises. En raison de cette concentration en fourche sur un front relativement étroit, les Français se pressaient les uns contre les autres et ne pouvaient déployer leur écrasante supériorité numérique. Au bout d'une course dans la boue, ils arrivèrent haletants au point de contact. Les deux lignes pointèrent leurs lances en sens opposé. Les premiers rangs des gens d'armes français furent jetés vers les lances anglaises par la formidable poussée derrière eux. Plus de vingt rangs de gens d'armes se serraient, en effet, derrière eux, pressés de se battre, mais ne voyant pas la confusion qui régnait devant. La ligne commença donc à onduler et les Français se virent retirer tout espoir d'une percée décisive. Les lances se rompirent et les distances entre les combattants se réduisirent soudain. Alors commencèrent des corps à corps d'une fureur effroyable, à la hachette, à la masse d'armes et à l'épée.

Les premiers rangs s'engagèrent dans des combats singuliers. Des chevaliers tombèrent, d'autres prirent leur place, mais glissèrent sur les armures des victimes et trébuchèrent, puis furent occis par des coups portés à travers les visières ou dans des points vulnérables, tels que les aisselles. Des monceaux de cadavres s'amassèrent. Les rangs suivants de combattants ne pouvaient accéder aux premières lignes qu'en escaladant, tout armés qu'ils étaient, les obstacles glissants au sol, et tout cela dans un vacarme intense. Le combat devenait désespéré, mais les colonnes poussaient quand même sans répit de l'arrière. Les combattants de la ligne de front furent une nouvelle fois poussés vers l'avant et tombèrent sur les cadavres de leurs prédécesseurs. C'eût été le pire moment pour lancer une nouvelle attaque. Néanmoins, au lieu de réorganiser leur front, les fantassins de la seconde ligne se lancèrent pêle-mêle dans l'action. Ils ne s'en tirèrent pas mieux que leurs devanciers. Les corps à corps étaient devenus si féroces que les chroniqueurs évoquèrent un mur de chevaliers morts. Les monceaux de cadavres étaient, en effet, si hauts qu'ils empêchaient les vagues suivantes de gens d'armes d'avancer. Ce carnage n'avait duré que quinze minutes. Mais il suffit à décider de l'issue de la bataille d'Azincourt.

Henri leva son épée, referma la visière de son heaume et cria : « Saint Georges ! »

Il conduisit ses lanciers, se faufilant entre les épieux, pour mener une charge contre les Français qui battaient en retraite. D'une masse solide d'armures polies, les chevaliers de Charles d'Albret s'étaient démantelés en hordes de fuyards. Leurs issues étaient barrées par des cadavres de chevaliers et de chevaux. Le duc d'Alençon, qui avait mené la charge contre la bannière du duc de Gloucester, se trouvait cerné par des soldats anglais. Dans le fracas de la bataille, il cria sa soumission au roi Henri, mais avant que le roi pût arrêter ses hommes, le duc avait été occis.

Les archers anglais se trouvaient presque à court de flèches. Dans la boue qui s'étendait devant leurs épieux gisait la fleur de la noblesse française, chaque chevalier prisonnier d'une trentaine de kilos d'armure. Ils se débattaient sur le dos, ces scarabées géants. C'était le problème des armures : la protection qu'elles offraient se payait cher. Quand les archers s'avisèrent de la pagaille dans les rangs français, ils s'élancèrent pour attaquer les chevaliers isolés. À trois ou quatre contre un, la canaille aux pieds nus fracassa les crânes de la noblesse française avec les maillets qui avaient servi à enfoncer les épieux. Le carnage atteignit le comble de l'horreur. Cette agression inattendue d'un ennemi socialement inférieur et méprisé consomma la débâcle française. Les archers dépouillèrent promptement les blessés et les mourants de leurs précieux bijoux. Ils tranchèrent les gorges et les doigts pour s'emparer des bagues de l'aristocratie. Issus des taudis de Londres ou des fermes de Galles, du Kent et du Sussex, cette racaille ne pensait plus à la bataille, mais aux richesses immenses qu'elle enfouissait dans ses carquois.

Quelques chevaliers anglais se pressèrent d'interrompre ces scènes d'horreur pour sauver des otages de prix. Ce fut pour cette seule raison que les vies de plusieurs chevaliers français furent épargnées. Dépouillés de leurs gantelets et de leurs heaumes, ces misérables survivants furent conduits à l'arrière, sous la garde d'un nombre considérable de leurs vainqueurs. Chaque chevalier, en effet, protégeait sa rançon.

Henri pensa alors que la bataille était gagnée, quand il s'avisa de deux nouveaux dangers. Le premier était à l'arrière. Des pillards avaient attaqué le convoi mal gardé des chariots et tué les sentinelles, et ils tentaient de s'enfuir avec les trésors royaux. Croyant qu'il s'agissait là d'une nouvelle offensive contre son flanc le plus vulnérable, Henri dépêcha un gros détachement pour régler cette affaire ; ce dernier s'y appliqua avec une grande brutalité, découvrant toutefois après coup que les pillards ne menaient pas une attaque concertée des chevaliers français, mais que c'était tout bonnement des paysans français menés par l'appât du lucre. Démuni d'une bonne fraction de ses gens d'armes, Henri affronta l'autre danger : une formation appréciable de Franciliens, Bretons, Gascons et Poitevins qui mettait sérieusement à mal son aile gauche. Insoucieux de leurs pertes, ces derniers allaient de l'avant, coupant à travers les lignes d'archers. Ils se battaient vaillamment et, ayant ensuite franchi la ligne des piquiers, ils malmenaient celle des écuyers. Dans la bataille qui s'ensuivit, les cavaliers français débouchèrent sur des terrains sans encombres. Henri galopa pour aider les siens. Il se trouva soudain isolé. Un jeune Français, le chevalier de Rohan, trouva là l'occasion de se tailler une renommée ; il s'élança vers le roi. Avant qu'Henri pût l'esquiver, il reçut un coup sur son casque [1]. Sur quoi il asséna au jeune Rohan un coup si puissant qu'il lui fendit le crâne en deux.

Mais le danger demeurait. La pression française était tout simplement trop forte, les lanciers et les archers anglais reculaient et ils se bousculeraient bientôt au pied de l'étendard royal. Si les Français pouvaient percer l'aile anglaise, ils arriveraient bientôt au centre. Le moment critique de la bataille était arrivé. Sans le support de leurs chevaliers, les piquiers anglais étaient perdus. Les Français chargeaient furieusement sur eux et les transperçaient. Henri ne pouvait aller à leur secours, étant donné que sa propre colonne, au centre, avait déjà fort à faire. Il demanda plus de lanciers, mais il n'y en avait plus de disponibles. Une partie de ses forces de réserve était occupée à repousser les pillards, tandis que quelques-uns de ses meilleurs lanciers, ceux dont il avait désespérément besoin pour repousser l'assaut ennemi, veillaient sur les prisonniers français dont ils espéraient rançon. S'il ne parvenait pas à enrayer l'attaque des Français, ceux-ci défonceraient sa ligne et libéreraient les prisonniers, lesquels reprendraient alors les armes et attaqueraient son armée de l'arrière.

1. Toujours posé sur son tombeau, à l'abbaye de Westminster.

En proie à une vive anxiété, le roi Henri V prit alors une mesure entièrement contraire aux règles de la chevalerie du temps et dont l'Histoire allait longtemps se souvenir. Le cœur gros, il donna alors l'un des ordres les plus discutés de la guerre de chevalerie : « Que tous ceux qui portent mes couleurs tuent leurs prisonniers français. »

Ses chevaliers lui en firent reproche : « Cela est expressément contraire à la loi des armes. »

Ils refusèrent d'obéir, non seulement pour des raisons humaines, mais parce que chaque prisonnier représentait son poids en or et rançon. Devant leur refus, le roi convoqua le sergent des archers, Fluellen de Galles. Si les aristocrates anglais encouraient le déshonneur à commettre un acte aussi immoral, les archers, eux, n'appartenaient pas au système de la chevalerie et pouvaient se commettre dans un assassinat de masse, surtout que plusieurs d'entre eux étaient des criminels, voleurs et assassins convaincus qui ne s'étaient engagés dans l'armée d'Henri que pour échapper à la potence. Sur ordre de leur sergent, deux cents archers conduisirent la longue file des prisonniers à l'écart du champ de bataille. Il y en avait deux mille, peut-être trois mille. La plupart étaient en piteux état, trop épuisés pour résister à leurs gardiens. Ils n'imaginaient pas le sort qui leur était réservé et ils y allèrent stoïquement, trébuchant sur leurs pas. Ils furent réunis en troupeau, comme du bétail, près d'une maison de paysans. Quand Fluellen abattit son maillet sur la tête du premier d'entre eux, un vaste cri de désespoir jaillit des lignes françaises. D'autres prisonniers furent exécutés. Seuls ceux qui promirent une grosse rançon furent épargnés. Les bourreaux d'Henri exécutèrent donc une grande partie de la noblesse de France. Le sang coula, des gorges furent tranchées et les cris des mourants dominèrent le fracas de la bataille.

Furieux, mais incapables d'arrêter ce massacre outrageant, les Français qui menaient l'assaut observèrent cet effroyable spectacle, dont les images et les bruits ralentirent leur élan[1]. Henri appela donc ses quelques lanciers et les conduisit vers l'avant, pour renforcer le front défaillant des piquiers et des archers. L'assaut français se défit, les Français tournèrent la bride et s'en furent, poursuivis par la cavalerie du duc d'York.

Seuls ceux qui étaient à cheval purent s'échapper, tous les autres périrent. Presque à la fin de cette bataille, qui avait duré quatre heures, le duc d'York fut transpercé par une lance.

Henri releva sa visière pour observer un moment les masses de prisonniers morts. Ces chevaliers s'étaient battus bravement et n'avaient pas mérité une telle fin. Il avait donné l'ordre de les exécuter parce que cela lui avait été nécessaire, mais il savait que l'Histoire le marquerait au sceau de la froide cruauté.

Tenant presque sa victoire, le roi Henri V leva son étendard. Des vivats jaillirent du front. Le roi s'agenouilla pour remercier le Seigneur. Puis il fit mander Montjoie, le héraut français dont la tâche avait été d'observer le combat comme arbitre impartial. Le chevalier, tout vêtu de blanc, se présenta et posa sa main gantée de mailles sur son armure.

« Sire, vous m'avez fait mander.
— Héraut, comment appelez-vous la bataille ? »
— Une victoire anglaise. »

Le héraut était profondément indigné par la boucherie ignominieuse que le Lancastre avait ordonnée, mais il demeura impassible. Son rôle n'était pas de

---

1. « Henri V ordonna que chacun tuât son prisonnier. Mais ceux qui les avaient pris ne voulaient pas les tuer, car ils en attendaient grande finance. Les archers se chargent de la besogne : moult pitoyable chose. Car de sang-froid, toute cette noblesse française fut là tuée et découpée, têtes et visages » (Chronique de Jean Lefèvre).

juger, mais de faire un rapport. Que ce vilain fût jugé par ses pairs. Ou par l'Histoire.

« Dites-moi, héraut, quel est le nom de ce château là-bas ?

— Azincourt, sire. »

— Alors, qu'il soit connu que les braves et courageux Anglais ont remporté la victoire à la bataille d'Azincourt. »

La nuit vint. Le sol était jonché de morts. Des monceaux et des monceaux de noblesse française, mille cinq cents chevaliers, y compris les ducs de Brabant, d'Alençon, de Bar, le comte de Nevers, Jacques de Châtillon, le sieur Guichard et le connétable Charles d'Albret. Les hommes du héraut décomptèrent dix mille morts parmi les fantassins français [1]. Mais quelques Français considérèrent qu'Azincourt leur avait valu une journée profitable : c'étaient les pillards qui suivaient de coutume les armées pour en retirer des bénéfices. Au cœur du combat, ils avaient même réussi à voler la couronne royale d'Henri.

Parmi les victimes anglaises l'on comptait le duc d'York et le comte d'Oxford, ainsi que quelques centaines de gens du commun. Gorgée de victoire et saoule de massacres, l'armée d'Henri prit du repos.

Le lendemain matin, Henri V d'Angleterre jeta un dernier regard sur le champ de bataille où il avait frôlé de si près le désastre. Un spectacle lamentable s'offrait à ses yeux, toute cette grande noblesse de France qui gisait là, morte pour son souverain, Charles VI, un roi infirme et débile qui se cachait derrière les murs d'un lointain château. Les cadavres avaient été dépouillés de leurs armures par les pillards ; ils étaient nus. Ils avaient cher payé leur orgueil et leur vanité.

Le roi Henri monta sur son cheval et gagna Calais.

1. « Œuvre de Dieu qui était leur adversaire » (Charles d'Orléans, en captivité).

Et si...

... Et s'il n'avait pas plu la nuit précédant la bataille ?

Les archers d'Henri auraient été foulés aux pieds sous l'impact des lances et la guerre de Cent Ans se serait achevée un demi-siècle plus tôt.

Les faits

La fleur de la chevalerie médiévale à cheval fut massacrée par les fantassins socialement inférieurs d'Henri V. Les Français n'avaient pas retenu la leçon de la bataille de Crécy en 1346, et leurs valeurs archaïques d'honneur et de courage, combinées à la puissance de feu, supérieure de l'époque, des arcs à longue portée les conduisirent une fois de plus au désastre.

Pour le roi Plantagenêt, les stigmates du massacre des prisonniers furent tenaces et indignèrent la chevalerie du temps. Plus que leur défaite sur le champ de bataille, elle inspira aux Français une haine de tout ce qui était anglais et qui allait perdurer des siècles. Cette haine donna naissance à un esprit de revanche obstiné.

L'enthousiasme de Jeanne d'Arc à Orléans, en 1429, délivra les Français de leur obsession de la défaite. Le courant avait été inversé. Sa mort sur le bûcher en fit une martyre et son image immanente forgea la France en une seule nation. La guerre de Cent Ans s'acheva dans le sang le 17 juillet 1453 à Castillon, quand le dernier capitaine anglais, le vieux Talbot, chargea avec sa cavalerie vers les bouches à feu de l'artillerie, une arme qui allait gouverner l'ère nouvelle.

L'âge de la féodalité était révolu, celui de la poudre commençait.

Le grain de sable à Azincourt fut le temps, qui avait détrempé le sol, et le fatal mépris de la noblesse pour un ennemi socialement inférieur.

4

Un baril de schnaps

Karansebes, 20 septembre 1788

« Je débarrasserai le monde de cette race barbare. »

Joseph II, empereur d'Autriche,
lors de la campagne de 1788.

Une autre détonation succéda au choc et aux cris proches. Saisi à ce bref instant entre le sommeil et l'éveil, l'esprit du soldat s'efforça d'émerger de la confusion. Tout n'était que vacarme, obscurité et choc. Et cette étrange odeur métallique du sang. Il n'y avait pas d'étoiles pour atténuer l'obscurité. Le soldat tâta le sol humide et ses doigts grattèrent la terre. Où sont mes bottes ? Pourquoi est-ce que tout le monde tire ? Il entendait distinctement le bruit de la bataille. Le bruit et le mourant. « Pas moi, ô Dieu, pas moi... » Sa bouche s'ouvrit en un cri silencieux. Paralysé par la peur, il ne put plus bouger. Il dit sa prière et la répéta plusieurs fois. « Pas moi... » Une sueur glacée coula sur son visage, sa poitrine se gonfla, il eut soif d'air. La panique l'immobilisait sous sa poigne de fer. Ce vilain nœud qui palpitait dans son cerveau. « Maintenant je vais mourir. » Plus d'espoir d'aube, ce serait solitaire que la mort...

Karansebes, 20 septembre 1788

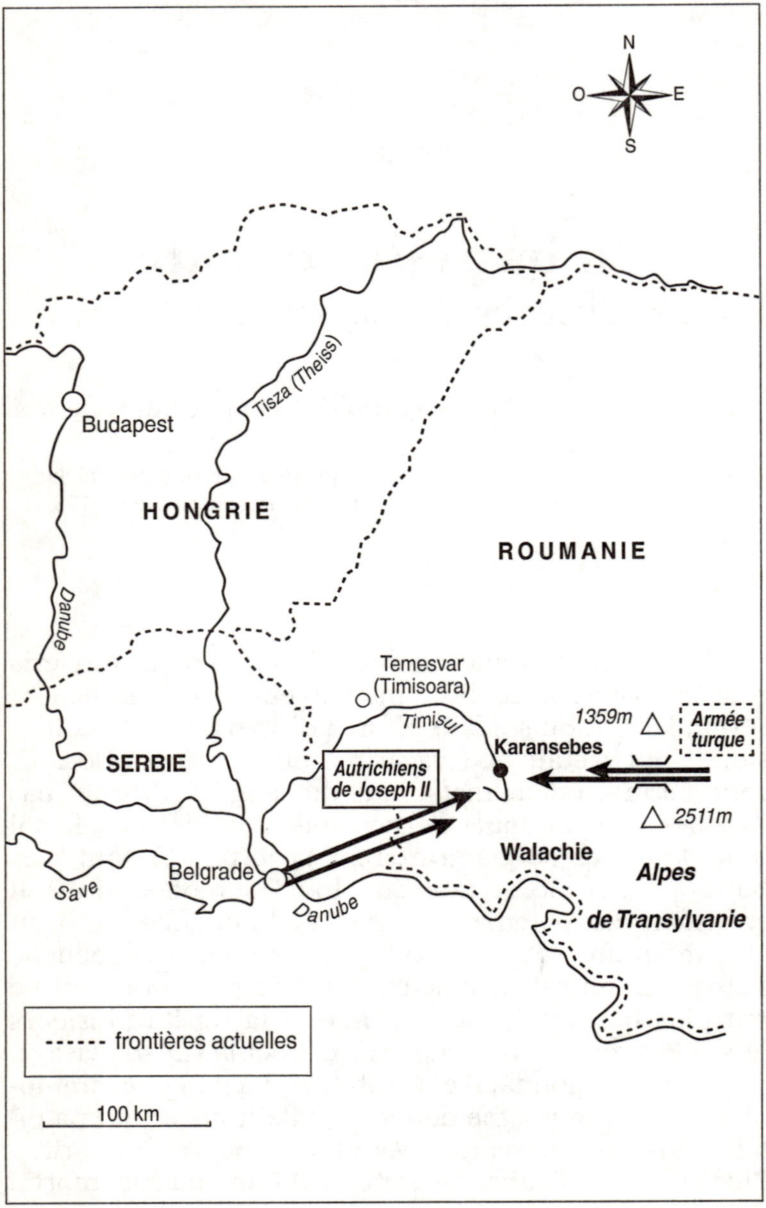

Était-ce un mauvais rêve ? Non, ce n'était pas un rêve que ces éclairs qui zébraient la nuit, le roulement de tonnerre du canon, les cris des blessés et les gémissements des mourants : « Sauve qui peut. *Turchi ! Turchi !* Tout est perdu, les Turcs sont sur nous [1] ! »

Joseph II, par la grâce de Dieu empereur d'Autriche, souffrait d'une faiblesse, et elle était forte. Il voulait que l'Histoire gardât de lui le souvenir d'un génie militaire, aussi grand sinon plus grand que celui de son éclatant modèle, le grand Frédéric de Prusse. Mais le problème du débonnaire empereur d'Autriche était qu'il n'en avait tout simplement pas les moyens, ni dans la diplomatie ni dans l'art militaire. À un âge déjà avancé, il décida de libérer les Balkans des Turcs. Le roi de Prusse, Frédéric-Guillaume, offrit gracieusement son aide pour régler diplomatiquement le différend entre la Sublime Porte et les Habsbourg. Au lieu d'accepter cette offre bénévole, Joseph parvint à offenser le monarque prussien en lui dépêchant le message suivant : « La maison de Hohenzollern est parvenue au pouvoir par les mêmes moyens détournés que le Turc infâme. » L'affront suffit à engager le roi de Prusse à signer un traité militaire avec le roi de Suède. Et les deux pays attaquèrent la seule alliée que l'Autriche comptât, l'impératrice Catherine de Russie. Entre-temps, Joseph s'était présenté aux portes des Balkans. Mais il avait omis d'informer l'ambassadeur de Turquie que l'Autriche était, en fait, en guerre et l'avait été depuis six mois, quand ses armées étaient entrées en territoire turc [2]. Pour réparer cette omission, il envoya un bref message à son chancelier d'État, le prince de Kaunitz : « Je regrette de dire que la Sublime Porte est

1. La plupart des citations sont tirées des notes d'un contemporain de l'empereur, A.J. Gross-Hoffinger. Pour des raisons évidentes, ses comptes rendus ne furent jamais publiés en Autriche, mais parurent en Allemagne en 1847, sous le titre *Histoire de Joseph II*.

2. Le 2 décembre 1787, les Autrichiens ont attaqué la forteresse turque de Belgrade ; la guerre n'a cependant été déclarée que le 2 février 1788.

entrée en guerre avec mon alliée, la tsarine. Selon les traités en vigueur entre la Russie et nous, je suis contraint de me porter au secours de l'impératrice. Je vous donne l'ordre d'informer la Sublime Porte que l'état de guerre existe entre l'Autriche et la Turquie[1]. »

En mars 1788, Joseph entama le long et fastidieux voyage entre Vienne et la Valachie[2], à la frontière contestée qui séparait l'Islam de la chrétienté. Son initiative était destinée à lui assurer la renommée et une place dans l'Histoire. Il entra, en effet, dans l'Histoire, mais pas de la façon souhaitée.

L'objectif initial des Autrichiens avait été de libérer la Save, une voie d'eau stratégique, en soumettant les places fortes turques de Schabaz, Belgrade et Vidin. Et pour finir, de conquérir la forteresse cruciale de Nis et d'incorporer tous les Serbes dans l'empire d'Autriche. Pour y parvenir, l'empereur avait levé six corps d'armée totalisant deux cent quarante-cinq mille hommes et trente-six mille sept cent vingt-cinq chevaux. Cent vingt-cinq mille hommes avec vingt-deux mille chevaux étaient placés sous son commandement direct. Son artillerie s'enorgueillissait de huit cent quatre-vingt-dix-huit canons de campagne et de cent soixante-seize mille boulets, ainsi que de mille tonnes de poudre noire. Il fallait, pour nourrir pareille armée en campagne, huit cents tonnes de farine et deux cents têtes de bœufs par jour[3].

Ces armées étaient dirigées par des hommes que l'histoire d'Autriche a retenus pour leur stupidité et leur incompétence. Cobourg, Fabius, Wartersleben, Mitrovsky, Devins, Liechtenstein. Le seul chef compétent, le vieux maréchal Laudon, qui avait si bien servi son impé-

1. *Briefe von Joseph II an Fuerst Kaunitz*, 1788. Texte original en français.

2. Transylvanie, aujourd'hui partie de la Roumanie.

3. Au lieu d'employer des fonctionnaires compétents, les Autrichiens préférèrent des bureaucrates qui laissèrent ces statistiques derrière eux.

ratrice Marie-Thérèse, avait été mis au rancart, l'empereur le jugeant trop vieux pour une tâche aussi astreignante. Il semble que le seul talent de l'empereur eût été de choisir systématiquement l'homme qui ne convenait pas pour un poste donné. Cette fois-là, il nomma le plus borné de tous, le maréchal Laczy, dont le seul exploit notable au long de sa carrière avait été de toujours se trouver d'accord avec son supérieur. En d'autres mots, c'était un soliveau, guère capable d'enrichir la mince expérience militaire de l'empereur.

« Les Autrichiens s'alarmaient beaucoup de la présence de leur empereur dans une campagne militaire, rapporta-t-on[1]. Il était réputé pour ses vues humanitaires et personne ne voyait en quoi sa présence accroîtrait les chances de la victoire. Mais vu son appétit pour la gloire qui s'attache à la victoire, il n'y avait pas de moyen de le convaincre. Ainsi, beaucoup prédirent une issue malheureuse aux combats, et les événements à venir devaient leur donner raison. »

Le plan de campagne originel de Joseph, si du moins il y en eut un, avait été d'employer ses forces écrasantes non pour une attaque majeure, comme on eût pu s'y attendre, mais pour instaurer une sorte d'impasse défensive. L'empereur de tous les Autrichiens commença donc sa campagne en douce.

L'attaque du fort turc de Belgrade avait été prévue pour le 16 mai. Les canons étaient en place, l'infanterie prête. Cependant le soir du 15, l'empereur changea soudain d'avis et, plutôt que d'attaquer la faible garnison turque, il commanda une retraite. Il fonda sa décision sur le fait que les Russes n'étaient pas venus à son secours[2]. Le courage de Joseph n'égalait certes pas celui du modèle qu'il s'efforçait désespérément d'imiter, Fré-

1. A.J. Gross-Hoffinger.

2. En raison de sa gaffe, les Russes étaient occupés à se défendre contre une armée suédo-prussienne. Kaunitz écrivit : « Nous ne pouvons compter sur les Russes. Ils nous ont endormis avec leurs promesses. »

déric le Grand, un meneur d'hommes dont il n'avait jamais compris la connaissance de la guerre et les décisions brusques[1]. Pour aggraver les choses, la santé de l'empereur se détériorait et avec elle son indécision s'aggravait. Son hésitation coûta la vie à une appréciable portion de son armée, quand il donna à ses généraux l'ordre de camper dans des terrains marécageux sur le Danube, infestés de moustiques. Bientôt, une épidémie de paludisme créa une situation désespérée chez les Autrichiens, mais l'empereur refusa de lever le camp. La maladie décima les régiments et les fosses communes débordèrent. En un temps étonnamment bref, cent soixante-douze mille soldats furent atteints de malaria et de dysenterie et trente-trois mille soldats des troupes d'élite périrent. Joseph aurait pu s'emparer de Belgrade ou défaire une vaste armée de Turcs avec les hommes qu'il avait si désinvoltement sacrifiés au paludisme. De plus, ceux qui n'avaient pas été frappés souffraient de l'inaction. Tandis que les parages insalubres continuaient d'abattre leurs camarades, ils jouaient aux cartes. Des bagarres éclataient parmi ces recrues d'origines différentes. Les Hongrois en venaient aux mains avec les Croates, les Lombards exécraient les Slovènes et personne n'aimait les officiers autrichiens. Et l'empereur se tenait toujours sur sa réserve. Il attendait l'arrivée promise des renforts russes, qui ne se matérialisa jamais[2]. Puis le campement vint à manquer de pain ; ses rations de farine étaient épuisées et les envois devaient venir de la lointaine Autriche en descendant le Danube. Quand la farine arriva, elle grouillait de vers. Pour coiffer le tout, les coffres des soldes était vides.

Entre-temps, les Turcs avaient renforcé la forteresse de Belgrade de neuf mille hommes, et le gouverneur turc

1. « Le coup d'œil d'un général est le talent que les grands hommes ont d'embrasser en un instant les avantages du terrain et l'usage qu'ils peuvent en faire avec leur armée » (Frédéric le Grand).

2. On rapporta que le prince Potemkine avait intrigué avec Catherine pour ne pas aller au secours de Joseph.

de la ville offrait dix ducats d'or pour toute tête d'Autrichien qu'on lui présenterait tranchée. Les troupes autrichiennes en eurent vent et dès qu'un soldat disparaissait, noyé ou parti voir sa famille, le camp bourdonnait de rumeurs sur les atrocités turques. Les troupes perdirent confiance en leurs officiers et les officiers maugréèrent contre l'empereur. À la fin, Joseph fut contraint de prier le vieux Laudon de prendre la tête des armées. « Je ne vous donne pas l'ordre, mon cher maréchal Laudon, de prendre le commandement de mes troupes, mais je vous demande humblement de le faire pour le bien de l'État et pour votre amour de l'empereur. »

Laudon accepta, par amour, non de l'empereur, mais de sa chère armée. Le 18 juillet, il rallia les quartiers généraux impériaux et le 19 il conquit la forteresse de Dubicza. Enfin, l'armée bougeait. Malheureusement, ses généraux n'étaient pas aussi efficaces que « le vieux » et ils subirent un certain nombre de revers. Il y eut quand même quelques faits d'héroïsme. Au château de Rama, le jeune lieutenant Lopreski et vingt-trois hommes tinrent tête à quatre mille Turcs jusqu'à ce que, comme dans l'histoire de Léonidas et de ses quarante Spartiates, ils fussent tous morts[1]. À la passe de Boza, une division de quatre mille Autrichiens fit mordre la poussière à dix mille Turcs. De tels exploits constituaient toutefois l'exception et ne changeaient pas réellement le déroulement de la guerre.

Faute de meilleures idées, Joseph demanda à l'Église de commander des prières dans tout le royaume. « Oh, Seigneur Tout-Puissant, Vous qui écrasez les ennemis de Votre Bonté, accordez-nous Votre divine protection. Épargnez à Vos fidèles les dangers qu'apportent les Infidèles. »

---

1. Cet héroïsme fit si grand effet sur les Turcs que le corps du lieutenant Lopreski fut enveloppé dans un linceul de soie, sur ordre du pacha, et retourné à l'empereur.

Apparemment, les prières desdits Infidèles furent plus efficaces. « Allah, Toi qui tiens le soleil, les étoiles et tout l'univers dans Ta main, Toi qui nous a envoyé Ton Prophète pour enseigner la vraie foi à Tes enfants, pourquoi laisses-Tu l'ennemi détruire nos terres ? Lève-Toi, Tout-Puissant, et donne à Ton peuple le pouvoir de proclamer Ta gloire dans la mosquée de La Mecque. »

Laudon réalisa, lui, des miracles et conquit plusieurs places fortes mineures, mais il n'était pas tout-puissant. Une division commandée par le général Papilla affronta treize mille Turcs et fut décimée et, le 18 août, le major von Stein dut abandonner la position stratégique de Dubowa. Après ce retrait, les Autrichiens durent renoncer à toute la vallée du Danube jusqu'à Belgrade. Puis on apprit que le grand vizir Youssouf Pacha avançait sur Vidin à la tête d'une armée de soixante-dix mille hommes, tandis qu'une autre armée, de trente mille hommes celle-là, commandée par le *seraskier*[1] de Roumélie, se dirigeait vers Nis. Il était grand temps pour les Autrichiens de passer à l'action. Ce qui signifiait que le corps principal de leur armée, quelque cent mille hommes, devait prendre position le long de la rivière Timis, près de la petite ville de Karansebes[2].

« Là, il nous faut vaincre, s'écria l'empereur avec enthousiasme, l'Histoire l'a voulu ainsi. Ce fut ici que le prince Eugène remporta une brillante victoire contre les Turcs et c'est le meilleur endroit où les battre à nouveau. »

Une deuxième bataille de Karansebes devait bien avoir lieu. Mais elle allait occuper une place apparemment unique dans l'Histoire. Un incident qui, mieux que tout autre, révèle la démoralisation de l'armée autrichienne, cette armée « dont la pire fraction était compo-

---

1. Un potentat local connu pour sa cruauté.
2. Proche de la localité roumaine actuelle de Timisoara, Caransebes, comme s'appelle aujourd'hui l'ancienne Karansebes, devrait son nom à une ode latine d'Ovide, *Cara mihi sedes*, « séjour qui m'est cher ». La tombe du poète se trouve là, en effet.

sée de recrues venues de tribus barbares et dont la meilleure partie n'avait aucune estime pour ses chefs [1] ».

Au cours de la nuit sans lune du 19 septembre 1788, l'avant-garde des hussards impériaux franchit le pont sur la Timis à Karansebes. Parvenue de l'autre côté de la rivière, elle ne trouva pas l'ennemi turc, mais un campement de roulottes de Valaques errants [2], qui accueillit joyeusement les cavaliers et leur offrit du schnaps et des filles. Après un rapide marchandage, un prix fut convenu et les hussards mirent pied à terre pour s'offrir du délassement. Quelques heures plus tard, les premières compagnies de fantassins traversèrent le pont et se trouvèrent également assoiffées. Toutefois, les hussards s'étaient approprié tout le schnaps. Pour se défendre contre les intrus, ces derniers bâtirent rapidement une ligne fortifiée autour de leur baril de schnaps et chassèrent les fantassins, ce qui contraria vivement ces derniers.

Un coup de feu retentit, suivi d'un cri et un corps tomba. Les hussards dégainèrent leurs sabres et attaquèrent l'infanterie, repoussant ainsi les fantassins. D'abord effrayés par le coup de feu, les fantassins se ressaisirent et, remis de leur premier choc, ils commencèrent eux aussi à tirer. Une petite bataille rangée s'ensuivit. D'autres coups de feu furent échangés et les premiers morts tombèrent. Puis les fantassins tentèrent une attaque frontale, mais les hussards n'y cédèrent pas. Pour chasser les hussards de leur position fortifiée, les fantassins recoururent alors à une ruse ; ils se mirent à crier : « *Türken ! Türken !* » La seule perspective d'affronter une armée turque terrifia tant les hussards ivres qu'ils s'élancèrent au galop sur le pont. Effrayés par le vacarme qu'ils faisaient, les fantassins reculèrent aussi. Leur colonel tenta de leur barrer la route, criant : « *Halt Stehen bleiben ! Halt !* », « Restez sur place ! Halte ! »

1. A.J. Gross-Hoffinger.
2. Des colporteurs d'origine principalement gitane.

mais en vain ; ces hommes, des Hongrois, des Lombards, des Slovaques, ne comprenaient pas l'allemand. Il n'existait pas de pareil ordre dans leur vocabulaire : on leur avait bien appris le mot « *Vorwärts !* », « En avant ! », mais pas « *Halt !* ». Peut-être n'avaient-il rien compris, peut-être aussi voulaient-ils se replier sur l'arrière au lieu de se battre.

L'officier autrichien continuait néanmoins de crier « *Halt !* ». Quelques jeunes fantassins crurent qu'il criait : « Allah ! Allah ! » et l'on commença alors à tirer pour de bon.

Pendant ce temps, de l'autre côté de la rivière, l'armée autrichienne dormait quand elle fut soudain réveillée par la fusillade sur l'autre rive. L'avant-garde avait donc rencontré les Turcs ! Ils n'imaginaient guère ce qui avait pu déclencher les coups de feu et les cris, étant donné que tout cela se passait dans une totale et terrifiante obscurité. Le bruit de la bataille et les gémissements des blessés et des mourants contribuèrent à accroître leur épouvante. Ce qu'ils entendaient, mais ne pouvaient voir, réveilla la grande peur qui sommeillait en eux, celle de mourir.

Au milieu du camp autrichien se trouvait un enclos réservé aux attelages militaires. Or, les chevaux furent tellement effrayés par le tintamarre croissant qu'ils forcèrent la barrière et s'élancèrent, faisant ainsi le bruit d'une cavalerie au galop. Le commandant d'un corps d'armée se crut attaqué et donna l'ordre aux canonniers de faire feu. La nuit fut traversée de lueurs bleuâtres et de roulements de canons et d'autres soldats tombèrent. Une rumeur s'éleva : « Les Turcs ! Les Turcs ! Sauve qui peut ! Tout est perdu ! »

La panique s'empara bientôt de l'armée entière et il devint inutile de tenter d'expliquer à cette masse polyglotte ce qui s'était passé de l'autre côté du pont. Un premier régiment battit en retraite, rapidement suivi par un autre, puis un troisième. Bientôt une masse de soldats reflua comme un raz-de-marée. En raison de leurs origines différentes, la plupart de ces régiments ne pouvaient échanger d'informations, ce qui contribuait à leur donner l'illusion que les ombres accourant vers eux étaient celles de leurs ennemis. Terrifiés par la peur d'être bientôt écrasés par des hordes de Turcs, ils tirèrent sur leurs propres fuyards.

Affaibli par sa maladie, l'empereur s'était assoupi dans sa voiture. Encore sous l'effet de ses médicaments et du sommeil, il descendit en trébuchant et considéra la pagaille. Il entendit les cris de la foule frénétique qui venait vers lui. Un aide de camp l'aida à monter à cheval, mais il n'était pas plutôt en selle qu'il fut entraîné par la cohue des fuyards. Un autre aide de camp se tenait résolument devant lui frappant de son sabre les soldats fous de peur. Il en abattit quelques-uns avant d'être jeté à terre et piétiné à mort. L'empereur fut jeté aussi à bas de son cheval et finit dans la rivière. Trempé, terrifié par la perspective de tomber dans les mains des Turcs, il rampa vers une maison de Karansebes, dont sa garde personnelle vint enfin le tirer. Une mésaventure presque similaire advint d'ailleurs à son frère, l'archiduc Franz, qui fut à la fin délivré par un carré de son régiment.

Les conducteurs des wagons de munitions fouettèrent leurs chevaux et prirent la fuite, promptement suivis par les canonniers, qui tranchèrent les brides attachant chevaux et canons et, montant à cru, s'enfuirent en laissant l'artillerie derrière eux. Cette folle cavalcade foula aux pieds tous ceux qui avaient l'imprudence de se trouver sur son parcours. Plusieurs officiers furent tués de la sorte, et la panique prit des proportions incroyables. Tout le monde courait, proférait des malédictions, priait, tirait des coups de feu ou mourait. Des maisons furent pillées, des femmes violées et des villages incendiés. Le sillage de la panique était jonché de mousquets abandonnés, de selles, de tentes, de chevaux morts et de tous les débris d'une armée vaincue. Les généraux ne parvinrent à enrayer cette fuite démente que beaucoup plus tard. L'armée autrichienne était dévastée et le choc qui suivit la catastrophe fut immense.

Deux jours plus tard, le grand vizir et son armée apparurent enfin devant Karansebes. Ils n'y trouvèrent pas de soldats, mais dix mille morts et blessés autrichiens qu'ils s'empressèrent de décapiter.

Et si...

... les officiers autrichiens avaient pu s'entretenir avec leurs unités dans les langues natales de ces dernières ?

La panique ne se serait peut-être jamais produite.

Les faits

À la suite de la débâcle de Karansebes, l'empereur envoya une note à son frère : « Je ne sais comment continuer. J'ai perdu mon sommeil et mes nuits sont hantées de sombres pensées. »

Dans une dépêche à son chancelier Kaunitz, l'empereur écrivit : « Le désastre que notre armée a subi à cause de la couardise de quelques unités est pour le moment inestimable. La panique a tout gagné, l'armée, les habitants de Karansebes et jusqu'à Timisoara, à dix bonnes lieues de là. Je ne peux décrire les viols et les meurtres terribles qui ont eu lieu. »

Seule la bravoure du comte Kinsky et de son régiment empêcha les hordes de cavaliers du pacha turc d'annihiler l'armée autrichienne après Karansebes. Plus tard, cet automne-là, Laudon rétablit l'ordre dans l'armée et offrit à l'Autriche une série de victoires. Puis vint l'hiver. L'empereur était proche de la mort et cela mit fin à la campagne de 1788.

Au printemps 1789, le jeune Sélim III devint sultan et mena son armée en guerre. Cette fois, les Turcs se cassèrent les dents sur le maréchal Laudon, qui coupa leur offensive dès le début et les bouta hors du Banat. Le Danube redevint une rivière autrichienne. Pendant que cette guerre faisait rage, Joseph II rendit l'âme sur ces dernières paroles : « Tout ce que je souhaite est une paix durable dans toute l'Europe. »

Le 14 juillet 1789, les Parisiens prirent d'assaut la Bastille et une époque nouvelle commença. L'Europe ne trouverait pas la paix pendant le quart de siècle suivant.

Le grain de sable à Karansebes fut un baril de schnaps.

5

Une poignée de clous

Waterloo, 18 juin 1815

> « Un plan qui réussit est audacieux, un plan qui échoue est téméraire. »
>
> Général Carl von Clausewitz, *De la Guerre*, 1832.

Le général avançait sur son cheval, solidement vissé sur sa selle, à trente pas devant le corps d'armée. Dans son visage hâlé, ses yeux semblaient plus bleus que d'habitude. Il observa calmement ses cavaliers : l'élite de l'élite, les cuirassiers de l'Empereur, des briscards bombant le torse sous leurs corselets d'acier brillant, la crinière voltigeant sur leurs casques à la grecque. Un léger sourire de satisfaction nuança son expression. Oui, avec de tels hommes il pouvait aller en enfer et en revenir. Il savait trop bien que la victoire souvent dépendait de leur célérité et de leur capacité de dominer les défenses ennemies.

L'air était chargé de remugles, sueur des animaux, odeur aigre de la poudre, électricité humaine de la fureur, une fureur dirigée contre l'ennemi campé là-bas, sur la crête. Chacun était plongé dans ses pensées et ce qui advenait à l'extérieur n'avait plus d'importance. La

Waterloo, 18 juin 1815

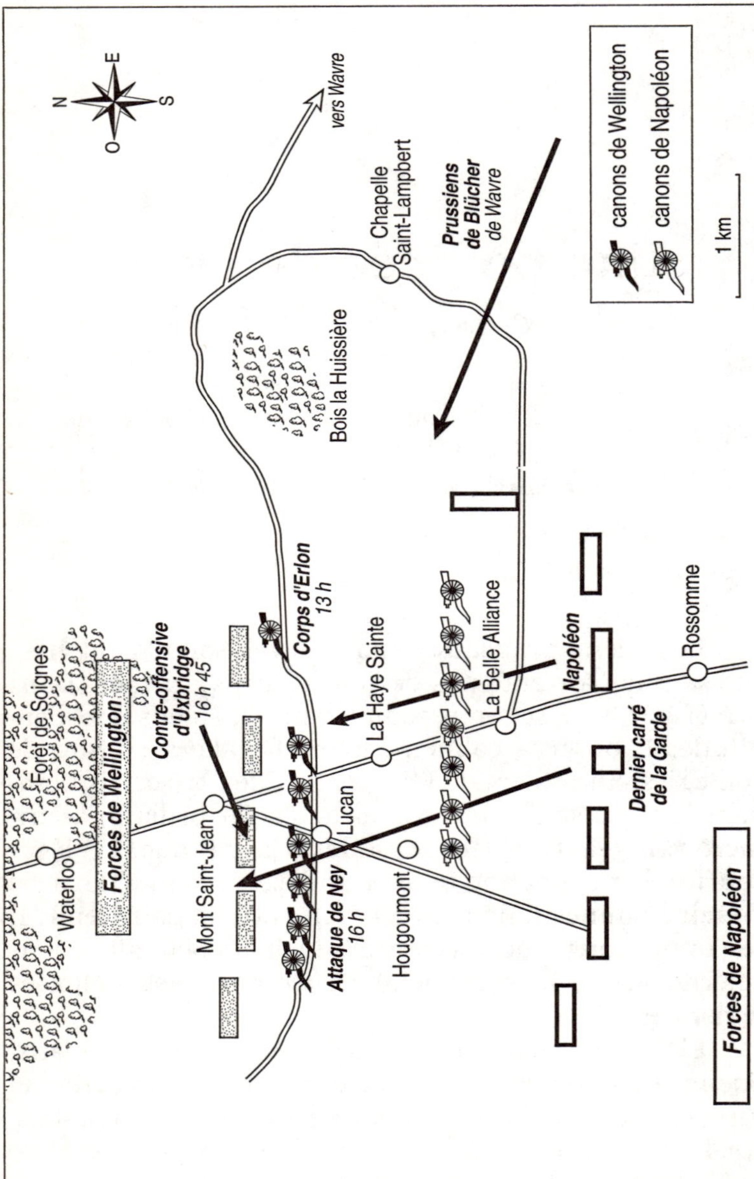

peur n'avait pas de prise sur ces vétérans, habitués à obéir en silence. Cinq mille hommes qui avaient foncé à travers les terres fertiles d'Autriche, de Prusse, d'Italie, de Russie, et foulé des lieux aux noms immortels, Austerlitz, Wagram, Iéna, Friedland, Borodino. Ils s'étaient couverts d'une gloire éternelle.

Le regard du général parcourut ces visages, témoins cruels des nombreuses batailles combattues pour leur empereur, hymnes de gloire et de mort. On y comptait beaucoup de jeunes, recrutés pour combler les lignes dégarnies. Des adolescents qui avaient grandi trop vite, des garçons qui ne connaissaient pas encore les bruits de la bataille et n'avaient pas encore goûté à la victoire. Toutefois, la bataille n'était pas affaire de vacarme et de gloire, mais de mort.

C'était le milieu de l'après-midi. Tout le long de la ligne, les cavaliers restaient silencieux, attentifs, comme ils l'avaient été depuis les premiers roulements de canon vers midi. Pascal Le Meunier, trente-deux ans, de Maubeuge, caporal des lanciers dans le IVe corps de cavalerie de Milhaud, souffrait d'une vilaine blessure au front. Il l'avait reçue au cours d'un accrochage avec la cavalerie de Lord Uxbridge, près du carrefour stratégique de Quatre-Bras. Des mouches s'étaient posées sur l'entaille, mais Le Meunier ne levait même pas la main pour les chasser. Le contrôle de soi était la leçon préliminaire et sans doute la plus pénible qu'un cuirassier dût apprendre. Souffrir en silence.

Un groupe d'officiers aux casques à plumets galopa vers les troupes. Ils étaient menés par un homme râblé et petit, portant le resplendissant uniforme de maréchal de France. Son nom était une légende : Michel Ney, prince de la Moskowa, le Brave des Braves. Un officier à cheval, le général Delort, commandant des cuirassiers, partit à sa rencontre et s'arrêta devant lui.

Ney sourit : « Je suis content de vous avoir avec nous de nouveau, général.

— Toujours heureux de servir aux ordres de mon maréchal. »

Delort jouissait de la faveur du maréchal. Un jour de 1805, à Iéna, les Prussiens avaient pointé leur artillerie sur les vagues d'assaut des cuirassiers et Ney s'était trouvé séparé de sa cavalerie. Delort, qui n'était alors qu'un simple cuirassier, s'était élancé sur la plaine découverte pour offrir au général un bouclier humain. Napoléon lui-même l'avait promu au rang de lieutenant. L'expérience de Delort au combat, sa vie au cours des diverses campagnes et surtout sa dévotion à l'empereur avaient fait avancer sa carrière par bonds. Il portait ses cicatrices comme des insignes de courage. Au cours de l'heure qui suivrait, seule la discipline de fer de ce commandant chevronné permettrait aux jeunes de surmonter les à-coups de la bataille à venir. Delort savait qu'il y perdrait beaucoup d'hommes, mais que les survivants seraient fiers de proclamer qu'ils s'étaient battus pour l'empereur et la France.

Ney se tourna vers le commandant du corps d'armée, le général Milhaud.

« Général, prenez le commandement du corps.

— À vos ordres, maréchal. »

Milhaud fit un signe de tête à Delort.

« Division des cuirassiers, à cheval ! »

Cinq mille cavaliers, qui comprenaient aussi les détachements des brigades légères de Dormon et de Dubervie, s'alignèrent face à un ennemi que protégeait son artillerie. La partie ne serait pas aisée. Les commandants d'escadrons se placèrent à vingt pas en avant de leurs hommes, soixante hommes dans la première ligne et autant dans la seconde.

« Première division ?

— Prête.

— Deuxième division ?

— Prête », vint la réponse.

Milhaud avança son cheval de quelques pas, leva son sabre et salua l'homme au casque à plumet blanc.

« Maréchal, le IVe corps de cavalerie attend vos ordres. »

Ney leva brièvement les yeux vers un ciel qui ne connaissait ni le pardon ni la pitié. Puis il porta son regard sur les escadrons : cuirassiers, lanciers rouges, chasseurs à cheval de la Garde. Le soleil faisait étinceler cinq mille cuirasses polies et les pointes des lances.

« Pour le salut de la France. En avant ! »

Cinq mille sabres frappèrent du plat les cuirasses.

« Vive l'empereur ! »

Un clairon sonna. Le prince de la Moskowa leva son sabre. Aussi loin que le regard portât, les cinq mille cavaliers formaient une masse, soudée par l'esprit de corps. Elle avança au trot vers la colline.

Il était 16 h 03. C'était le 18 juin 1815.

Et c'était à Waterloo.

Le jour où Napoléon s'enfuit de l'île d'Elbe, le 27 février 1815, marqua le commencement des Cent-Jours, pendant lesquels personne ne dormit paisiblement dans les capitales de l'Europe. Une fois parvenu à Paris, Napoléon forma une armée destinée à se heurter à deux puissances hostiles dans les Flandres. Il savait que la rapidité et la surprise lui seraient essentielles, étant donné qu'il affronterait deux adversaires redoutables. Arthur Wellesley, duc de Wellington, héros de la guerre de la Péninsule, et le vieil ennemi du Corse, le maréchal Gebhard von Blücher, le « Prussien de Fer ».

L'empereur connaissait bien Blücher, mais il n'avait jamais vu une armée de Wellington à l'œuvre. Il avait toujours attribué la série de défaites françaises dans la Péninsule à l'incompétence de ses subordonnés et non à la supériorité tactique des formations de Wellington. Il se trouva de la sorte que l'un des plus grands génies de l'art militaire commit le péché capital de sous-estimer son adversaire. Néanmoins, avec sa capacité unique de saisir n'importe quelle situation, Napoléon avait repéré le défaut fondamental du déploiement des alliés : leurs forces étaient dispersées. Il prit l'initiative de pénétrer en Belgique et de battre séparément les Anglais et les Prussiens avant qu'ils pussent se réunir. Le 12 juin, il fut rejoint par Ney qui, une fois de plus, avait changé d'allégeance, trois mois seulement après avoir promis au roi Louis XVIII de lui livrer Napoléon « dans une cage de fer ».

Le Napoléon de 1815 n'était plus le Napoléon redouté d'Austerlitz et de Iéna. L'épreuve du pouvoir l'avait usé mentalement. À Waterloo, il était aussi diminué physiquement, souffrant de diarrhée chronique et d'hémorroïdes prolabées, qui lui rendaient pénible de se tenir en selle. Il commit des erreurs de commandement et délégua trop de responsabilités. Son erreur initiale durant la campagne de Waterloo résida dans la distribution des rôles principaux. La plupart de ses grands maréchaux, capables d'initiative, étaient morts ou avaient changé de camp. Desaix était mort à Marengo et Lannes à Aspern, Junot s'était suicidé. Masséna, Murat, Macdonald, Suchet, Saint-Cyr, Augereau n'étaient plus disponibles. La plus grande de ses pertes était Berthier, chef d'état-major à la capacité suprême que Napoléon avait dû remplacer par Soult, lequel n'avait jamais été un stratège. Pour protéger ses arrières contre une révolte monarchiste, l'empereur avait commis Davout au poste de gouverneur de Paris. Il avait confié son aile gauche à Ney, chef de cavalerie capable d'audaces stupéfiantes, mais qui par ailleurs était une tête brûlée. L'aile droite était revenue à Grouchy, un général sclérosé tiré de sa retraite et dont l'ardeur était hélas défaillante. Mais on n'en pouvait dire autant de l'esprit de troupe. Un rapport qui parvint à Wellington comparait l'armée de Napoléon en 1815 aux révolutionnaires enthousiastes de la bataille de Valmy en 1792 et capable d'efforts héroïques. Le général Foy l'avait relevé en d'autres termes dans son journal : « Nos troupes de ligne ne montrent pas seulement du patriotisme et de l'enthousiasme, mais une vraie rage pour l'Empereur et contre ses ennemis. »

L'armée du Nord de Napoléon était constituée de cinq corps d'infanterie, en plus de la garde impériale et du corps de cavalerie. Les commandants de l'infanterie étaient d'Erlon, Reille, Vandamme, Gérard et Lobau. La Garde était placée sous le commandement de Friand, Morand et Duhesme, la cavalerie sous celui de Milhaud, Kellermann, Guyot et Lefebvre. Les réserves étaient enfin sous celui de Grouchy.

Face à ce formidable déploiement se trouvait une force hétérogène : les quatre-vingt treize mille Hanovriens, Hollandais, Belges, Brunswickiens et Nassauiens de Wellington, et les cent dix-sept mille Prussiens de Blücher. Les deux cent dix mille Autrichiens du prince Schwarzenberg et les cent cinquante mille Russes de Barclay de Tolly étaient trop loin pour entrer immédiatement en action. Plus importants que les forces numériques étaient les chefs, c'est-à-dire la capacité militaire de Wellington et la tenacité de Blücher.

Que préparait Wellington quand Napoléon poussa son armée au nord ? Probablement rien, si l'on en croit le Révérend Spencer Madan, qui, le 13 juin, écrivit de Bruxelles les lignes suivantes : « Aujourd'hui le noble duc a emmené Lady Jane Lennox à un match de cricket dans le seul but de la distraire... »

Dans la nuit du 14 au 15 juin, les Français avancèrent soudain sur Charleroi et prirent par surprise les Prussiens qui campaient. Blücher fut contraint de se replier sur Ligny. Ce fut alors que le général chouan Bourmont passa à l'ennemi et révéla aux Prussiens la stratégie de Napoléon. Dès que l'empereur apprit la trahison, il dépêcha Ney pour occuper le carrefour stratégique de Quatre-Bras, pour empêcher Wellington et Blücher de joindre leurs forces. Ney ne se heurta qu'à un détachement du contingent anglais, mais ne parvint néanmoins pas à prendre le hameau. Napoléon, qui avait pris de fortes drogues pour soigner une crise de dysenterie, s'était couché et n'apprit l'échec de Ney que le lendemain matin, alors que Blücher avait passé la nuit à renforcer sa défense autour de Ligny. Le vieux renard savait qu'il subirait le premier assaut. Soult expédia un message à Ney à Quatre-Bras : « C'est l'intention de Sa Majesté que vous attaquiez quiconque se trouve devant vous et qu'après les avoir vigoureusement repoussés, vous nous rejoigniez pour envelopper les Prussiens. »

Ney attaqua de nouveau à Quatre-Bras, au matin du 16. À ce moment-là, Wellington avait saisi l'importance de ce carrefour et il dépêcha des unités supplémentaires, qui opposèrent une défense énergique. Tandis que Ney faisait avancer ses troupes par paquets, Napoléon ordonna à d'Erlon d'aller appuyer Ney. Là advint une confusion sur la note hâtivement griffonnée par l'empereur, que Ney lut de travers. Le maréchal écarta de Quatre-Bras le corps d'armée d'Erlon, et les troupes de ce dernier perdirent leur temps en allées et venues entre les deux fronts. Cette manœuvre priva l'empereur d'un tiers de ses forces, étant donné que l'armée d'Erlon ne servait ni à Quatre-Bras, ni à Ligny, où Napoléon avait frappé au cœur des forces de Blücher. « L'armée prussienne est perdue si vous agissez avec la plus grande vigueur. Soldats de l'Empire, la France est dans vos mains ! » avait déclaré Napoléon à ses troupes avant l'attaque. Sous la force de l'élan français, le front de Blücher céda. Près d'un moulin à vent d'où Napoléon observait l'attaque, attendant que Ney prît Blücher par le flanc, il confia à Gérard : « Il est possible que dans trois heures l'issue de la guerre soit décidée. Si Ney exécute ses ordres, pas un seul canon de l'armée prussienne n'en réchappera. » Cependant Ney ne répondit pas à cette attente. S'il l'avait fait, la Prusse aurait cessé d'être une puissance militaire et l'avenir de l'Europe en eût été changé.

Toutefois, les Prussiens étaient mal en point. Le cheval de Blücher fut tué sous lui et roula sur le vieux maréchal. Celui-ci fut laissé pour mort sur le champ de bataille ; grâce à une intervention rapide de son aide de camp, Nostitz, il eut la vie sauve. Ce dernier, en effet, jeta son manteau sur le corps de son chef pour le cacher à la cavalerie française qui allait débouler. La bataille s'acheva avec seize mille morts du côté prussien et onze mille du côté de Napoléon. En l'absence de Blücher, que tout le monde désormais tenait pour mort, son chef d'état-major, le comte August von Gneisenau, prit la direction des opérations. Une série de brillantes manœuvres lui permit de dégager ses divisions démantelées. Toujours en querelle avec son allié anglais, Gneisenau se considéra trahi par Wellington. Le duc avait, en effet, promis d'aller au secours des Prussiens. Dans sa méfiance, Gneisenau ordonna à ses Prussiens de se retirer sur Liège, loin des Anglais.

Blücher, lui, n'était pas mort : on le retrouva dans une cour de ferme, frottant de l'ail sur ses plaies et buvant de la bière. Quand il fut informé des plans de Gneisenau, il les annula et donna l'ordre aux trois corps d'armée de von Bülow, Pirch et Ziethen de se diriger vers les dernières positions connues de Wellington. C'était un lieu dit Waterloo.

N'étant pas sûr de sa victoire sur Blücher, Napoléon dépêcha Grouchy avec trente-trois mille hommes pourchasser les Prussiens au-delà du Rhin. Le malin Blücher envoya dans cette direction plusieurs divisions gravement dégarnies et Grouchy fut dupe de cette ruse : son armée commença à poursuivre ces rescapés en s'éloignant vers l'est. Quand Wellington apprit la défaite de Blücher, sa propre position à Quatre-Bras devint intenable. Le plan français devenait évident : Napoléon lui couperait la retraite et l'attaquerait à revers. Wellington ordonna donc un repli immédiat sur la hauteur la plus proche, qui se trouva être la pente du plateau du mont Saint-Jean, avant le village de Waterloo. C'était là qu'il se proposait de livrer bataille, si le maréchal prussien pouvait au moins lui offrir le secours d'un corps d'armée.

Ney avait perdu de son ancienne audace. Au lieu de poursuivre énergiquement les Anglais qui se repliaient, il garda ses hommes aux bivouacs. Furieux de cette occasion manquée, Napoléon prit les affaires en main et engagea une poursuite implacable. Puis Dieu intervint, sous la forme d'un orage qui ralentit l'avance française juste au moment où ils venaient de rattraper les Anglais en fuite. Cela sauva de la destruction l'armée de Wellington. Avant de se retirer sous sa tente, le soir, l'empereur dicta pour Grouchy le message suivant : « Sa Majesté va attaquer l'armée anglaise qui a pris position à Waterloo. Sa Majesté désire que vous vous dirigiez vers Wavre pour vous rapprocher de nous et que vous vous mettiez en rapport avec notre opération, repoussant devant vous ces portions de l'armée prussienne qui ont pris cette direction. »

À 2 heures du matin, la réponse vint de Grouchy : les Prussiens s'étaient divisés en deux colonnes ; des fractions des forces prussiennes se joindraient sans doute à celles de Wellington, alors que le centre, sous le commandement de Blücher, se replierait vers Liège. Malheureusement, ce fut exactement le contraire qui advint. Tandis que l'empereur dormait, le plus gros des forces prussiennes était parti renforcer celles de Wellington.

Le 18 juin, les averses avaient cessé et la matinée était splendide. Napoléon déjeûna avec ses généraux à la ferme de Rossomme, qui lui servait de quartier général. Le maréchal Soult s'inquiéta de la position forte de Wellington sur le mont Saint-Jean.

« Parce qu'il vous a battu une fois, vous le considérez comme un grand général ? » ironisa l'empereur. « Nous avons quatre-vingt dix chances en notre faveur. »

De fait, il les avait, avec ses soixante-douze mille hommes et ses deux cent quarante-six canons contre les soixante-sept mille hommes et les cent cinquante-six pièces d'artillerie de Wellington. Génie de l'artillerie, Napoléon savait que ce n'était pas la force de choc des hommes et des baïonnettes qui comptait, mais la position des canons. Et il avait élevé cet art à une véritable maîtrise. L'amélioration de l'artillerie moderne avait été aussi décisive pour l'art de la guerre que la charge à la baïonnette, conçue un demi-siècle plus tôt par Frédéric le Grand. La tactique de l'empereur donnait la primauté au canon sur le mousquet d'infanterie. L'inspirateur de ce changement était le Français Gribeauval, inspecteur général de l'Artillerie sous Louis XVI. En introduisant des avant-trains et des affûts uniformes pour tous les canons, il avait permis le déploiement rapide du canon d'attaque. Les canons de bronze chargés par la gueule dont se servaient les artilleries française et alliée étaient principalement des pièces de douze et de seize à la puissance de feu dévastatrice quand elles étaient dirigées contre de grandes colonnes d'infanterie. Leurs projectiles, boulets ou mitraille, étaient propulsés par une charge de poudre mise à feu par l'introduction d'une mèche enflammée ou fusée dans la lumière du canon, un trou percé dans la masse du bronze.

Napoléon portait un manteau gris, une veste de soie mauve, des culottes blanches et des bottes de hussard. Il montait un petit cheval gris. Ses troupes en formation de bataille attendaient qu'il les passât en revue[1]. Chasseurs, fantassins, hussards, dragons, lanciers, cuirassiers, Garde impériale, un seul cri monta de leurs rangs : « Vive l'empereur ! »

Napoléon se tourna vers Ney : « Si mes ordres sont bien exécutés, nous dormirons ce soir à Bruxelles. » Et cela était, en effet, possible, si c'était exécuté sur-le-champ.

---

1. Ce n'était pas une parade, mais une manifestation de force pour intimider l'ennemi.

« Sire, intervint Drouot, un général d'artillerie compétent, le terrain est trop humide pour déployer notre artillerie attelée. Il vaudrait mieux attendre une heure. »

Malheureusement pour la France, Napoléon se rangea à l'avis de Drouot. Souffrant d'un malaise, l'empereur se retira à la ferme du Caillou, où il dormit deux heures. De toute façon, il voulait attendre que les réserves de Grouchy vinssent de Wavre. Erreur fatale : ce ne fut pas Grouchy qui vint vers Napoléon, mais le meilleur corps d'armée de Blücher sous le commandement du général von Bülow.

Mal remis de sa chute, mais l'esprit fort clair, Blücher dicta une lettre à l'intendant-général Müffling, pour qu'elle fût portée avec la plus grande célérité au duc de Wellington.

Wavre, 19 juin 1815, dix heures et demie.

Excellence,

Quelque souffrant que je sois, je serai à la tête de mon armée pour engager l'aile droite de l'ennemi dès le moment où Napoléon lancerait une action hostile contre l'armée du duc de Wellington. Si la journée devait passer sans que l'ennemi attaque, je crois fermement que d'ici demain, tous les deux nous attaquerons l'armée française.

De son point d'observation privilégié sur la route de Bruxelles, Wellington observait l'armée de Napoléon en ordre de marche. Il était contrarié et indécis. Ce renard de Bonaparte avait habilement partagé son armée. Grouchy attaquerait certainement les alliés à revers. Fallait-il se retirer ? Mais la décision de rester ou de se retirer allait être prise pour lui. Tandis que Napoléon retournait se coucher, une estafette prussienne arriva sur un cheval couvert d'écume pour remettre la lettre du maréchal et elle ajouta :

Excellence, le maréchal Blücher souhaite vous informer que l'armée du général von Bülow est en marche

Campagne de Waterloo, 16-18 juin 1815

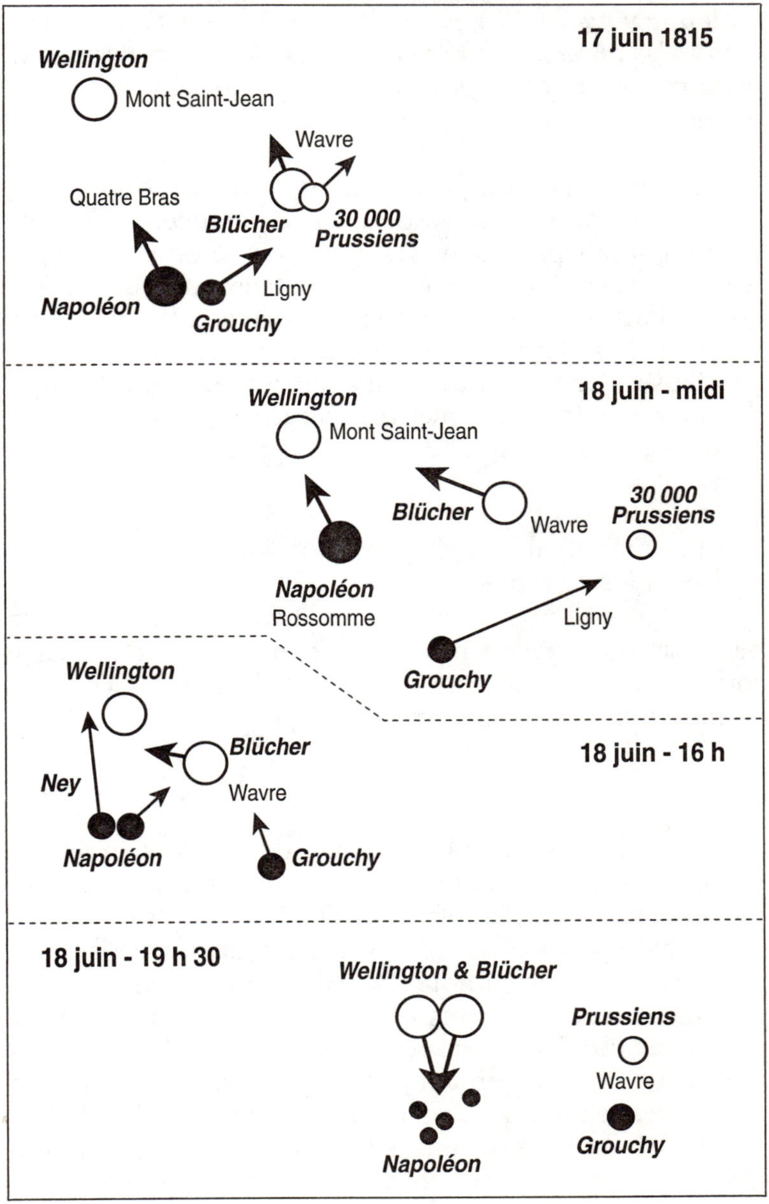

depuis l'aube, suivie par le corps d'armée de Pirch. Il voudrait que vous sachiez par ailleurs que la cavalerie de Ziethen et les premier et troisième corps d'armée prussiens se tiendront en réserve, prêts à intervenir à n'importe quel moment.

Le message comportait une autre information et Wellington ne pouvait croire en sa chance. Ce sot de Grouchy était parti avec les corps de réserve de Napoléon vers l'est ! La menace qu'il représentait pour le flanc des Anglais était donc écartée. Cela décida Wellington à rester et à se battre. Tout dépendait désormais de ses précieuses cent quarante-six pièces d'artillerie, qui devraient tenir en respect une attaque massive de l'infanterie jusqu'à ce que les Prussiens pussent venir à son aide.

Le maréchal Blücher monta sur son cheval et s'adressa à son armée :

« Mes enfants, nous devons avancer. Vous pensez peut-être que ce n'est pas possible, mais il faut que ce le soit. Je l'ai promis à mon frère Wellington et vous ne voudriez pas que je manque à ma parole ? »

L'armée prussienne s'empara de ses mousquets et se mit en marche. Il était 11 heures du matin. Entouré de ses généraux, Napoléon était affalé sur sa selle, le visage pâle. Il ne se sentait pas bien, il décida cependant de ne pas en tenir compte. Ce n'était qu'une « indisposition momentanée ». Puis il se tourna vers les généraux, indiqua le moulin du mont Saint-Jean et déclara : « Messieurs, voilà votre ennemi. Notre premier objectif est d'éliminer ses points forts à Hougoumont et à La Haye-Sainte. Nous ne pouvons entreprendre aucune action majeure avant que ces deux bastions d'appoint soient pris. » Il pensa sans doute à d'autres grandes batailles et à des conquérants enterrés depuis longtemps.

« Sire, la cavalerie est prête. »

— Tenez-la en réserve. Le corps d'armée de Reille attaquera le premier. Avec Jérôme pour le soutenir. »

Napoléon considéra son lieutenant suprême. Ney, remarquable commandant de corps de cavalerie, impulsif, mais indéniablement d'attaque, était ce jour-là en charge de toute une aile, infanterie et cavalerie. Serait-il capable de les diriger ?

« Messieurs, rejoignez vos unités. »

À 11 h 30, Napoléon donna le signal de l'attaque, et la Grande Batterie de cent vingt canons tonna, tandis que le 2e corps de Reille attaquait le château de Hougoumont, défendu par la 2e brigade des Coldstreams Guards, sous le commandement du colonel Macdonnell. Au lieu de se servir de leur artillerie mobile pour anéantir les bâtiments par un tir concentré, Jérôme et Reille recoururent à des attaques successives d'infanterie. L'opération absorba plusieurs bataillons, avec de grandes pertes et sans résultat décisif. Hougoumont résistait, bien qu'à un certain moment un détachement de l'infanterie française parvint à défoncer les portes du château. Une grande formation de fusilliers s'élança dans la cour, mais elle fut repoussée par une vigoureuse charge à la baïonnette commandée par le capitaine Wyndham et le sergent James Graham. Trois autres hommes les aidèrent à refermer la porte. Puis Graham courut vers un bâtiment attenant en feu, pour aller au secours de son frère blessé, après quoi il recommença à tirer sur les Français à travers les meurtrières.

Wellington, qui avait installé son poste d'observation sous un orme tordu, sur la crête du mont Saint-Jean, observait les vagues de soldats français se briser sur les pierres du château. Entre temps, les projectiles pleuvaient sur la pente de ce mont. Mais Wellington avait appris à ne jamais placer ses troupes dans une position où elle fût vulnérable à l'artillerie. Il gardait le plus gros de ses troupes à l'abri, derrière la crête, là où le tir tendu des Français ne pouvait les atteindre. Seule une petite force de Belges et de Hollandais, sous le commandement du général Bylandt, était déployée à l'avant, où elle subissait des assauts dévastateurs.

L'action était bien engagée, mais les trente-trois mille hommes de Grouchy étaient inactifs : Grouchy et le général Gérard déjeunaient tardivement à la maison Hollert, dans le roulement lointain des canons.

« La bataille a commencé », observa Grouchy, morose.

« Mon maréchal, nous devons nous diriger immédiatement vers les canons », pressa Gérard. Mais Grouchy n'était pas de cet avis ; il devait obéir aux ordres impériaux, dont son intelligence limitée ne lui avait pas permis de saisir la substance.

Les corps de Reille et de Jérôme avaient été arrêtés par les Coldstreams Guards de Macdonnell devant Hougoumont. L'empereur ordonna donc à Ney de prendre les bâtiments de La Haye-Sainte. Après de furieux corps à corps le long des enceintes de pierre, l'infanterie pénétra dans des potagers, mais elle ne parvint pas à s'emparer des bâtiments, vaillamment défendus par le major Baring et une compagnie de la Légion allemande du roi. Là aussi, l'assaut fut infructueux et les deux bastions fortifiés menaçaient toujours sérieusement une attaque au centre.

Vers 13 heures, un facteur vital intervint dans la bataille. Un aide de camp de l'empereur remarqua un nuage de poussière à l'horizon. Napoléon regarda dans sa lunette et identifia une masse d'hommes qui avançaient vers la gauche des armées de Wellington. Il poussa un soupir de soulagement : c'était Grouchy qui attaquait le flanc exposé de Wellington. Mais son enthousiasme dura peu : un prisonnier parlant allemand fut amené devant lui et la nouvelle qu'il communiqua lui fit l'effet d'un coup de marteau ; ce n'était pas Grouchy, mais les Prussiens de von Bülow qui se préparaient à rejoindre Wellington ! L'empereur était persuadé que trente-trois mille hommes de Grouchy viendraient bientôt arrêter les Prussiens ; toutefois, pour prévenir toute mauvaise surprise, il dépêcha un message à ce dernier : « Bülow va attaquer notre flanc droit. Ne perdez donc pas une minute pour vous rapprocher de nous et vous joindre à nous pour écraser Bülow que vous trouverez sur le fait [1]. » Par ailleurs, il ordonna à la cavalerie légère de Dubervie et Dormon de protéger son flanc droit contre la formation prussienne, qui avançait lentement, et de les faire suivre par le 6e corps d'infanterie de Dormon.

L'empereur savait qu'il possédait les moyens de détruire Wellington bien avant qu'il fût arrivé assez de Prussiens. Il vérifia donc la situation : Hougoumont et La Haye-Sainte étaient toujours aux mains des ennemis et un flot constant de Prussiens le menaçait sur sa droite. Il était donc temps d'attaquer le centre de la ligne de Wellington.

« Soult, transmettez l'ordre au 1er corps d'Erlon et dites à Ney de le soutenir avec la cavalerie de Milhaud.

— Mais sire, les Prussiens...

— Au diable les Prussiens, nous aurons eu Wellington avant qu'ils parviennent ici. »

Il savait qu'il avait raison, les Prussiens avançaient trop lentement pour que cela fît quelque différence. Son devoir immédiat était de briser le centre anglais.

Wellington n'avait pas quitté son orme. La mitraille sifflait par-dessus les têtes et atterrissait sans dommage dans les champs derrière lui. Le soleil était fort, mais l'Anglais était insensible à la température ; il fixait du regard la colline en face de lui. Là, il y avait un mouve-

---

1. Aussi incroyable que cela paraisse, même quand Grouchy vit de ses yeux les Prussiens franchir sa ligne d'avancée et se diriger vers le mont Saint-Jean, il ne fit quand même rien pour les en empêcher.

ment nouveau. Une masse d'infanterie émergeait de la fumée dense crachée par l'artillerie française ; c'était le corps de quatre divisions d'infanterie d'Erlon, soutenu par l'artillerie légère. Ils emportèrent rapidement le Trou de Sable et la ferme de Papelotte, mais La Haye-Sainte résistait. Wellington s'alarma, car la jonction entre ses régiments commençait à accuser de sérieuses failles. Il se rendit chez les Belges et Flamands de Bylandt.

« Général, dit-il à Bylandt, vous ne pouvez pas battre en retraite. Si vous le faisiez, notre ligne serait prise de flanc. »

Bylandt le comprenait. Mais comment une armée décimée pourrait-elle résister à des troupes fraîches ?

D'Erlon considéra sa ligne d'hommes qui avançait au roulement du tambour, et le spectacle saisissant de milliers de baïonnettes étincelant au soleil. Ils gravirent lentement le plateau du mont Saint-Jean. L'avancée était pataude : quatre divisions qui avançaient en formation de bataillon faisaient une gauche configuration d'attaque. L'empereur, qui le voyait bien dans sa lunette depuis Rossomme, était furieux : des carrés de vingt-quatre rangs avançant sur la pente, à travers des champs de blé aplatis par l'artillerie, étaient vulnérables à la mitraille des canons anglais. Mais il était trop tard pour envoyer un ordre qui aurait étalé le corps d'Erlon sur une formation d'attaque, large de trois rangs seulement. Napoléon ne pouvait qu'attendre et prier. Pour la première fois, le plus grand général de son temps avait affaire à un adversaire également avisé : quelqu'un qui avait déjà compris l'erreur d'Erlon et qui venait de donner un ordre destiné à transformer l'étape suivante en une lutte désespérée.

Le sergent Gourmelin avait fait Austerlitz, Wagram et Borodino, mais il n'avait jamais vu une attaque menée dans un ordre aussi rigoureux. L'escalade l'avait mis en eau. Devant la ligne d'avancée française, il aperçut les bouches béantes de l'artillerie anglaise. Pourquoi les canons étaient-ils silencieux ? se demanda-t-il. Et il eut le sentiment soudain qu'il y avait quelque chose entre les Français et les canons anglais. Il n'était sûr que de l'attaque imminente. Et les tambours roulaient, et les colonnes avançaient.

Le général d'Erlon était furieux ; il ne savait pas ce qui l'attendait. « Où est cette damnée cavalerie de soutien ? » cria-t-il. Car l'infanterie sans la cavalerie ne valait guère mieux que la cavalerie sans l'infanterie. La cavalerie lui eût servi d'yeux et il ne pouvait avancer à l'aveuglette.

De son observatoire de Rossomme, Napoléon penché sur une carte donna un ordre : « Envoyez Ney à l'aide d'Erlon.

— Sire, Ney est engagé à La Haye-Sainte.

— Alors envoyez Kellermann.

— Je vais transmettre l'ordre immédiatement », répondit Soult.

Une estafette s'élança sur un terrain soumis à un barrage d'artillerie ininterrompu. Kellermann et ses trois mille six cent soixante-dix-huit cavaliers, attendaient, en réserve, pendant que l'infanterie d'Erlon gravissait le mont Saint-Jean. Ses colonnes atteignirent la première ligne de défense. Les régiments belges et flamands de Bylandt, déjà dégarnis, se dispersèrent et prirent la fuite. Pour Napoléon, la lunette toujours fixée à l'œil, la partie semblait gagnée.

Au sommet de la colline, pareil à un maître de maison, le général anglais Picton attendait. Il parcourut du regard la première colonne d'infanterie française qui apparut au sommet d'une côte et donna à son aide de régiment l'ordre suivant : « Dites aux hommes de ne tirer que lorsque j'aurai levé mon chapeau. »

Au premier rang de son bataillon, le sergent fusilier Gourmelin avait presque atteint la route de Wavre, en contrebas, quand il remarqua un homme sur un cheval agitant son chapeau puis le pointant vers lui. Soudain, tels des spectres surgis du tombeau, une double ligne de soldats vêtus de rouge apparut. À quarante pas, les mousquets firent feu et la première ligne des Français s'écroula. Les fusiliers furent stupéfaits. Quelques-uns voulurent avancer, d'autres s'arrêtèrent de tirer, d'autres encore tournèrent casaque. Le cœur de Gourmelin battit la chamade ; par la grâce de Dieu, il était encore en vie. Une autre volée claqua et il était toujours en vie. Étourdi par le bruit et la fumée, il commença à perdre le fil des événements, ne voyant plus que la mort et une ligne de front qui cédait. Il hurla furieusement : « Vive l'empereur ! » Des milliers de gosiers lui firent écho, ceux de tous les hommes qui avaient survécu à la salve des mousquets. Sans besoin de l'appel d'un général à l'attaque, les Français gravirent la pente, seuls ou en groupes, la baïonnette au fusil. Un des habits rouges anglais jeta son mousquet et tenta de fuir, mais Gourmelin l'avait déjà jeté à terre. Une autre ligne d'Anglais surgit des blés, mais cette fois-ci, les Français s'y attendaient et ils tirèrent les premiers. Dans leur élan, ils les repoussèrent et dans leur frénésie, ils perdirent leur ordre d'attaque. De petits groupes s'avancèrent vers les Anglais pour les engager dans des corps à corps. Ils trébuchèrent sur les morts, les mourants et les blessés. Tout ces gens étaient scellés dans des combats singuliers, grondant comme des bêtes enragées. Quelques-uns prirent leurs jambes à leur cou. La confusion régna jusqu'à ce que...

Les généraux anglais Pack et Kempt tenaient leurs régiments cachés derrière les haies, le long de la route de Wavre, quand un ordre passa le long de la ligne : « Fixez les baïonnettes. » Les Français étaient déjà sur eux quand l'un des colonels leva son sabre et avec la voix la plus forte qu'il eût eue de toute sa vie, il cria : « Chargez ! » Ses deux régiments se levèrent comme un seul homme, dévalèrent sur le bord de la route et puis sur le bas de la colline. John McGrath, une recrue des faubourgs véreux de Glasgow, n'entendit pas les balles siffler, il ne voyait que ces diables de Français devant lui, affolés, terrifiés, des bouches ouvertes dont ne sortait aucun son. Autour de lui des hommes grognaient et criaient dans la mêlée. Il trébucha dans un trou de boulet, se releva, retomba. La charge bondissante des baïonnettes s'écrasait contre la ligne française et la déchiquetait. Tout le monde tirait et sabrait, se poignardait et se piétinait. La mort se répandait comme une rivière qui déborde.

Le sergent Gourmelin se retrouva au cœur du combat. Deux hommes tombèrent côte à côte, ouvrant une brèche dans la ligne. Il s'avisa de la faille et, le visage noirci par la fumée, s'élança pour la combler avec son corps. Il vit les vestes rouges accourir vers lui en tirant. Les mousquets commencèrent à tomber au sol et la ligne française céda. Il fut frappé dans la poitrine et tomba à genoux. Il lécha du sang sur ses lèvres. « Vais-je mourir ? » Dans un effort désespéré, il poussa une balle dans son mousquet. « Une cible, s'il vous plaît, donnez-moi une cible... » Sa prière fut entendue. Un officier anglais à cheval parut au sommet de la crête... et le sergent français grièvement blessé visa et appuya lentement sur la gâchette. Un cheval désormais sans cavalier se tenait sur la crête. Le général Picton était mort.

La plupart des hommes autour de Gourmelin étaient également morts, transpercés par les baïonnettes, et le reste des colonnes d'Erlon avait pris la fuite [1]. Cadavres et blessés couvraient le plateau, leur sang imprégnant la terre fertile et faisant des taches sombres sur le blé piétiné. Là un garçon anglais mourait, là un Français éventré par un terrible coup de baïonnette articulait son dernier mot. Un lieutenant assis sur le sol essayait de garrotter le moignon qui avait été son bras, mais fut achevé par un obus à balles.

1. Gourmelin survécut à la bataille et la raconta dix ans plus tard.

« Pourchassez-les ! » commanda calmement le chef de la cavalerie anglaise. Lord Uxbridge poussa dans l'action les cavaliers des brigades du Somerset et de Ponsonby. Ils parvinrent à se frayer un passage parmi les traînards français, dépassèrent les avant-postes français et là se trouvèrent inutilement exposés. Uxbridge s'avisa du danger et fit désespérément sonner la retraite, mais rien ne pouvait arrêter la folle cavalcade des cavaliers anglais.

Jusqu'alors le colonel Martigue et ses lanciers n'avaient pas vu l'action. « Vive l'empereur ! » cria-t-il, et ils s'élancèrent sur le flanc des Scots Gray de Ponsonby. Ce dernier fut désarçonné et se retrouva poursuivi à travers champs par une demi-douzaine de lanciers. Trois lances le transpercèrent[1]. Les Français ne savaient pas qui ils avaient tué. Bientôt la cavalerie anglaise se trouva entièrement en déroute. « Si nous avions pu réunir une centaine d'hommes, nous aurions réussi une retraite respectable et nous en aurions sauvé bien d'autres. Mais nous étions aussi vulnérables à leur attaque que leur infanterie l'avait été devant notre attaque. » La charge d'Uxbridge avait dégarni une large portion de la cavalerie de Wellington. Sur les deux mille quatre cent sept cavaliers des brigades de Somerset et de Ponsonby, mille cinquante-huit avaient été tués[2].

Pour Napoléon, il fallait se hâter. De plus en plus de Prussiens arrivaient chaque minute et l'on restait sans nouvelles de Grouchy. La Haye-Sainte résistait à Ney, mais les pensées du maréchal s'attachaient désormais à d'autres objectifs. Dans sa vanité, il se refusait à ce qu'un autre remportât la victoire finale. Son moi démesuré lui fit croire que lui et lui seul prendrait la décision nécessaire. Et ce fut dans cet état d'esprit qu'il galopa vers le

1. Il avait été tué parce qu'il avait laissé son meilleur cheval en sécurité, l'estimant trop précieux pour la bataille.
2. Häussler.

IVe corps d'armée du général Milhaud. Une masse de cavaliers français, quarante escadrons en ligne, se tenaient prêts. Dans l'impact écrasant de sa cavalerie, il nettoierait le plateau de ces maudits Anglais.

Ney allait changer l'Histoire, mais pas de la manière qu'il escomptait. Il venait de commettre l'erreur, si fréquente pour un homme de la cavalerie, de déclencher une attaque contre des carrés d'infanterie sans avoir lui-même le secours de l'infanterie. Sa force avait toujours résidé dans des attaques-éclair de son corps d'élite de cavaliers. Que les autres s'occupassent donc du soutien de l'infanterie. Il oublia de la sorte qu'il n'était plus le commandant d'un corps de cavalerie seul, mais le chef de toute une aile d'armée et que l'infanterie n'entrerait pas en action sans ordre précis. Il ne tint donc pas compte de cette infanterie qu'il ne pouvait voir. Les douze bataillons de Reille, qui attendaient à disposition, à quelque distance du corps de Milhaud, pour soutenir la cavalerie, ne furent jamais appelés. Le destin venait de changer de camp.

« Maréchal, le IVe corps de cavalerie est prêt. »

Ney regarda ses forces. Les étendards flottaient dans l'air. Pour la dernière fois, Ney récapitula la situation. Un coup d'audace, chasser les ennemis de ses canons et puis tailler dans ses carrés. Oui, cela marcherait ! Il le fallait ! Il savait d'expérience que l'effet moral d'une attaque de cavalerie bien menée était plus dévastateur que celui des pertes humaines et matérielles réellement subies par l'ennemi. Les Anglais prendraient la fuite devant sa chevauchée. Pour cela, il ne détacherait pas ses divisions l'une de l'autre, mais attaquerait sur un front unique et large. Il se dressa sur ses étriers.

« En avant, pour le salut de la France ! »

Cinq mille cavaliers soudés par l'esprit de corps montèrent lentement la pente. Il était 16 h 03.

La cavalerie française avança par étapes, soutenue par l'artillerie. Mais les batteries françaises se turent bientôt. Un silence descendit soudain sur le champ de bataille tandis que les divisions s'étalaient en ligne d'attaque, s'étendant aussi loin que le regard portait. La division de Delort était au centre du front et ses cavaliers se précipitaient tout droit sur les batteries anglaises quand les Anglais ouvrirent le feu avec de gros canons à deux coups, crachant une pluie de mitraille. Ney pointa son sabre en avant pour battre la charge. Cinq mille chevaux se lancèrent en plein galop et le sol trembla sous le martèlement de leurs sabots.

Le colonel Cornelius Frazer, commandant de bataillon dans la brigade de Maitland, jeta un coup d'œil sur la route qui allait de Bruxelles à Charleroi. Un spectacle incroyable s'offrait à ses yeux. De Hougoumont à La Haye-Sainte, une marée d'acier s'avançait sur sa position, derrière la route de Wavre. « Ils vont nous écraser », pensa-t-il, mais son visage demeura impassible ; il n'avait même pas le temps d'avoir peur. « Formez des carrés ! » lança-t-il. Les Français se trouveraient bientôt à portée de la mitraille. Combien de fois ses canonniers pourraient-ils tirer ? Deux, trois ? Certainement pas plus avant que les cavaliers ne débordassent sur ses canons.

Ils déferlèrent, flanc contre flanc, sur deux rangs, se dirigeant directement vers les boulets meurtriers. Les projectiles s'enfoncèrent dans les chairs, les chevaux trébuchèrent, des cavaliers tombèrent, mais rien n'arrêtait la charge. Au son d'un clairon, un cri retentit en français : « Chargez à la lance ! » Et cinq mille pointes de lances s'abaissèrent. Tendues devant les chevaux, elles formaient une haie d'acier aiguisé. Une autre bordée des canons anglais déchiqueta les rangs des cavaliers...

« Chargez !... Feu !... Chargez !... Feu !...

— Nous ne pouvons pas aller plus vite.

— Économise ta salive, mon gars, charge et tire... Toi, là-bas, tiens bon... »

John Cutler, un sergent d'artillerie au visage dur, de la batterie du capitaine de Cleeves, se sentait vieux de cent ans. Il avait déjà tout vu, là-bas, dans la Péninsule, mais rien de comparable à cette charge suicidaire dans le feu des canons. Chaque canon, chaque batterie sur la colline crachaient des boulets, mais rien n'arrêta la charge héroïque des cinq mille.

Le général Delort embrassa la situation en un instant. Lancés à toute vitesse, ses cavaliers allaient trop vite pour laisser à l'ennemi là-bas le temps de recharger. Ses propres hommes galopaient à l'avant, ne voulant pas manquer leur chance de tailler les Anglais en pièces.

Les canonniers de Cutler réussirent à tirer encore une salve de leurs canons à deux coups, à soixante-dix pas. Chevaux et cavaliers s'empilèrent les uns sur les autres, comme des cartes, des cavaliers morts en selle galopaient encore sur leurs chevaux vers les canons. Cutler cria : « Canonniers, aux carrés ! » avant de se jeter lui-même sous un affût de canon.

Une dernière salve de mitraille déchiqueta les rangs des cavaliers de Ney, d'autres chevaux tombèrent, d'autres cavaliers furent désarçonnés. L'infanterie britannique avait formé des carrés défensifs. Ney, à l'avant-garde, vit les canonniers courir vers le refuge des carrés d'infanterie, puis ses cavaliers parvinrent à la ligne des canons, séparés de l'infanterie de vingt mètres. Sa monture l'entraîna jusqu'au-delà de cette ligne, puis il tourna bride en direction des carrés. Son cheval fut atteint par une balle de mousquet. Le maréchal fut précipité par-dessus la tête de la bête, mais s'en tira indemne. Il saisit au passage les rênes d'un cheval sans maître et se remit en selle. Tout cela avait été si rapide depuis qu'ils étaient partis à l'assaut ! Voilà qu'ils se trouvaient au sommet, parmi les carrés d'Anglais et les canons abandonnés.

Quand la première vague de cavaliers français fonça sur son carré, le colonel Frazer abaissa son épée. « Feu ! » Les mousquets parlèrent, les balles ricochèrent sur les cuirasses comme la grêle sur un toit de tuiles. « Visez les chevaux ! » cria un sergent. Quelques cavaliers tombèrent, mais les autres poursuivirent l'assaut, leurs lances déchiquetant les chairs, leurs chevaux sautant par-dessus les charretons et les cadavres, assiégeant les carrés isolés. Tandis qu'une rangée d'Anglais pointait ses baïonnettes vers les chevaux de tête, celle de l'arrière chargeait ses mousquets.

Pour la première fois depuis qu'il avait mené ses cinq mille hommes au sommet de la colline, Ney s'arrêta pour observer la situation. Il avait perdu son casque à plumet dans la mêlée et sa tunique par-dessus la cuirasse était trouée, mais ce qui comptait était que sa division avait percé la ligne anglaise. Les Anglais avaient reculé, la division du général Alten et les hommes de Maitland étaient en plein désarroi. Des fuyards qui tentaient de gagner l'arrière furent abattus par ses hommes, qui taillaient et transperçaient les malheureux fantassins. L'affaire était close et lui, Michel Ney, prince de l'Empire, avait fait son devoir. Aussi longtemps que des hommes parleraient d'exploits militaires, son nom figurerait parmi ceux des grands chefs : Ney de Waterloo. Parmi les débris de la bataille figuraient les pièces d'artillerie de Wellington.

Quelque chose heurta le vieil orme et y fit un trou rond, mais le duc de fer y prêta à peine attention. L'attaque de Ney avait retenu toute son attention. Il observa avec une vive anxiété ses Anglais, Hanovriens, Brunswickiens et Allemands qui constituaient vingt carrés isolés. Pour le moment, leur ligne tenait, mais si l'un des carrés battait en retraite, tout était perdu. C'était pourtant la perte de son artillerie qui le contrariait le plus. Sans elle, il ne pourrait pas faire face à une nouvelle charge d'infanterie, et celle-ci ne manquerait pas de se produire bientôt. Sa seule option était de battre en retraite ou de résister et d'affronter l'annihilation. Il regarda d'autres cavaliers occuper le plateau. Mais où était l'infanterie française qui devait concrétiser la victoire de Napoléon ? Quand donc les grenadiers français allaient-ils pointer les canons anglais vers les carrés anglais ?

Le duc de fer soupira. « J'aurais voulu qu'il fît nuit, ou que les Prussiens arrivassent. » Mais les Prussiens avaient été arrêtés à Plancenoit.

L'empereur s'était laissé contrarier par la canonnade persistant sur sa droite. L'artillerie de Bülow était entrée en action, et il ne s'était pas tout de suite avisé de la charge fougueuse de Ney. Quand il s'en aperçut, il cria :

« Trop vite ! Ney a agi trop hâtivement. Cela va nous conduire au désastre.

— Cet homme n'a pas changé, constata Soult. Comme à Iéna, il compromettra la victoire de Votre Majesté.

— Où est son infanterie de soutien ? demanda l'empereur. Envoyez-la, Soult, envoyez-la. Dieu veuille que ce ne soit pas trop tard. »

Tout le plateau du mont Saint-Jean était occupé par les cavaliers de Ney, qui tournoyaient follement autour des carrés anglais. Ces derniers résistaient, dardant trois rangées de baïonnettes, comme des porcs-épics dangereux. Seule l'artillerie ou des volées de mousquets d'infanterie pourraient les mettre à mal. Or l'artillerie française ne pouvait pas tirer sans frapper ses propres cavaliers. Cependant d'autres canons étaient disponibles : toute l'artillerie britannique capturée [1].

Le colonel Frazer avait pleinement confiance en ses troupes, mais il doutait de la sagesse de Wellington ; c'était quand même risqué de faire front sur une crête, comme ici. Dès qu'il avait vu les cuirassiers sauter sur ses canons, il avait compris que la bataille était perdue. La question qui se posait était de savoir à quel moment les Français allaient se servir contre eux de l'artillerie ?

---

1. Le dicton veut qu'un cavalier ne mette pied à terre que lorsqu'il est mort, et c'est sans doute pourquoi la cavalerie française ne se servit pas des canons anglais.

Bizarrement, ils s'en abstenaient et perdaient leur temps à pourchasser des fuyards isolés. Défiant leurs agresseurs, ses soldats tenaient haut leurs trois drapeaux, l'Union Jack, le drapeau du roi et l'étendard du bataillon. Frazer savait que si l'un de ces drapeaux venait à tomber, la moitié des soldats de son unité tenteraient de sauver leur peau à quelque prix que ce fût. Le carré changeait constamment d'aspect, s'étirant, se déformant, se reformant. Dès qu'un rang avait tiré, il partait recharger à l'arrière. Les lances tendues des Français ravageaient les fantassins. Frazer éprouva un choc, puis une douleur fulgurante dans la jambe. Un os perçait à travers sa tunique. Il saisit le mousquet d'un soldat tombé et s'en servit comme d'une béquille. Un autre coup de lance avait abattu un porteur d'étendard. Dans un immense effort, il le ramassa et le releva pour qu'il flottât aux yeux de tous. Les soldats anglais ne faiblissaient pas et, comme Frazer le rapporterait plus tard, « jamais cavalerie ne se conduisit plus bravement, ni ne fut plus vaillamment reçue par l'infanterie ».

C'est toujours dans les plus grands périls que les qualités des grands commandants se font jour. Wellington se tourna vers son général de cavalerie, Lord Uxbridge : « De quoi disposez-vous ?

— Mylord, des cavaliers de Doernberg, Arenschild, Brunswick, van Merlen et Ghingy.

— Combien sont encore vaillants ?

— Quatre, cinq mille.

— Dépêchez-les tout de suite, avant que Bonaparte envoie son infanterie. Nous devons récupérer nos canons ou bien tout est perdu. »

La cavalerie britannique partit à l'attaque. À l'avant-garde galopaient les uniformes étincelants des Inskillings et des Scots Grays.

Le colonel Heymès, l'aide de camp de Ney, entendit le grondement d'un raz-de-marée : c'était la cavalerie d'Uxbridge. Il tourna la tête et trouva les bouches silencieuses des canons anglais, toujours alignés là où les cuirassiers les avaient réduits au silence. Dans l'excitation qui avait suivi leur succès, ils avaient complètement oublié les canons et n'avaient rien fait pour les tirer, ni les endommager. Si les cavaliers de Wellington parvenaient à les repousser ? Heymès chercha son supérieur, mais Ney était occupé à mettre ses unités en ligne pour faire face à la cavalerie anglaise qui arrivait. Heymès devait agir, et rapidement. « Les clous ! s'écria-t-il. Trouvez des clous et enclouez les canons ! »

Il était courant de rendre l'artillerie ennemie inutilisable en enfonçant à coups de marteau des clous sans tête dans leurs lumières, les trous de mise à feu. Chaque unité de cavalerie comportait un certain nombre d'hommes qui transportaient des clous et des marteaux dans leurs havresacs. « Les clous, les clous, jarnidieu, personne n'a donc de clous ? » La question courait de troupe en troupe et elle devenait de plus en plus désespérée. Heymès galopa le long du front des cavaliers. « Les clous ! » criait-il.

Personne parmi les cavaliers survivants n'avait de clous. Ceux qui les transportaient étaient tous morts. Il eût suffi d'une poignée de clous pour rendre ces canons inutilisables, et rien, même pas les Prussiens, n'aurait épargné la défaite à Wellington.

Le choc qui suivit fut le plus sauvage et le plus héroïque de l'histoire de la cavalerie. Jamais auparavant et jamais ensuite l'Histoire ne verrait une bataille d'une telle brutalité entre deux géants : les cuirassiers impériaux de Napoléon et les brigades lourdes de Wellington. Avant que la cavalerie française eût pu se ressaisir, les Scots Grays et les Inskillings leur avaient fondu dessus. Durant la guerre de la Péninsule, ces dernières unités s'étaient taillé la réputation de mener les assauts les plus efficaces. Les Anglais foncèrent sur les Français dans le fracas assourdissant de l'acier contre l'acier. Une mêlée terrible mit les cuirassiers de Delort aux prises avec les hussards d'Arenschild et les lanciers noirs de Brunswick, les lanciers rouges de Stuers avec les dragons de Doernberg. Une tempête rugit autour d'eux comme si la terre s'était révoltée et les invectivait avec une rage qui atteignait jusqu'au centre de la planète. Bientôt le champ de bataille fut couvert de cadavres d'hommes et de chevaux, la bataille perdit toute cohérence et ne fut plus que combats individuels.

Telle fut l'expérience du lieutenant Hamilton des Scots Grays. « L'un des lanciers rouges pointa sa lance vers la tête de mon cheval, je lui fis au passage une entaille au bras. Examinant mon épée, je m'avisai que j'avais réussi à blesser le lancier et que j'avais probablement sauvé ma vie de la sorte. J'avais eu peur, en l'apercevant, qu'il me tirât un coup de pistolet, car j'avais entendu dire que les lanciers le faisaient parfois. »

Le cuirassier Pascal Le Meunier dégaina son pistolet et tira sur un cavalier proche. Une jaquette rouge le piqua de sa lance et Le Meunier écarta l'attaque de son épée, jetant de la sorte l'ennemi à bas de sa selle. Puis il reçut un coup terrible sur son casque ; il vacilla et tomba lentement puis roula au sol, l'esprit obnubilé par une douleur aveuglante. Il leva les yeux juste à temps pour apercevoir un énorme cheval se dresser sur ses jambes arrière, puis l'écraser de ses fers.

L'engagement de la cavalerie fut bref, mais d'une violence extrême. Les cavaliers français et leurs chevaux étaient déjà usés par leur escalade de la colline et l'on commença à comprendre que la cavalerie anglaise était fraîche. Ney partit de l'avant, courant çà et là pour rassembler ses troupes défaillantes. Des chevaux tombèrent sous lui, mais il survécut. Tous ses efforts furent vains. Les cuirassiers avaient rencontré leurs pairs et, jusque là invincible, la cavalerie française cédait. Les carrés de l'infanterie anglaise commencèrent à pousser des vivats et s'avancèrent, baïonnette en avant, chassant du plateau les cuirassiers français. Ney éprouva alors le drame de la responsabilité. Au lieu d'avoir lancé l'infanterie pour soutenir la cavalerie, il avait sacrifié la force la plus précieuse de l'empereur et il n'avait pas réduit au silence l'artillerie de Wellington.

Comme il advient dans ces frénésies extrêmes, il y eut une pause. La cavalerie anglaise se regroupait. Plutôt que de se lancer dans une nouvelle charge intrépide contre les Français en fuite et de s'exposer de la sorte au feu de l'artillerie française, elle répondit au son du clairon et se rassembla derrière ses batteries. Les canonniers anglais coururent reprendre leurs places.

Puis ce qui devait se produire se produisit. Une détonation, un sifflement et le premier boulet de canon atteignit la cavalerie française en repli. Tout le long de la ligne anglaise, c'était la même scène : un à un les canons anglais crachaient des flammes jaunes, de la mitraille et des boulets sur les cuirassiers en fuite. Les poings serrés sous sa capote, Napoléon se força à regarder sa cavalerie dévastée par un torrent de boulets [1].

Le duc de fer et Lord Uxbridge observaient avec soulagement la charge victorieuse de la cavalerie anglaise. Une fois de plus, les canons français tonnèrent pour couvrir la retraite de Ney. Là se place un incident fameux de l'histoire militaire. Quand un boulet fracassa la jambe d'Uxbridge, l'on rapporte qu'il cria : « Au nom de Dieu, monsieur, j'ai perdu ma jambe. »

À quoi Wellington répondit : « Au nom de Dieu, monsieur, je crois que c'est vrai. »

Face à la débâcle de Ney, Napoléon déclara : « Mandez immédiatement l'infanterie d'Erlon.

— Sire, ils sont en train de se reformer.

1. « Les cuirassiers auraient pu charger 6 ou 7 fois à travers nos batteries et nous repousser dans nos carrés, sous nos canons. Un escadron ou deux apparurent au sommet de la colline, sur notre front le plus proche, et quand nous les vîmes reculer devant notre cavalerie qui chargeait, nous saisîmes l'occasion de leur envoyer la mort aux trousses... » (Rudyard, un officier de la batterie de canons de 9 de Lloyds).

— Flahaut, courez chez Kellermann, il doit soutenir Ney avec toutes les forces dont il dispose. »

Il dut en le disant se rendre compte que c'était trop tard. Mais il ne pouvait pas abandonner Ney et risquer de susciter une panique générale dans ses troupes du front. Tandis que Kellermann montait sur son cheval, Ney, lui, galopait vers le lieu où d'Erlon rassemblait ses troupes. « D'Erlon, tenez bon, mon ami, parce que si nous ne mourons pas ici, nous mourrons sous les balles des émigrés... » Paroles prophétiques[1].

La confusion se répandait et les généraux refirent l'erreur de Ney et jetèrent leurs cavaliers dans la mêlée. La première à charger fut la 1re division de L'Héritier, suivie par la 2e de Roussel, elle-même bientôt suivie par celles de Guyot et Lefebvre, toutes sans ordre et sans plan. Dix mille hommes se pressèrent sur un front de moins de cinq cents mètres, tellement encombré de chevaux que toute manœuvre cohérente devint impossible. En revanche, cette masse compacte offrait une cible de choix pour l'artillerie, parce que tous les canons de Wellington avaient été remis en service, crachant des boulets et la mort. La seconde attaque de cavalerie subit donc le même sort que la première. Seulement, cette fois-ci, ils chargeaient en groupes serrés sur les cent cinquante-six canons de la ligne de crête. Ce fut une gigantesque boucherie.

Le 2e corps de cavalerie de Blücher, placé sous le commandement de Ziethen, un général portant un catogan gris et des moustaches en guidon de vélo, venait de rejoindre le corps de Bülow. L'infanterie du maréchal avait attaqué la Jeune Garde de Napoléon et s'était emparée rapidement du village de Plancenoit. L'empereur envoya un seul bataillon de la Vieille Garde. Il avait alors avancé sur les Prussiens comme un cuirassé de

1. Ney fut exécuté en décembre 1815.

cent canons dans une flottille de bateaux de pêche. Les Prussiens avaient été stoppés.

Avec l'arrêt des Prussiens, la bataille prenait encore une fois un tour différent. Les fantassins de Ney emportèrent finalement les bâtiments de La Haye-Sainte. La conséquence en fut que le centre anglais céda. Ney, qui s'était ressaisi depuis sa charge de cavalerie désastreuse, fit avancer ses colonnes sur la route de Bruxelles. Jamais une meilleure occasion ne s'était présentée d'enfoncer tout le flanc ennemi ; quelques bataillons de plus auraient emporté la victoire. Si Napoléon lui dépêchait fût-ce une partie de la garde impériale pour le soutenir, il pouvait transformer sa percée en une déroute de l'ennemi. Il se rappela l'apophtegme de l'empereur : « Le sort d'une victoire est tout entier dans un seul moment, une seule pensée... Le moment arrive et la plus petite réserve règle la question. » Conscient de cette vérité, Ney envoya donc son aide de camp, le colonel Heymès, au quartier général de l'empereur.

« Votre Majesté, le maréchal demande de l'infanterie.

— De l'infanterie ! rétorqua Napoléon, encore furieux de l'action de cavalerie de Ney. Où voulez-vous que je la trouve ? Croyez-vous que je fabrique de l'infanterie ? » Il était alors lourdement engagé sur deux fronts et avait jeté le plus gros de ses réserves contre les Habits Noirs prussiens de Blücher. Si Berthier avait été son chef d'état-major, il aurait immédiatement vu la chance offerte et en aurait convaincu l'empereur. Mais celui-ci était peut-être irrité ou fatigué, en tout cas il ne fit rien pour aider Ney et laissa filer sa dernière occasion.

Ce fut alors que « Le Vieux » Blücher se montra avec le gros de son armée. « *Vorwärts, meine Kinder !* » lança-t-il. Et des vagues successives de Prussiens vêtus de noir submergèrent Plancenoit et entreprirent de forcer le flanc exposé de Napoléon à La Belle Alliance. Ziethen donna à son chef d'état-major, le colonel von

Reiche, l'ordre de rejoindre avec son corps de cavalerie le centre des lignes anglaises.

Napoléon s'avisa alors de l'erreur qu'il avait commise en refusant à Ney l'appoint d'une infanterie supplémentaire. Il croyait toujours qu'il pouvait enfoncer le centre de la ligne anglaise, aussi éprouvé que ses propres troupes. Il décida de tout miser sur une carte, sa vénérée et favorite Vieille Garde. « Drouot, dit-il, je veux que Friant prenne cinq bataillons de grenadiers là-bas. » Et il pointa le doigt vers le moulin démantelé du mont Saint-Jean. Suivant une fanfare de cent cinquante musiciens qui jouaient la *Marche du Carrousel*, Friant mena donc six mille grenadiers à La Belle Alliance, où il les présenta à l'empereur. Grimaçant de douleur, Napoléon monta sur son cheval et les conduisit personnellement vers le maréchal Ney à La Haye-Sainte. « Votre infanterie, maréchal. Prenez cette maudite colline. »

C'était trop peu et trop tard. Le général Friant organisa ses grenadiers de la Garde en formation d'attaque. Ils faisaient un spectacle splendide avec leurs longs manteaux bleus, les grandes épaulettes et les plumes rouges qui vibraient au vent au-dessus de leurs bonnets de poil. Et dans leurs havresacs, ils conservaient l'uniforme de cérémonie pour une parade de la Victoire à Bruxelles.

« En avant, à la bataille ! » Et cinq bataillons de la Garde s'élancèrent contre l'armée anglaise.

Un officier français tourna casaque ; il passa à Wellington et lui dévoila le plan d'attaque de Napoléon. Il ne restait plus grand-chose à Wellington ; la plupart de ses bataillons avaient été si décimés que ce n'étaient plus des unités utiles. Il forma hâtivement de nouveaux bataillons avec les blessés et les traînards et usa de ses dernières réserves pour établir une autre ligne de défense sur le mont Saint-Jean.

À 19 h 30, l'artillerie française tirait plus furieusement que jamais. Son tonnerre secouait la terre. Et cette fois, elle avait corrigé son tir : Wellington voyait bien les premiers boulets frapper son centre, là où il avait placé les gardes de Maitland et la brigade légère d'Adams. Bientôt, ses lignes furent noyées dans la poussière noire et dense de ses propres canons.

Au bout de la ligne, le capitaine Powell, des 1ers gardes fantassins, regardait ses hommes dévastés par la pluie de fonte qui pleuvait sur eux. Les boulets labouraient le sol, fracassaient des membres et faisaient de vastes trouées dans ses formations de fusiliers. L'artillerie attelée tournait en rond, sans but, des chevaux sans cavaliers couraient dans les champs, des corps jonchaient le sol comme des jouets cassés. Les cris des blessés étaient couverts par les sifflements des boulets ennemis et le vacarme de leurs propres canons. Quelques unités avaient trouvé un refuge dérisoire derrière le maigre talus d'une route de campagne, mais la majorité des soldats étaient accroupis derrière les masses de terre excavées par les impacts de boulets ou, plus simplement, les cadavres de leurs camarades morts. Le tonnerre était si constant qu'il berça même les hommes de Powell dans l'illusion du sommeil éternel. Leurs doigts se crispaient sur la terre, attendant l'inévitable fin. Comment des hommes aussi choqués par l'épreuve du feu pourraient-ils repousser une attaque, alors qu'ils n'avaient même pas la force de se lever pour recharger leurs mousquets ? Mais Powell n'avait pas le choix ; il ne pouvait pas battre en retraite, l'ordre lui avait été donné par le duc lui-même. « Mourez jusqu'au dernier s'il le faut, mais donnez aux Prussiens le temps de parvenir jusqu'à vous. »

Puis aussi soudainement qu'il avait commencé, le bombardement cessa. La fumée se dissipa et la maigre ligne anglaise découvrit du regard un spectacle à glacer le sang : la lente et méthodique avance des bataillons de grenadiers de la garde impériale.

Tous les commandants français étaient à l'avant :

Friant, Porret de Morvan, Harlet, Michel, Mallet, Henrion, sous le commandement de Ney. Les jambes de son cheval défaillirent et le maréchal fut jeté à terre ; deux chasseurs le relevèrent. Il continua d'avancer à pied, l'épée dressée. Les grenadiers progressaient lentement, mais de façon délibérée, avec une expression irrésistible et obstinée. Devant eux, les bouches des canons anglais se fleurirent de fleurs rouges mortelles. La fumée coula sur la colline. De ces canons que Ney n'avait pas réussi à saboter jaillirent des milliers de boules de métal, chacune d'elles mortelle. On enregistra quelques trouées dans la ligne française, mais les grenadiers avançaient toujours au pas cadencé par le roulement des tambours. « Resserrez-vous, crièrent leurs commandants, et ils se resserrèrent et avancèrent. Doublez la mesure ! » Et le roulement s'accéléra, la Garde hâta sa marche. Puis ils parvinrent presque au sommet, devant les canons anglais qui crachaient leur feu.

Le général belge Chassé s'élança en avant, faisant tirer avec lui une demi-douzaine de canons du contingent hollandais de van der Smissen, qu'il fit dételer au bord de la route de Wavre. Les canons demeurèrent là, dans l'attente, leurs vilaines gueules encore silencieuses.

Le 33e régiment du général Colin Halkett reculait. Le général saisit l'étendard du régiment, pour rallier ses soldats. Quelques instants plus tard, il tomba. Dans la dense fumée noire des canons, le colonel sir John Colborne, un aristocrate de haute taille, familier des terrains de jeu d'Eton et surnommé par ses hommes le « Mangeur de Feu », fit avancer sa 52e unité d'infanterie légère, en formation parallèle à celle des Français [1].

Les 1er et 2e bataillons des 3e chasseurs arrivaient sur la crête du plateau quand soudain, sur leur flanc, apparut un mur d'uniformes rouges. Les mousquets cla-

1. Le 52e forma un front de deux cent cinquante hommes, avec 3 rangées d'autant derrière eux. Ce qui signifie qu'un choc total de 1 000 balles de mousquet fut expédié à cinquante mètres de distance. Ces hommes étaient soutenus par la 92e unité d'infanterie légère.

quèrent et trois cents chasseurs levèrent les bras et tombèrent.

Le capitaine Powell, du 1er fantassins des gardes, se trouvait presque en plein dans le chemin de la colonne française qui avançait. « Ils montaient la crête au pas de charge, en criant "Vive l'empereur !" Ils continuèrent à avancer jusqu'à cinquante pas de notre front quand soudain la brigade reçut l'ordre de s'arrêter. Fut-ce à cause de l'apparition soudaine et inattendue d'un corps d'armée si proche d'eux, et qui avait dû leur paraître aussi saisissante que si ces hommes étaient surgis de terre ? Ou bien fut-ce en raison du feu extrêmement nourri que nous avons dirigé contre eux, toujours fut-il que la Garde, qui n'avait jamais manqué une attaque, s'immobilisa tout à coup[1]. »

Les hommes du 52e de Colborne s'élancèrent dans la fumée et y disparurent un moment. Et brusquement, ils se trouvèrent à cinquante pas seulement du flanc des Français. Le lieutenant Gawler commandait la compagnie de première ligne. Lui aussi vit la Garde s'arrêter et entendit l'ordre sec de leur commandant :

« Demi-bataillon de la gauche... Joue !... Feu ! »

La Garde s'était tournée comme un seul homme et avait donc tiré. Les salves percutèrent le premier rang des hommes de Gawler. L'un de ses vétérans grogna en mordant sa cartouche avant de recharger : « Lons les gars, c'est maintenant à qui en tue le plus... »

Le colonel Colborne comprit qu'il ne résisterait pas à une nouvelle salve aussi désastatrice. Il ficha son chapeau sur son épée. « Allons, les gars ! Sus ! » Il s'élança au pas de course devant ses hommes, courant droit vers le centre du bataillon français le plus proche de lui. Il entendit claquer les baguettes des fusils tandis que les grenadiers finissaient de recharger. Une autre salve éclata à ses oreilles. Sa ligne défaillit, des hommes tombèrent comme des pantins.

---

1. D'après un récit du capitaine Powell au major-général Siborne.

Le lieutenant Gawler trébucha, sa tunique maculée par le sang d'un garçon près de lui, qui gisait à terre, la moitié du visage emportée. Il hésita un instant, pensant au garçon frappé par la balle qui lui était destinée. Il devait y avoir au ciel un accueil spécial pour les jeunes recrues. Et une autre salve dévasta ses rangs.

Un événement inattendu sauva le 52e de l'annihilation certaine. En raison de l'attaque de cette unité sur leur flanc exposé et du demi-tour qu'il avait dû effectuer vers la gauche pour affronter les charges anglaises, le bataillon français se trouvait à l'oblique des canons hollandais du général Chassé. Du sommet de la colline parvint un grondement aussi fort que si la terre s'était entrouverte. Les six canons de Chassé crachèrent à deux cents pas de la mitraille bien ajustée dans les rangs serrés des grenadiers, qui tombèrent comme des quilles. Mais les grenadiers restèrent fidèles à leur devise : « La Garde meurt et ne se rend pas. »

« 52e avec moi ! » cria Colborne, s'emparant de l'étendard. Le lieutenant Gawler était toujours vivant, bien qu'une balle eût emporté son chapeau. Il franchit les derniers pas comme un somnambule, poussé par un appel intérieur : « Pour le roi et la patrie ! » Tout sembla pour lui se dérouler au ralenti. Une fumée blanche lui piquait les yeux, des hommes tombaient, d'autres prenaient leurs places. Une volée de balles crépita à sa gauche. Les leurs ? Les nôtres ? De plus en plus d'hommes sortaient de la fumée. Des grognements, des gémissements, un cri terrible. Une baïonnette lui arrivait dans le visage. Il l'écarta d'un coup d'épée, mais la baïonnette avait en déviant déchiré sa tunique. Gawler s'accroupit, aveuglé par la douleur. Il sentit quelque chose de chaud dégouliner sur sa poitrine avant de se relever. « Pour le roi et la patrie ! » À trois pas devant lui, un garde impérial, un grand barbu aux vêtements déchirés par la mitraille, reçut une balle qui le plia en deux.

« 52e, en avant ! cria Colborne.

— Nous sommes le 71e, monsieur !

— Chargez, 71e, ils ne tiendront pas. »

Les gardes anglais allaient de l'avant, prêts à dépecer l'ennemi. « Pas de quartier ! Pas de quartier ! »

Les Français étaient gravement secoués. Tous leurs commandants étaient morts, les colonnes étaient dévastées et démantelées. Ney était remonté sur un autre cheval ; il les vit tituber et essaya une fois de plus de les rallier. Se dressant sur ses étriers, il cria :

« Mes amis, avec moi, ou regardez un maréchal de France mourir avec honneur ! »

Il ne mourut pas ce jour-là. Cinq chevaux étaient tombés sous lui.

Le second corps de la cavalerie prussienne de Ziethen arriva à point nommé. Il se dirigea vers La Haye-Sainte et mit fin à la bataille pour de bon. Ney ne pouvait plus enrayer l'inévitable, et l'incroyable se produisit : la garde impériale battait en retraite !

Un gémissement de désespoir traversa l'armée française comme une vague. « Nous sommes trahis, sauve qui peut ! » Napoléon observa la bataille se transformer en cauchemar. Sa fière armée se dissolvait en paquets de boiteux aux uniformes déchirés et aux visages noircis, les blessés se servant des aigles impériales, non pour les dresser orgueilleusement, mais comme de béquilles. Sur la crête, là-bas, près d'un orme rabougri, il aperçut une silhouette solitaire, que les troupes ennemies acclamèrent en levant leur mousquets.

Pour la première fois depuis le début de la bataille, Wellington éperonna son cheval et se rendit sur la crête du plateau. Là, devant tous, il leva son chapeau et l'agita en direction des Français. Le signal ! Toute sa ligne se leva. Quarante mille hommes, cette force multinationale que Napoléon avait traitée de « ramassis polyglotte », commença à descendre la pente ponctuée de trous d'obus et imprégnée de sang, menée par les hussards de Vivian et les dragons de Vandeleur.

Napoléon voulut que ses derniers six bataillons fissent front, mais son sort était scellé. Le 1er grenadiers de la garde impériale, l'élite de l'élite, forma trois carrés autour de l'empereur. Wellington fit amener son artillerie, qui, fait incroyable pour Napoléon, était restée dans les mains des Français pendant près d'une heure. Les canons furent placés à soixante mètres des carrés français.

Un silence glacé tomba. Père céleste. Mon Dieu. *Lieber Gott*. Les Anglais et les Hanovriens, les Belges et les Hollandais, rejoints par les Prussiens de Blücher, encerclèrent ce qui restait de l'Empire. Le Bataillon sacré de la vieille garde impériale ne céda pas. Ils demeuraient fidèles jusqu'à la fin au serment porté à l'empereur.

La Garde meurt, mais ne se rend pas. Wellington demanda au général Cambronne, commandant de la garde impériale, à cheval dans le carré des 1er chasseurs impériaux, de se rendre. Cambronne répondit avec une brutalité héroïque : « Merde ! » Ses grenadiers firent face aux gueules des canons anglais. Ils savaient ce qui les attendait quand Wellington baisserait son chapeau. Les carrés se décomposèrent dans la fumée et le tonnerre...

La bataille de Waterloo était terminée. Dans la nuit, tandis que l'orchestre militaire anglais jouait *God Save the King* et le prussien, *Lieber Gott, wir loben Dich*, un vieux maréchal et un duc de fer se joignirent. Blücher se pencha de son cheval pour donner l'accolade à Wellington.

« *Mein lieber Kamerad* », dit-il, quelle affaire[1] !

Sept mille Prussiens, quinze mille Anglais et vingt-cinq mille Français gisaient sur le terrain. Peut-être le drame fut-il le mieux résumé par les mots que Wellington expédia après avoir inspecté le champ de bataille :

---

1. Blücher expédia 2 lettres après la bataille, la première destinée à sa femme, et la seconde, qui est son testament politique, à son roi : « Je demande très humblement à Votre Majesté de recommander aux diplomates de ne pas perdre cette fois ce que le soldat a gagné par son sang. »

« Seule une bataille perdue peut être aussi mélancolique qu'une bataille gagnée. »

Et si...

... Blücher avait été tué lors de sa chute de cheval à Ligny et que Gneisenau avait poursuivi son plan de replier l'armée prussienne sur Liège ?

Sans les Prussiens, Wellington aurait été écrasé.

Et si Grouchy avait agi conformément aux informations de ses éclaireurs, au lieu de chasser deux divisions trompeuses, ou bien avait suivi le conseil de Gérard d'aller dans la direction de la canonnade ?

Il aurait empêché les Prussiens de rejoindre Wellington pour le renforcer[1].

Et si les cavaliers de Delort avaient disposé d'une poignée de clous et saboté les canons anglais ?

L'artillerie anglaise aurait été mise hors d'usage et rien n'aurait pu sauver Wellington.

Et... si Napoléon avait vaincu à Waterloo ?

Ce n'aurait été pour lui qu'une journée perdue.

Les faits

Waterloo, la plus décisive des batailles napoléoniennes, ne changea pas grand-chose.

1. Napoléon écrivit dans ses *Mémoires* : « Le maréchal Grouchy, avec 34 000 hommes et 108 canons, avait découvert un secret qui semblait impossible, de n'être ni dans la bataille sur le mont Saint-Jean, ni à Wavre. » La défense de Grouchy fut la suivante : « Dans la guerre, l'inspiration n'est tolérée que pour le commandant en chef, et ses lieutenants doivent se limiter à exécuter des ordres. »

En 1805, l'Angleterre avait déjà établi sa suprématie maritime avec la victoire de Trafalgar. Par la suite, les Anglais devinrent les banquiers du monde. Pendant le siècle suivant, la Pax Britannica régna sur le monde.

En 1806, le Saint Empire romain germanique s'était effondré avec l'abdication de l'empereur François II d'Autriche. Il fut remplacé par une confédération allemande de quarante États souverains sous la tutelle de la Prusse, puissance militaire émergente.

À Iéna et à Auerstaedt, Napoléon avait détruit les derniers vestiges du féodalisme européen. Alors apparut le nationalisme européen actuel qui, sept ans plus tard, en 1813, lors de la Bataille des Nations à Leipzig, eut raison de lui. Waterloo ne fit que sceller la chute de Napoléon.

La Révolution française avait détruit l'ancien monde, Napoléon en reconstruisit un nouveau. Que nous le voulions ou pas, notre époque actuelle commence avec lui. Quand une carrière brillante laisse d'aussi durables résultats, elle se justifie par elle-même.

Le grain de sable à Waterloo fut par trop absurde. Une poignée de clous sans tête et quelques marteaux auraient fait toute la différence.

6

Le quatrième ordre

Balaklava, 25 octobre 1854

> « Il ne leur appartient pas de demander pourquoi,
> Il leur appartient d'agir et mourir,
> Dans la vallée de la mort
> Galopèrent les six cents. »
>
> Alfred, Lord Tennyson, 1809-1892.

C'était une splendide journée d'automne que ce 25 octobre. Aux yeux des observateurs postés sur le sommet de la montagne s'offrait la vue de la vallée du Sud, baignée de soleil. Deux formations de cavalerie se faisaient face. L'une était immense et grise, et c'étaient les Russes. L'autre était rouge et petite, et c'était la brigade lourde britannique du général Scarlett. L'affrontement était imminent. La petite unité rouge soudain fit l'impensable, elle s'élança sur la pente et attaqua !

À cinq cents mètres du flanc exposé de la cavalerie russe se trouvait un autre corps de cavaliers, la brigade légère, inactive et maugréant de l'être. Quelques jours plus tôt, Lord Lucan avait expédié la circulaire suivante :

« Les devoirs principaux de la brigade légère sont d'assurer la sécurité de l'armée contre toutes les sur-

Balaklava, 25 octobre 1854

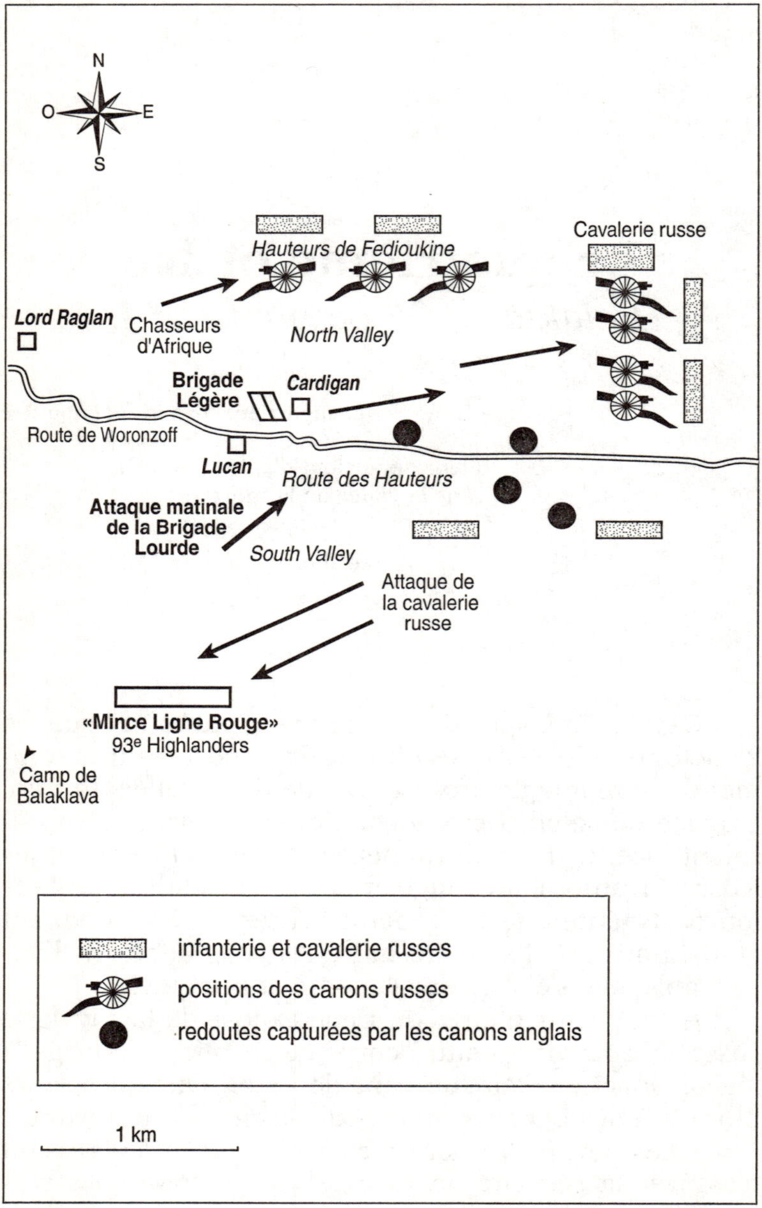

prises. Son devoir n'est pas d'engager l'ennemi sans nécessité et sans ordres et elle ne doit en aucun cas attaquer ou poursuivre qui que ce soit, à moins qu'elle n'ait reçu l'ordre exprès de le faire. »

Telle était la raison pour laquelle le commandant de la brigade légère, Lord Cardigan, ne faisait rien. Il ne lui fût jamais venu à l'idée d'agir de sa propre initiative. Et de la sorte, les Six cents observaient tranquillement le général Scarlett, visage rougeaud et moustache blanche, dégainer son épée et mener ses trois cents cavaliers dans une attaque suicide contre une masse compacte de cinq mille cavaliers russes.

Il était 11 heures du matin.

En rétrospective, on peut vraiment dire à propos de la guerre de Crimée de 1854 que la stupidité crasse des commandants était directement proportionnelle à leur grade. Il ne fallait que deux qualifications pour commander des unités d'élite de la cavalerie britannique, un titre et de l'argent. La cavalerie était commandée par Lord Lucan, qui n'avait ni l'intelligence ni l'expérience requises. Placer son beau-frère, Lord Cardigan, directement sous ses ordres était le sommet de la sottise. Leur aversion l'un pour l'autre n'avait d'égales que leur arrogance à l'égard de leurs troupes et leur entichement des uniformes rutilants, des médailles et de la gloriole.

Quant au commandant en chef, Lord Raglan[1], son seul trait positif est qu'il ne participa jamais à la direction d'aucune péripétie de la bataille ; il préférait observer les combats à distance. C'était la Russie contre laquelle l'Angleterre était en guerre, mais il se référait sans cesse à ses alliés les Français comme « l'ennemi ».

Ces trois acteurs principaux menèrent la brigade

---

1. Raglan avait été l'un des subalternes de Wellington à Waterloo. Il vivait toujours à l'époque des charges à la baïonnette « à la Napoléon ». La technique et la mécanisation qui gagnaient l'Europe n'avaient pas effleuré son esprit. Sa seule lecture était *Le Comte de Monte-Cristo*.

légère à sa destruction totale. Plus tard des poètes victoriens crurent utile d'exalter l'héroïsme de l'épisode et d'estomper l'incompétence du commandement militaire. Ce ne fut que cent ans plus tard que l'*Encyclopaedia Britannica* écrivit que « la guerre de Crimée doit être considérée comme la campagne militaire la plus mal conduite de l'histoire britannique ».

L'intérêt de Balaklava[1] était de contrôler les chaussées hautes et la route Woronzoff, qui menaient directement au camp des Alliés[2]. Les défenses de ces chaînes de collines avaient été renforcées contre des attaques-surprise russes à l'aide de six redoutes équipées de canons de douze. Ces places fortes étaient disposées à intervalles sur la crête des collines qui séparaient deux dépressions distinctes, la vallée du Sud et la vallée du Nord.

Au début de la matinée du 25 octobre, une force d'infanterie russe de onze mille hommes et trente-huit canons avait avancé vers les redoutes. Lord Lucan, le commandant de cavalerie, avait dépêché un message urgent à Lord Raglan ; le commandant en chef lut bien la note, mais ne fit rien d'autre. Sa seule observation fut : « Très bien. Veuillez prier Lord Lucan de m'informer s'il y a quelque chose d'autre à signaler. »

Lord Raglan souffrait d'une idée fixe, c'est que cette attaque n'était qu'une feinte, que le plus gros de l'infanterie russe se trouvait toujours à l'intérieur de Sébastopol et que la véritable intention du prince Menchikoff[3] était de n'attaquer que les troupes alliées qui assiégeaient sa citadelle. Raglan se cantonna donc au rôle de spectateur passif de la bataille à venir. De la plate-forme de son observatoire en altitude, entouré de ses aides de

1. Village de Crimée, à l'est de Sébastopol, le port dont les Alliés faisaient le siège.

2. Les Anglais, les Français et les Turcs.

3. Il s'agit du commandant en chef russe. Pour lui, Sébastopol fut le couronnement d'une carrière diplomatique et militaire désastreuse.

camp et des femmes de quelques officiers britanniques qui avaient rejoint, sur leurs yachts personnels, leurs époux en campagne, ainsi que d'un journaliste, William Howard Russell[1], du *Times*, Lord Raglan jouissait d'une vue cavalière des deux vallées, nettement partagées en deux par l'ombre et la lumière du matin. Il vit donc, rampant en bas comme des fourmis, les régiments ennemis approchant des canons disposés sur les chaussées hautes.

Les mille Turcs des forces alliées, qui tenaient ces redoutes, se trouvèrent soudain en face de cette vaste masse d'infanterie russe qui avançait vers eux, alors que la cavalerie anglaise ne faisait pas le moindre pas pour leur porter secours. Les Russes envahirent rapidement les fossés dans quatre des redoutes et tuèrent quelques Turcs, tandis que les survivants s'enfuyaient en criant : « Bateau ! Bateau ! » Ce fut avec une vive contrariété que Lord Raglan vit les Russes s'emparer de sept canons anglais de douze, un fait qui allait jouer un rôle considérable dans les calamités à suivre.

George Paget, autre lord qui commandait la brigade légère en l'absence de Lord Cardigan, retira son unité et s'installa dans une position tactique au bout des chaussées hautes. Il s'attendait à un engagement dès que cette masse de Russes se dirigerait vers Balaklava, comme il fallait s'y attendre. La situation était assez grave pour que Lord Cardigan interrompît son petit déjeuner sur son yacht dans le port de Balaklava et prît son cheval pour rejoindre son unité.

La chute de ses quatre redoutes prouvait indiscutablement au commandant en chef des Alliés que l'objectif de l'ennemi était bien son camp à Balaklava. Mais le premier des quatre ordres qu'il lança fut celui-ci : « La

---

1. Les dépêches de Russell constituent la meilleure source d'informations sur les événements de Balaklava. Il est jusqu'à aujourd'hui considéré comme le plus grand correspondant de guerre de tous les temps.

cavalerie doit se poster à la gauche de la seconde ligne des redoutes occupées par les Turcs. »

Lord Lucan se demanda comment interpréter cet ordre. Il n'y avait pas, en effet, d'autre « seconde ligne » de redoutes que les deux positions de canons tenues par les Turcs. Déplacer sa cavalerie, qui couvrait les chaussées hautes, exposait l'accès de la gorge de Balaklava et supprimait toute protection au 93e régiment des Argyle & Sutherland Highlanders, la seule force en place contre les onze mille Russes en route vers le camp des Alliés. Lucan en fut tellement contrarié qu'il donna l'ordre à l'estafette de Raglan de ne pas partir avant qu'il eût exécuté cet ordre, afin de ne pas être blâmé plus tard pour l'inévitable débâcle qui s'ensuivrait. Il retira donc sa brigade et laissa ainsi la place vacante. Entre l'armée russe et le désastre, il n'y avait plus que cinq cent cinquante Highlanders, plus une centaine d'invalides tirés de leurs lits, qu'on avait adossés à des rochers et dans les mains desquels on avait mis un fusil, ainsi qu'une poignée des Turcs qui avaient fui les redoutes et guère fiables. Lentement, l'énorme masse russe avança. « Highlanders, ordonna leur colonel, Sir Colin Campbell, vous ne pouvez pas battre en retraite, vous devez mourir sur place. »

Quatre escadrons de cavalerie foncèrent sur la petite force de Campbell. Cette attaque de cavalerie effraya tant les Turcs, à peine rescapés d'un assaut, qu'ils jetèrent leurs fusils et se sauvèrent. Pour la cavalerie russe, qui dominait la dernière crête, l'accès de la gorge de Balaklava semblait grand ouvert quand tout à coup, comme surgie de terre, apparut une double ligne de Highlanders en vestes rouges, qui devaient passer dans l'Histoire comme « une mince ligne rouge surmontée d'une ligne d'acier » [1].

Les Écossais étaient décidés à vendre chèrement leur peau. Les Russes, perplexes, bridèrent leurs chevaux et s'arrêtèrent. Une volée meurtrière de balles de

---

1. W. H. Russell, *The Times Dispatches.*

mousquets abattit la cavalerie russe par paquets, et fut immédiatement suivie d'une autre. D'autres chevaux et d'autres cavaliers tombèrent. Le désarroi gagna les Russes, les Écossais étaient excités et haletaient en galopant sur les pentes de la gorge, la baïonnette au fusil. Leur colonel dut les calmer : « Du calme, Quatre-vingt-treizième, peste de cette impatience. »

Une troisième volée de balles, bien visées, désorganisa la cavalerie russe, qui tourna bride en désordre, poursuivie par les cris triomphaux des Highlanders [1]. La mince ligne rouge résista et leur brève intervention devint immortelle. Néanmoins, ce n'était là qu'une action secondaire par rapport à ce qui allait suivre. Balaklava restait menacée par la cavalerie russe. Étant donné que les chefs des deux armées étaient pareillement incompétents, aucun des deux n'avait envoyé d'éclaireurs et leurs forces principales allaient bientôt se heurter l'une à l'autre comme dans un accident de la route.

Lord Raglan s'était posté si loin de l'action qu'il fallait une demi-heure à ses estafettes pour porter ses ordres et de plus, il s'était installé si haut au-dessus des vallées, comme sur une sorte de balcon, qu'il ne pouvait avoir aucune perspective du terrain ; ce qu'il avait sous les yeux et qui lui paraissait plat et sec était en fait rocailleux et détrempé. Et ce fut alors qu'il lança son deuxième ordre. « Huit escadrons des dragons lourds seront détachés vers Balaklava, pour soutenir les Turcs défaillants. »

Quand ce message atteignit le commandant des dragons lourds, les « Turcs défaillants » qu'il était censé soutenir avaient décampé du champ de bataille et tentaient de monter à bord de n'importe quel bateau disponible dans le port. Le général Scarlett, dont le caractère

1. En 1858, Sir Colin Campbell, devenu Lord Clyde, commanda les mêmes troupes pour aller au secours de Lucknow, en Inde, en criant : « Rappelez-vous Balaklava. » L'expression « mince ligne rouge », *Thin Red Line*, est proverbiale en anglais. *(N.d.T.)*

bonhomme contrastait avec celui de l'arrogante aristocratie, obéit aux ordres de Raglan. Mais son mouvement le porta en avant du gros de la cavalerie russe, qui avançait. Scarlett n'eut donc pas d'autre choix que d'accomplir un des hauts faits de l'histoire de la cavalerie contre la cavalerie, tout comme Lord Uxbridge avant lui avait chargé contre les cuirassiers de Ney à Waterloo.

Les cavaliers russes étaient plus nombreux que les Anglais dans la proportion d'au moins dix contre un : quatre mille Russes contre trois cents Anglais. Scarlett dégaîna son sabre et ordonna à ses cavaliers de charger en ligne et en pente ascendante ! Les Russes furent tellement saisis par la folle audace de cette attaque extravagante que leur clairon sonna l'arrêt. Ils se trouvèrent de ce fait dans la position la plus déplorable dans laquelle n'importe quelle cavalerie pouvait se trouver : exposée à l'assaut alors qu'elle était immobile. Le principe même de toute force mobile, telle que la cavalerie, est qu'elle n'est efficace qu'en mouvement. Les Scots Grays et les Inniskillings [1] conduits par un Scarlett agitant férocement son sabre s'écrasèrent contre la ligne russe et furent noyés sur-le-champ par une masse de cavaliers ennemis. Pour les observateurs d'en-haut, le spectacle était incroyable. Les habits rouges des Anglais étaient partout, des îlots de folie hachant et sabrant. Ils ne tombaient ni ne défaillaient et leurs cris s'entendaient partout, tous fous de rage et jouant du pistolet et du sabre. La deuxième ligne de Scarlett, le 5e dragons lourds, fonça à son tour dans la mêlée, se taillant une percée dans la masse éberluée des uniformes gris des Russes. La cavalerie russe commença à accuser le coup. Le moment critique était mûr pour une charge décisive et finale. Mais la brigade lourde n'avait plus de réserves, tous ses hommes étant engagés dans des duels individuels. Entre-temps, les six cents hommes de la brigade légère se tenaient inactifs et observaient la bataille à

1. Par une pure coïncidence, ils avaient aussi été côte à côte à Waterloo.

cinq cents mètres de distance seulement, une minute sur un cheval au galop. Ils ne chargèrent jamais. Ils observèrent le spectacle, bouillant de fureur sur leurs selles, tandis que leur commandant, Lord Cardigan, refusait de se laisser entraîner dans l'action sans ordres de ses supérieurs.

Il devait plus tard défendre son inaction en arguant des instructions antérieures de ses chefs. « Le lieutenant-général comte Lucan m'avait ordonné de ne quitter mes positions sous aucun prétexte et de me défendre seulement contre les Russes. Les Russes ne m'ont pas attaqué. »

Cela révélait que l'homme n'était pas seulement incapable, mais aussi d'une dangereuse stupidité. Une partie de sa brigade comportait les 17e lanciers, menés par un commandant de grand talent et de grand courage, le capitaine Morris, diplômé du Royal Military College [1]. À cause de sa carrure trapue, les hommes l'avaient gratifié du titre honorifique d'« Hercule de poche ». Il était immensément populaire parmi ses troupes, de même que son meilleur ami, le capitaine Edward Nolan. Tous deux avaient déjà participé à quatre charges de cavalerie et tous deux nourrissaient également un mépris total pour leurs officiers supérieurs. Le talent d'un officier de cavalerie consiste à appréhender d'emblée une situation qui évolue rapidement et à frapper au moment opportun. Or, ni Lucan ni Cardigan ne le possédaient. Alors que les Russes commençaient à fuir, le capitaine Morris alla interroger Cardigan :

« Mylord, est-ce que la brigade ne va pas poursuivre l'ennemi en fuite ?

— Non. Mes ordres sont de rester en position.

— Mais monsieur, c'est notre réel devoir de tirer parti de notre avantage.

1. Morris écrivit dans son journal : « Plus je vois Lord Lucan et Lord Cardigan, plus je les trouve méprisables. Quelle ignorance, mais quelle arrogance aussi ! »

— Non, monsieur, je n'enfreindrai pas mes ordres, répéta le troisième comte de Cardigan.

— Alors permettez-moi, Mylord, de prendre mes 17e lanciers et de poursuivre l'ennemi. Vous voyez bien qu'ils sont en déroute.

— Non, monsieur ! Vous ne ferez rien de tel ! » s'écria le comte avec hauteur, visiblement contrarié par l'insistance de son subordonné.

Morris, furieux, se tourna vers les officiers d'état-major présents. « Messieurs, vous êtes témoins de ma requête », parvint-il à articuler, les mâchoires serrées. Un sans-grade des 17e qui se trouvait là exprima tout haut ce que chacun pensait tout bas : « Mon Dieu, quelle occasion nous perdons là ! Nous le paierons ! »

Les Russes éclopés s'enfuirent par les chaussées hautes. Ils s'arrêtèrent finalement pour dételer les artilleries montée à l'extrémité de la vallée du Nord. Après la victoire anglaise, Lord Lucan adressa une réprimande à Lord Cardigan pour n'avoir pas couru au secours de la brigade lourde, et leur querelle fit pendant des années l'objet de débats enflammés dans les colonnes du *Times*. L'extraordinaire haut fait de Scarlett avait changé la situation, et Lord Raglan y vit l'occasion de regagner les redoutes et, avec elles, ses précieux canons. Il adressa alors à Lord Lucan son troisième ordre : « La cavalerie avancera et saisira toute chance de récupérer les hauteurs. Elle sera soutenue par l'infanterie, qui a été mobilisée ordre d'avancer sur deux fronts. »

Or, la manière dont cet ordre était formulé posait un problème majeur. Quand il atteignit Lord Lucan, en effet, le texte était différent ; la dernière phrase se lisait ainsi : « Elle sera soutenue par l'infanterie qui a été mobilisée. Ordre d'avancer sur deux fronts[1]. » Tel qu'il

1. La nuance apparaît mieux en anglais. L'ordre originel de Raglan disait : « *Cavalry to advance and take advantage of any opportunity to recover the Heights. They will be supported by infantry, which has been ordered to advance on two fronts.* » La dernière phrase de l'ordre que reçut Lucan disait : « *They will be supported by infantry, which has been ordered. To advance on*

lui parvint, il donnait à comprendre à Lord Lucan que sa cavalerie devait avancer sur deux fronts, avec la brigade légère et la brigade lourde, et qu'il devait reprendre les redoutes avec l'infanterie qui avait été mobilisée. Lucan attendit donc une demi-heure l'appui de l'infanterie, mais elle ne vint pas. Lancer une charge sans l'infanterie eût été de la témérité. Les hommes de la brigade lourde, toujours enivrés de leur récente victoire, s'impatientaient, voulant aller de l'avant, mais Lucan les retint. Puis un fait nouveau ajouta au drame : l'un des aides de Raglan remarqua du mouvement dans les redoutes perdues.

« Pardieu, ils vont emporter mes canons ! » s'écria Lord Raglan. Et la perte des canons serait une preuve formelle de victoire russe. En fait, les Russes ne faisaient que changer cette artillerie de position en vue de l'attaque attendue. Raglan dicta donc rapidement un ordre à son aide de camp, le général Airey. Et ce dernier griffonna la note au crayon[1].

Et cela devait être le quatrième ordre fatal : « Lord Raglan souhaite que la cavalerie avance rapidement sur le front — suivez l'ennemi et essayez de l'empêcher d'emporter les canons. L'artillerie attelée peut suivre. La cavalerie française est à votre gauche. Immédiat. [signé] R. Airey. »

Airey confia ce griffonnage à son propre aide de camp, le capitaine Leslie, estafette de service. Le destin intervint en la personne du capitaine Edward Nolan, le même Nolan qui, à l'instar de son ami Morris, l'« Hercule de poche », nourrissait tant de mépris pour ces « comtes prétentieux ». Il s'empara de la note et, avant qu'on eût pu l'en empêcher, monta sur son cheval et s'apprêta à partir sur la piste qui menait à la vallée du Nord. Alors qu'il s'en allait, Lord Raglan lui cria : « Capi-

two fronts. » L'introduction d'un point entre *ordered* et *To advance* fait toute la différence. Cet ordre existe encore. *(N.d.T.)*

1. Cette note existe encore.

taine, informez Lord Lucan que la cavalerie doit attaquer immédiatement. »

N'importe quel autre que Nolan y eût réfléchi, et cela eût changé la suite des événements. Tel ne fut pas le cas du capitaine Nolan, un homme profondément obsédé par l'ambition et furieux de la honteuse inaction de la brigade légère durant la charge héroïque de la brigade lourde. Nolan était une tête forte et un téméraire. Il galopa jusqu'à ce comte Lucan qu'il exécrait si profondément, « ce paon, cet emplumé incapable de prendre une décision indépendante ». Il le trouva en uniforme de parade devant ses deux brigades.

« Les ordres de Lord Raglan, monsieur », dit-il en tendant le griffonnage au crayon à Lord Lucan. Lequel déchiffra l'ordre et s'en trouva plongé dans la perplexité. Étant donné qu'il était au fond de la vallée et qu'il ne disposait pas de la vue cavalière de Raglan, il ne pouvait apercevoir ni les redoutes, ni un seul soldat russe dans la vallée du Nord. Et il ne voyait certainement aucun des canons à récupérer, mentionnés dans l'ordre de Raglan. Pendant qu'il gardait les yeux fixés sur le papier et tortillait sa moustache en crocs, Nolan, près de lui, bouillonnait d'impatience et de fureur. À la fin, le capitaine ne put plus contenir sa colère. Le visage convulsé, il articula en crachant sa haine : « Mylord, les ordres finaux de Lord Raglan étaient que la cavalerie devait attaquer immédiatement. »

Le regard chargé d'une arrogance sans bornes, le comte considéra son subordonné : « Attaquer, monsieur ? Attaquer quels canons, monsieur ? »

On ne choisit pas son destin, il advient et change la vie et la mort d'un homme ; c'est l'événement dont l'irruption dépend entièrement de la volonté des autres. Tel qu'un ordre stupide et des hommes assez stupides pour y obéir. Ou encore, comme ce fut là le cas, l'arrogance d'une repartie qui suscita une réplique dédaigneuse. Bref, tous les ingrédients nécessaires pour un désastre militaire étaient réunis : un aristocrate hautain, un ordre gribouillé et un capitaine au sang chaud. Edward Nolan, le brillant cavalier qui avait assisté impuissant à la perte d'une occasion, à cause de la passivité d'un commandant imbécile, un autre de ces aristocrates gonflés de vanité, se laissa emporter par la colère. Officier plusieurs fois décoré d'un régiment d'élite de cavalerie, il tendit le bras et le pointa, non vers les canons perdus des quatre redoutes des chaussées, mais vers l'extrémité de la vallée et les gueules de la masse d'artillerie du prince Menchikoff :

« Voilà votre ennemi. Et voilà vos canons. »

D'une seule phrase, un officier hors de lui scella le sort de la brigade légère. Nolan éperonna son cheval pour s'écarter de Lord Lucan et alla retrouver son ami le capitaine Morris, des 17e lanciers. Leur conversation fut animée, mais Morris n'en révéla jamais le sujet. Jusqu'à la fin, il soutint qu'Edward Nolan avait bien transmis à Lord Lucan les instructions qui lui avaient été communiquées par Lord Raglan.

Lord Lucan se trouvait dans un dilemme qu'il était incapable de résoudre par lui-même. Il s'en tint aux règlements de la Reine et ceux-ci étaient bien clairs : « ... Les ordres communiqués par un aide de camp doivent être exécutés avec la même promptitude que s'ils avaient été remis directement par l'officier général qui les a émis... »

Il lissa sa tunique, écarta les épaules et trotta vers Lord Cardigan, qu'il trouva assis en face de sa brigade légère. C'était la première fois depuis le commencement de la campagne de Crimée que le troisième comte de Lucan s'adressait directement à l'homme qu'il méprisait, le septième comte de Cardigan.

« Lord Cardigan, la brigade légère doit s'avancer dans la vallée du Nord. La brigade lourde la suivra. »

Les deux hommes comprirent sans doute que cet ordre équivalait au sacrifice de la cavalerie anglaise. Et si les deux aristocrates ne s'étaient pas portés autant d'exécration, s'ils avaient discuté de cet ordre au lieu de se toiser de haut en bas, peut-être la brigade légère eût-elle été sauvée. À la fin Cardigan dit : « Monsieur, laissez-moi vous informer que les Russes ont disposé une batterie devant nous dans la vallée, et des batteries et des fusiliers des deux côtés.

— Je le sais, dit Lord Raglan en haussant les épaules, mais c'est ce que veut Lord Raglan. »

Lord George Paget, le commandant en second de Lord Cardigan, ne pouvait pas en croire ses oreilles. C'était pure folie que d'envoyer la cavalerie, sans l'appui de l'infanterie, dans un fer-à-cheval d'artillerie concentrée. Il venait d'allumer l'un de ses précieux cigares ; devrait-il l'éteindre ? « Au diable, pensa-t-il, autant jouir de ma dernière bouffée. »

Lord Cardigan arriva vers lui à cheval. « Lord George, nous avons reçu l'ordre d'attaquer le front. Vous prendrez la deuxième ligne et je m'attends à votre meilleur appui.

— Vous l'aurez, mylord. » Sur quoi il serra les dents sur son cigare et s'en alla constituer sa ligne avec le 4e dragons légers et le 8e hussards.

Pendant ce temps-là, Cardigan formait sa première ligne d'attaque, le 11e hussards, le 13e dragons légers et le 17e lanciers. Au dernier moment, le 11e hussards fut retiré pour former la troisième ligne. Lord Cardigan se plaça à l'avant, tira l'épée et ordonna d'une voix claire : « La brigade avancera. Au pas. Marche. Trot. »

En ordre de parade parfait, la brigade légère commença sa chevauchée dans la Vallée de la Mort.

Un silence s'abattit sur le champ de bataille. Ni coups de feu, ni hourras, rien que le silence. Pour les soldats anglais observant du haut de la crête cette avance précise sur trois lignes, le spectacle était incroyable. Il l'était sans doute autant pour les officiers russes, qui se demandèrent un moment quelle mouche avait pu piquer un commandant qui envoyait ses unités à la destruction certaine[1].

Le long des hauteurs Fediouskine, sur le flanc gauche de la brigade légère, les Russes avaient disposé huit bataillons d'infanterie, quatre escadrons de cavalerie et quatorze canons. À droite, il y avait les redoutes, tenues par onze bataillons russes et trente canons, plus une batterie d'artillerie de campagne. Au bout de la vallée attendait une masse concentrée de cavalerie russe, soutenue par douze pièces d'artillerie lourde. C'était contre ce déploiement massif qu'avançaient six cent soixante-treize hommes légèrement armés, menés par Lord Cardigan. Ce jour-là était censé être le plus grand de ses cinquante-sept années sur la terre. Cardigan n'était certes pas très intelligent, mais il le compensait par son courage. Il se tenait sur sa selle droit comme un I, silhouette splendide dans son uniforme cerise et bleu-de-la-reine, avec un col de fourrure et une grande plume d'autruche flottant sur son chapeau légèrement de guingois.

Le silence fut brisé par la détonation d'un canon russe. Des boulets commencèrent à tomber de plus en plus nombreux, pulvérisant des cavaliers. Le capitaine Morris se sentait nu et vulnérable, « comme un hanneton rampant sur le sol de la vallée ». Il jeta des regards furtifs sur les collines. Les Russes étaient tout autour d'eux, derrière les rochers et les buissons. Un incident advint, qui est demeuré inexpliqué. Le capitaine Nolan, chevauchant aux côtés de Morris, éperonna soudain sa monture. Morris l'appela : « Ça n'ira pas, Nolan ! » Mais Nolan bondit en avant, franchit la première ligne de la brigade et dans une infraction sans précédent à l'étiquette militaire, passa devant Lord Cardigan. Ce dernier

1. Le désastre fut causé par le manque de communication entre cinq acteurs-clefs, Raglan, Airey, Lucan, Cardigan et l'impétueux Nolan.

devint livide. L'autre agitait son sabre et criait comme un fou, mais ses mots furent couverts par les explosions. On ne saura jamais ce qui se passa dans sa tête. L'explication la plus plausible est qu'il fut soudain accablé par le sens de la culpabilité, ayant compris la terrible erreur qu'il avait faite en expédiant ses camarades vers une mort certaine ; peut-être aurait-il alors essayé de faire effectuer un demi-tour à la brigade. Un éclat de boulet l'atteignit à la poitrine. L'uniforme déchiré, exposant sa chair, il continua à crier bien au-delà de la première ligne, agrippant ses rênes, jusqu'à ce que son cheval se fût arrêté et que Nolan fût tombé mort de sa selle.

La brigade arrivait à mi-chemin de la vallée. Les canons russes tonnèrent des deux côtés. Les salves frappèrent les cibles offertes par des lignes parfaites avançant au pas cadencé. Le capitaine Morris sentit ses cheveux se dresser sur la tête. Il vivait sa pire épreuve ; des boulets explosaient devant, derrière, au milieu ; des balles de mousquet sifflaient, atteignant bêtes et hommes. Il regarda par-dessus son épaule : ses hommes étaient toujours derrière lui, dans une fumée épaisse, un sol en éruption, tandis que des blocs de terre et des hommes jaillissaient en l'air. Il éprouva son impuissance. Son instinct lui soufflait de foncer aussi vite que possible. Mieux valait sortir du mortel feu croisé et galoper vers les canons. Cardigan ne donnait cependant pas l'ordre de charger. Morris s'avança vers lui : « Mylord, nous devons charger ou bien nous souffrirons des pertes très lourdes. »

« Oui, monsieur, je pense que vous avez raison. Mais ce sont les ordres de Lord Lucan. À l'allure où ils vont, dites à vos hommes de serrer les rangs et de s'aligner avec vous. »

Peut-être fut-ce à cause de cette parade lente et obstinée que la charge de la brigade légère fut immortalisée.

De son observatoire au sommet de la colline, Lord Raglan observait cette folie, saisi d'horreur. Il ne pouvait comprendre ce qui se passait dans les esprits des hommes sous ses yeux. Il croyait que ses ordres avaient été précis : reprendre les canons dans les redoutes ! Et voilà que ses troupes se lançaient dans cette charge démente contre une artillerie de trois côtés ! Il distinguait les éclairs des sabres dans les explosions des boulets. Des officiers près de lui fondirent en larmes. Le mot de la fin revint au général français Bosquet, qui déclara : « C'est magnifique, mais ce n'est pas la guerre. »

Les boulets multipliaient les trouées dans les lignes anglaises. Lord Lucan, qui suivait la brigade légère avec la brigade lourde, décida à la fin d'arrêter celle-ci.

« Ils ont sacrifié la brigade légère, ils ne sacrifieront pas la brigade lourde aussi. Tout ce que nous pouvons faire est de protéger la brigade légère quand elle se repliera. » Les cavaliers de Lucan regardèrent donc avec horreur leurs camarades disparaître dans la fumée à l'extrémité de la vallée.

Le général français Morris ne put supporter plus longtemps le massacre. De sa propre initiative, il emmena les chasseurs d'Afrique dans un assaut contre les canons russes sur les hauteurs Fediouskine. Ses guerriers des monts Atlas réussirent brillamment ; le feu des canons et des mousquets sur le flanc gauche de la troupe de Cardigan s'arrêta. La première ligne de la brigade légère avait presque atteint le fond de la vallée et la ligne de l'artillerie russe. Ses hommes n'eurent qu'une ou deux secondes pour embrasser la scène du regard, mais ils virent nettement les gueules béantes et noires des canons. Ils n'avaient plus le temps d'avoir peur, ils n'avaient d'autre choix que de foncer. On ne leur en avait pas donné l'ordre, mais les cavaliers survivants se lancèrent dans une pleine charge, penchés sur les encolures des chevaux, sabre au clair et criant leur haine. Il en tomba encore plus, des chevaux sans cavaliers et la bride sur le cou devançaient le peloton, puis étaient repoussés de côté. Un grondement infernal retentit quand tous les canons tirèrent ensemble. Des chevaux trébuchèrent, des cavaliers aussi. La deuxième ligne, menée par Lord Paget, le cigare furieusement serré entre les dents, passa par-dessus les morts et les vivants pour donner à Lord Cardigan son « meilleur appui ».

Le cheval de Paget était blessé et le sang lui jaillissait du flanc, mais il avançait toujours. Le jeune comte était entouré de chevaux sans cavaliers, les balles sifflaient autour de lui et les canons crachaient leurs flammes jaunes, mais les hommes de la brigade légère fonçaient toujours dans le vacarme de l'artillerie et les cris : « Avancez ! Avancez ! Allez au centre ! » La mitraille abattait des rangées entières d'hommes et le fracas des canons couvrait le martèlement des sabots au galop. Lord Cardigan était en tête de tous. Ils se trouvaient à moins de cent mètres des canons. Quatre-vingts... soixante-dix... soixante... Peut-être y parviendraient-ils après tout. Une bouffée brûlante et un grondement leur passèrent dessus quand les douze canons tirèrent tous ensemble. La première ligne de cavaliers se volatilisa, éjectée des selles ou bien écrasée par ses propres chevaux. La seconde ligne s'engouffra dans la fumée et la puanteur de la poudre. Ils se battaient comme des fauves, mais ils n'avaient aucune chance, face à la cavalerie et à l'infanterie russes qui se dirigeaient vers eux.

C'était étonnant, mais le capitaine Morris était toujours en selle. La fumée âcre lui brûlait les yeux et il ne pouvait donc voir ni Cardigan, ni le reste de la brigade. Il était possédé par l'obsession d'effectuer un saut délirant par-dessus les rangées de canons fumants. Le sang lui bourdonnait aux oreilles et, le sabre levé, il chevaucha de çà et de là, sans but. Il essaya de comprendre ce qui s'était passé et pourquoi lui, parmi tous ses camarades, était encore en vie. Il essaya de s'imaginer ce que serait leur retour. Il n'y avait plus qu'une chose à faire pour un homme d'honneur placé par le destin dans une situation aussi cruelle : rallier ce qui restait de son 17e lanciers décimé et le faire sortir de cet enfer.

À ce moment-là, il prit conscience d'une masse de cavalerie russe qui s'avançait vers eux. « Dix-septième, avec moi ! » Vingt cavaliers, c'était tout ce qui restait de son 17e lanciers ! Il chargea donc avec ces vingt hommes vers les Russes qui avançaient. Hurlant comme un loup, jurant, il sabra à tous vents. Le colonel Mayow avait réuni quelques autres survivants du 13e dragons légers et courut à son secours. Ensemble ils repoussèrent les Russes au-delà de la ligne d'artillerie. Puis arriva Lord Paget, qui se lança dans la mêlée avec ce qui lui restait du 11e hussards. Ils prirent les Russes par le flanc et les chassèrent du champ de bataille. Le 4e dragons légers tomba sur les canonniers russes et les massacra. Cela réduisit enfin les canons au silence. Pendant ces actions isolées, une énorme force russe avançait sur le 11e hussards et les Anglais furent contraints à une retraite précipitée. Lord Paget les arrêta. « Halte, les gars ! Si vous ne faites pas halte, nous sommes fichus ! » Ils obéirent comme un seul homme. Les débris du 11e et du 4e se rejoignirent, à peine soixante-dix hommes en tout. Un cavalier cria : « Ils nous attaquent par-derrière, mylord ! » Lord George demanda : « Que diantre allons-nous faire ? Est-ce que quelqu'un a vu Lord Cardigan ? »

Cardigan avait mené l'assaut, il avait survécu et il était retourné à l'arrière. Dans son uniforme splendide, il chevauchait à vingt pas de cinq cents cavaliers russes. Leur commandant, le prince Radziwill, reconnut son ennemi et retint ses Cosaques de l'abattre. Cardigan parvint à prendre la fuite. Il n'avait aucune idée du sort réservé à sa brigade légère. Il ne se sentait pas responsable du désastre ; il avait accompli son devoir et « mené la brigade avec l'élan de circonstance ».

Ceux des hommes qui étaient encore capables de se tenir à cheval, de marcher et même de boiter, étaient complètement isolés, cernés par des masses de Russes devant et derrière. Le sol de la vallée était jonché de morts et de mourants anglais sur toute sa longueur, et les canons des redoutes continuaient de harceler les survivants qui titubaient. Le capitaine Morris releva le défi et replia sa poignée de rescapés sur l'arrière, où ils retrouvèrent la brigade lourde.

Entre-temps, Cardigan avait rejoint le général Scarlett et se lançait dans des récriminations interminables, non contre les ordres de Lord Raglan, mais au sujet de l'affront que lui avait infligé le capitaine Nolan. « Le culot de cet homme, son insubordination ! Passer devant moi en criant comme une folle ! » À ce moment-là, Scarlett leva la main et l'arrêta : « Mylord, vous venez de piétiner le cadavre du capitaine Nolan. »

La retraite fut pire que l'assaut. Les chevaux blessés perdaient leur sang comme des passoires, des hommes atteints de blessures terribles se traînaient sur le sol de la vallée, servant de cibles à des tireurs isolés. Puis arriva la cavalerie russe. Le hasard fit que ses propres hommes lui tirèrent dessus et elle se retira. Seuls soixante-dix hommes du 11e hussards et du 4e dragons légers parvinrent à échapper à l'encerclement, en chargeant leurs chevaux sur les lanciers russes. Quinze hommes du 17e lanciers rejoignirent une poignée du 13e dragons légers, et ensemble ils se lancèrent avec furie à travers l'infanterie russe [1]. Quand les Russes les virent arriver, ils furent saisis de panique et crièrent : « Des fantômes ! » Ce fut ainsi que les survivants de la brigade eurent le bénéfice d'une percée.

« Quelle scène de désastre fut ce dernier mile, écrivit Lord Paget le soir même, parsemé de cadavres et de blessés, tous des camarades. »

Une rencontre souvent décrite eut ensuite lieu. De retour de la canonnade et des massacres, George Paget rencontra le comte de Cardigan, qui revenait de la direction opposée. Paget était furieux, et pour cause. Il avait reçu de Cardigan l'ordre de lui fournir « son meilleur

---

1. Au terme de la retraite, le 17e lanciers du capitaine Morris avait été réduit à 37 hommes, et le 13e dragons légers à 8 survivants.

appui » et il voyait maintenant son commandant revenir de la direction opposée.

« Hello, Lord Cardigan. Dites-moi, n'étiez-vous pas là-bas ?

— Si j'y étais ! »

Ce bref échange fut entendu par des soldats et répété à un journaliste qui couvrait le front ; il donna naissance à une rumeur persistante selon laquelle Cardigan avait été absent du front. C'était injuste : il y avait bien été, mais quand il avait compris que sa brigade était perdue, il avait battu en retraite sans se retourner.

Sur les six cent soixante-treize cavaliers qui étaient descendus dans la vallée, il en revint cent quatre-vingt-quinze, qui ne furent pas tous tirés d'affaire, plusieurs blessés étant morts par manque de soins.

Depuis le moment où Lord Cardigan avait donné l'ordre : « La brigade avancera ! », l'action n'avait duré qu'une vingtaine de minutes, mais ce bref laps de temps devait passer dans l'Histoire sous l'appellation de la charge de la brigade légère.

Et dans un poème immortel célébrant la bravoure de cette brigade :

« Une erreur a été commise ;
il ne leur appartient pas de répliquer,
il ne leur appartient pas de demander pourquoi,
il leur appartient d'agir et de mourir,
dans la vallée de la mort
s'élancèrent les six cents [1]. »

Et si...

... le quatrième ordre de Raglan avait été plus spécifique ?

---

1. En plus du poème fameux de Lord Tennyson, il faut citer le film éponyme de Michael Curtiz, avec Errol Flynn et David Niven.

Lord Lucan en aurait probablement compris l'esprit et n'aurait pas engagé sa cavalerie sans l'appui de l'infanterie.

Et si Lord Lucan avait été moins arrogant à l'égard du capitaine Nolan ?

La brigade légère aurait attaqué les redoutes et récupéré les canons anglais, et les poètes de l'époque victorienne auraient eu un sujet d'inspiration en moins.

Les faits

Le reste de la campagne de Crimée refléta pareillement l'incompétence flagrante de ses chefs. D'octobre 1854 à avril 1855, aucune action majeure n'eut lieu. Et pourtant, durant cette même période, les Alliés enregistrèrent dix-huit mille morts. Ceux-là ne moururent pas sous les balles russes, mais de famine, de choléra et du froid[1]. Bien que neuf mille capotes fussent entreposées à Balaklava, elles ne furent jamais livrées aux hommes ; comme il était spécifié dans les règlements de la Reine, un soldat n'avait droit à une capote qu'une fois tous les trois ans ; ces hommes moururent donc comme ceux de la Grande Armée de Napoléon quarante ans plus tôt, et comme devaient mourir quatre-vingt-dix ans plus tard ceux des armées de Hitler : victimes de l'hiver russe[2].

À leur retour à Londres, Lord Lucan et Lord Cardigan furent rudement critiqués dans la presse, et cela suscita une enquête militaire. En juillet 1856, une commission de généraux, que beaucoup de gens sur-

1. La célèbre infirmière Florence Nightingale révéla au public le scandale des conditions sordides des militaires : « ... Pour le millier d'hommes au moins qui souffrent de dysenterie et de diarrhée, il n'y a que vingt pots de chambre... Les membres des amputés flottent dans le port de Balaklava. » Ce fut la campagne de Crimée qui mena par la suite à la création de la Croix-Rouge internationale.

2. Cf. le chapitre « Moscou : l'énigme Sorge. »

nommèrent « La Commission de Blanchiment », exonéra les deux officiers. Lord Raglan parvint à rejeter toute la faute sur le libellé maladroit du quatrième ordre par son aide de camp. Et ce dernier, le général Airey, formula l'épitaphe de la charge malheureuse : « Ce genre de choses adviennent dans la guerre. »

Le grain de sable à Balaklava fut la stupidité et l'obstination, un ordre mal rédigé et gribouillé et les paroles imprudentes d'un officier au sang trop chaud.

7

Trois cigares

Antietam, 17 septembre 1862

« Mettez un homme dans un trou, mettez une bonne batterie sur une colline derrière lui et il tuera trois fois plus d'hommes, même si ce n'est pas un bon soldat. »

Colonel Theodore Lyman,
quartier général des Unionistes.

Le sergent John Bloss frissonne dans l'obscurité qui précède l'aube. Son regard tente de percer la brume sur la rivière qui coule devant le bivouac du 27e régiment Indiana de l'Union, au nord de Sharpsburg. Dans ce petit matin glacial, il n'y a aucun de ces feux de bois autour desquels les soldats aiment se chauffer les os ; le général les a interdits. Les hommes du « Vieux Joe la Bagarre » Hooker croquent des grains de café pour se donner du tonus.

« Il y aura une bataille ici aujourd'hui, ouais mon pote. Toute notre armée du Potomac est arrivée. Rappelez-vous ce que je vous dis, aujourd'hui ça va changer », dit-il avec la conviction d'un soldat chevronné.

Antietam, 17 septembre 1862

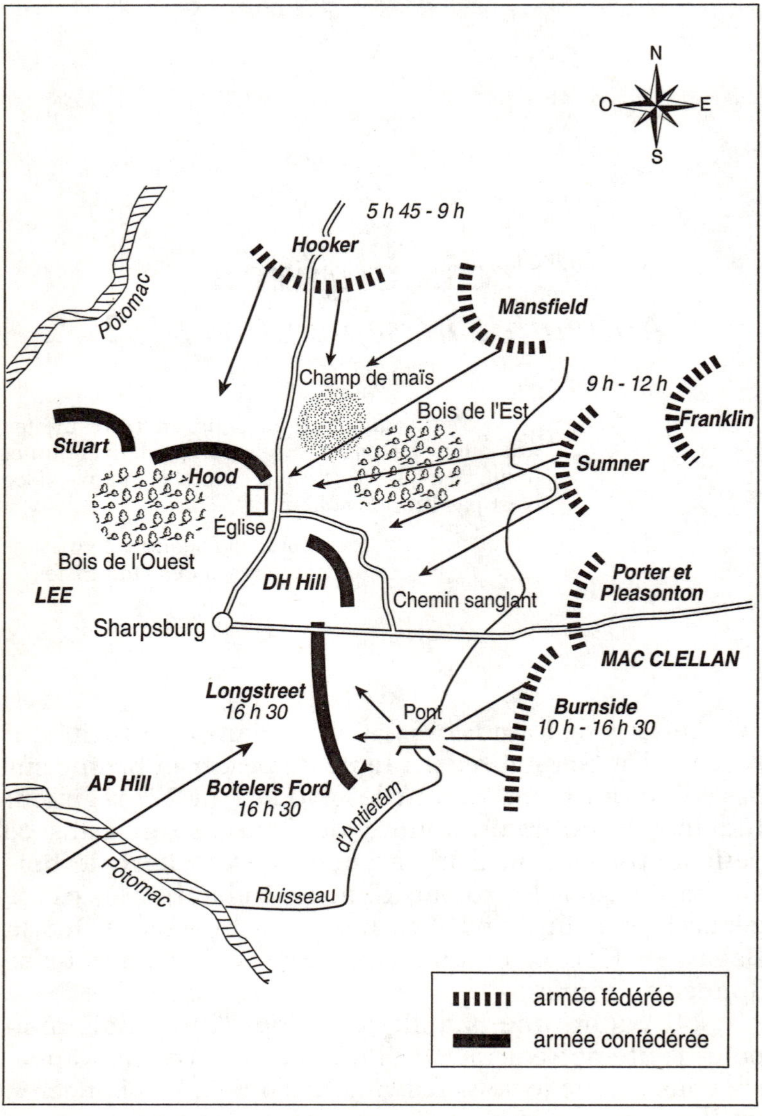

À quelques centaines de mètres, au-delà de la rivière, sur Nicodemus Hill, là où il a disposé une batterie de canons de l'artillerie attelée du général Jeb Stuart, le lieutenant des Confédérés A. W. Garber s'efforce lui aussi de percer la brume du regard. La veille, il a observé l'armée de l'Union prendre ses positions pour bloquer la marche de Bobbie Lee sur Washington[1].

Soudain la brume se lève et Garber peut distinguer vaguement le campement de l'ennemi. Il donne à son artillerie l'ordre d'ouvrir le feu sur eux.

Il est 5 h 45 et la journée la plus sanglante de la guerre de Sécession américaine a commencé.

Robert E. Lee ne savait que trop bien qu'avec les maigres forces dont le Sud disposait, il ne pouvait pas espérer lutter longtemps contre la puissance industrielle du Nord. Il lui fallait mettre un terme à la guerre, et vite. Cela demandait de l'audace et Lee était l'homme de la situation. Il fallait frapper au cœur de l'ennemi : Washington, la capitale du pays ! Après sa victoire à la seconde bataille de Bull Run en août, il lui fallait tenir l'armée unioniste sur les dents et en même temps réapprovisionner ses forces dans les riches dépôts de l'ennemi. À ces fins, il envoya « Stonewall » Jackson avec six divisions pour piller Harper's Ferry et le général James Longstreet pour rallier les fuyards. Dix jours plus tard, ayant réuni ses armées une fois de plus, il se disposa à marcher sur Philadelphie, Baltimore et Washington. La guerre serait finie dans quelques semaines, si ce n'était quelques jours. Ce fut pourquoi, le 10 septembre 1862, le général Robert E. Lee adressa deux copies manuscrites de son plan détaillé d'attaque au bulletin *Special Orders* n° 191.

Le 13 septembre, alors que des sections du XIIe

1. L'épisode se situe durant la guerre de Sécession des États-Unis. L'Union est celle des États du Nord, les Confédérés représentent les États du Sud, dont Robert Lee est l'un des généraux les plus célèbres. *(N.d.T.)*

corps de l'armée de l'Union poursuivaient les Confédérés près de Hagerstown, une patrouille d'éclaireurs dirigée par le premier sergent John Bloss et le caporal Barton Mitchell s'arrêta à l'endroit même où une unité des Confédérés avait bivouaqué plus tôt dans la matinée. Les braises du feu de camp étaient encore brûlantes. Bloss trouva une grosse enveloppe. Il l'ouvrit et un paquet enveloppé dans du papier blanc en tomba ; le sergent Bloss avait trouvé un trésor et il le ramassa avec joie. « Hé les gars, regardez-moi ces cigares ! Barton, donne-moi du feu, veux-tu ? »

Barton n'avait pas de feu et pendant qu'il en cherchait, Bloss examina plus attentivement le papier. Bien qu'il fût illettré, le cachet et la signature lui parurent assez importants pour qu'il les soumît au commandant de la compagnie. Le jeune lieutenant jeta un seul regard sur le document et devint fiévreux. Les cigares étaient un cadeau extraordinaire pour les gens du Nord. Mais bien plus extraordinaire était le document dans lequel ils étaient enveloppés : l'ordre de combat du général Lee[1] ! Le lieutenant expédia lui-même le document en urgence au commandant suprême de l'armée du Potomac, le général George McClellan. Rarement un commandant avait joui d'un pareil avantage.

Et à cause de ces cigares perdus, le destin mit en mouvement deux armées l'une contre l'autre.

George Brinton McClellan, trente-cinq ans, commandant en chef de l'armée de l'Union, surnommé par ses troupes « le jeune Napoléon », se tourna vers le général Ambrose Burnside et sourit : « Si je n'arrive pas à faire mordre maintenant la poussière à Bobbie, vous pourrez m'appeler de tous les noms que vous voudrez. »

Sa chance était incroyable. Le document l'informait, en effet, que Lee avait divisé ses forces. McClellan reconnut cette chance unique offerte par le destin : il

1. C'était l'exemplaire destiné au général A.P. Hill.

pouvait insérer un coin entre les deux ailes de l'armée ennemie, la manœuvre favorite de son modèle Napoléon ; diviser l'ennemi et puis le détruire à loisir. Et pourtant, aussi incroyable que cela paraisse, il hésita et ne fit rien. Il n'envoya pas d'éclaireurs en reconnaissance, ne donna pas d'ordres et pas un seul de ses commandants n'osa le lui faire remarquer. Ce qui donne à penser que les armées de l'Union étaient dirigées par des hommes qui n'étaient pas très compétents.

Il y avait là le major général Ambrose Burnside, un homme aimable qui avait dépassé le niveau de ses capacités ; le brigadier général Joseph « Joe la Bagarre » Hooker, ambitieux et énergique, mais sans les qualités d'un chef ; le brigadier Edwin V. Sumner, un produit ossifié et coléreux de la cavalerie ; le brigadier général Joseph Mansfield, soixante ans, arraché de temps à autre à sa retraite pour reprendre du service.

Ces gens du Nord avaient affaire à une armée de rebelles peu disciplinés, mais très motivés. Et armés de mousquets Enfield à canon rayé de calibre .557, qui, à la différence des fusils à pierre napoléoniens qui tiraient à cinquante mètres, pouvaient atteindre leur cible à cinq cents mètres ; c'étaient là des armes qui convenaient idéalement aux Confédérés ; ils s'en servaient avec la précision d'un chasseur d'écureuils. Mais la véritable force du Sud résidait dans son haut commandement, des hommes dont la renommée serait séculaire : Robert E. Lee, « Stonewall » Jackson, James « Old Pete » Longstreet, Jeb Stuart, Ambrose Powell Hill, tous supérieurs et plus courageux que leurs homologues du Nord.

Un espion informa Lee que son plan de bataille était tombé dans les mains de l'Union et que toute l'armée du Nord avait été mise en travers de la route de Washington. Mais le sudiste Lee nourrissait un mépris justifié pour son adversaire le nordiste McClellan. Avec sa route de retraite éventuelle coupée par une rivière et un ennemi trois fois supérieur[1], Lee prit la décision audacieuse de camper ses forces le long d'une petite rivière du Maryland jusqu'alors inconnue, l'Antietam. La bataille aurait lieu dans quarante-huit heures. Les pions furent disposés sur l'échiquier, la partie était prête.

Le 17 septembre 1862, les sans-nom de toutes les batailles, ceux qui meurent pour une cause, comme on dit, bivouaquaient. Des hommes tels que le sergent Billy Boy Coons, des champs de coton de l'Alabama. Le 14 septembre, il avait célébré son dix-neuvième anniversaire. Lui et plusieurs de ses jeunes camarades s'éveillèrent au dernier jour de leurs vies. Le bivouac remua. Certains faisaient du café, d'autres regardaient les trouées de la brume intense. D'autres encore... bref, l'armée rebelle souffrait d'un problème sérieux, qui lui sapait le moral : la diarrhée. Mais maintenant qu'on allait commencer à tirer pour de bon, ils pensaient à autre chose qu'à trouver un arbre, sauf pour se protéger. Billy Boy Coons attendait la fusillade, parce qu'il les détestait, « ces Yankees à la noix ». « Qu'est-ce que je veux ? Me payer quelques-uns de ces habits bleus, disait-il avec un sourire qui lui fendait la face, et puis courir les filles, me coucher dans le foin et boire du whisky. Je pense qu'il faudra que j'attende ce soir. »

Dans les North Woods, le sergent unioniste Bloss, celui qui avait trouvé les cigares, bivouaquait lui aussi, à quelques centaines de mètres au-delà de la rivière. Comme tout le monde dans sa compagnie, il savait que la bataille était inévitable. Son lieutenant, ce gringalet boutonneux de West Point, l'avait dit. Bloss n'était pas aussi pressé de se battre que le garçon de l'autre côté de la rivière. Ce n'était pas qu'il eût peur. Mais le froid et le biscuit de mer lui valaient les mêmes problèmes qu'aux gens d'en face.

1. L'Union comptait 87 000 soldats et les Confédérés, 30 000.

« Je ne peux pas attendre le moment de rentrer chez moi et de m'offrir un repas décent. »

Aux quartiers généraux de l'Union, dans la majestueuse Pry House, le général McClellan arpentait nerveusement la salle. Les hommes étaient prêts, les canons en place et on n'attendait plus que son ordre. Cependant il ne pouvait pas se décider. Entouré de ses jeunes lieutenants supérieurs, il étudia la carte avec ses drapeaux de couleur et ses flèches au crayon. L'armée de Virginie du Nord de Lee s'était répartie sur une ligne qui s'ancrait à la cavalerie de Jeb Stuart au nord, contournait la ville de Sharpsburg et suivait la rivière Antietam jusqu'à son embouchure dans le Potomac, au sud. À 5 h 30, McClellan donna enfin un ordre ; mais il était confus et ouvert à des interprétations erronées :

« Attaquez sur la gauche de l'ennemi ; faites une diversion en faveur de l'attaque principale, avec l'espoir de réussir quelque chose de plus et dès que l'un ou les deux mouvements de flanc auront tout à fait réussi, attaquez le centre avec toutes les réserves que je pourrais avoir disponibles. »

Un groupe de tirailleurs fédéraux avance dans la brume matinale le long de la route à péage de Hagerstown. Ils peuvent distinguer sur une colline une église blanchie à la chaux et, devant elle, les canons installés d'un bataillon d'artillerie attelée sudiste. Les salauds. Et ces gars en gris savent se servir de ces canons. Soudain, c'est l'enfer.

Le feu crépite dès que les canonniers peuvent repérer leurs cibles. Et celles-ci ne manquent pas. Le général « Joe la Bagarre » Hooker se montre digne de son surnom : il pousse son corps en large formation vers la ligne des Confédérés. Ses uniformes bleus sont accueillis par une grêle de mitraille expédiée depuis la colline, autour de Dunker Church, où « Stonewall » Jackson a donc amassé son artillerie. Et un détachement de l'artillerie de Jeb Stuart est posté sur Nicodemus Hill. De la sorte, les canonniers confédérés peuvent soumettre à un feu croisé les Fédéraux qui attaquent ce secteur.

L'attaque initiale de Hooker est stoppée net. Il ordonne d'amener sa propre artillerie. Les canonniers courent sur leurs attelages à travers les champs et se mettent en position sur une faible hauteur qui domine la route à péage de Hagerstown. Au-delà de cette route s'étend une vaste tache d'or, un champ de blé d'une trentaine d'acres, près de Dunker Church.

Voici la description qu'en fit Hooker : « Grâce au soleil qui tombait sur les baïonnettes des soldats dépassant des épis, nous pouvions voir que ce champ était rempli de soldats ennemis. Je donnai des instructions pour que toute mon artillerie fût montée et mise en action avec des boulets à mitraille. »

Ces boulets sont redoutables : en fait, ce sont des conteneurs d'étain remplis de centaines de balles de plomb. Quand le canon est mis à feu, le projectile éclate et les balles poursuivent leur trajectoire ; c'est une arme mortelle contre une masse d'infanterie telle que les malheureux rebelles dans le champ de blé.

On peut imaginer ce qui se passe dans les esprits de ces garçons accroupis dans les épis, la tête penchée, jusqu'au moment où ils sont fauchés avec les blés alentour. Le plus horrible massacre de toute la guerre de Sécession s'ensuit : artillerie de masse contre infanterie de masse. Les premiers soldats de l'Union qui s'aventurent dans le champ de blé glissent sur le sol détrempé de sang, tant le carnage a été grand. La violente attaque de Hooker lui permet d'avancer à travers ce champ et jusqu'à l'église, mais la brigade du Texas de « Stonewall » Jackson contre-attaque et reprend le terrain. Pendant l'heure qui suit, attaques et contre-attaques se succèdent. La mitraille pleut, de la gueule des canons des Confédérés à Dunker Church et de celle des canons unionistes au-delà du champ de blé. De vastes trouées dévastent attaquants et attaqués. Les lignes faiblissent, avancent, reculent et sont fauchées à leur tour.

Des appels, « Vingt-septième de l'Indiana avec moi ! » retentissent, d'autres appels leur répondent : « Virginiens avec moi ! »

Le sergent Bloss se trouve au cœur du carnage. Il voit des hommes flancher et prendre la fuite, poursuivis par des soldats en gris qui poussent leur cri rebelle à glacer le sang. La vague bleue tombe sous les baïonnettes des gris. Le lieutenant de West Point, le bras garrotté avec une écharpe sanglante pour arrêter l'hémorragie de ce qui n'est plus qu'un moignon, rejoint la compagnie. De nouveau ce sont les Bleus qui chassent les Gris sur la colline, vers la petite église blanche. Comme du blé dans la tempête, des vagues d'hommes avancent et refluent. Ils marchent sur le dos des morts, des Bleus et des Gris qui n'ont plus qu'une seule couleur, rouge sang.

L'une des victimes est le soldat qui, en trouvant les cigares, a déclenché ce massacre fratricide. Le sergent Bloss a dirigé un peloton de tirailleurs autour du flanc droit des Confédérés et tombe sur une compagnie de cavalerie de Jeb Stuart. Les cavaliers abattent la plupart de ses hommes et Bloss ne s'en tire qu'en faisant le mort.

La supériorité écrasante de l'Union en hommes et en artillerie commence à se faire sentir sur l'aile gauche des Confédérés. La vague bleue a presque atteint l'artillerie des rebelles à Dunker Church. Un caprice du destin intervient en faveur de Lee. La victoire étant assurée, le général « Joe la Bagarre » Hooker chevauche son superbe étalon blanc, ce qui fait qu'il est visible comme un phare dans une mer démontée.

Ossie Davis, un fusilier de dix-sept ans du 19ᵉ Mississipi, s'est posté en embuscade derrière une palissade de bois. Il vient de charger une balle Minié dans le canon de son long mousquet lorsque, de la fumée dense de la poudre alentour émerge au-dessus de la crête un cavalier sur un étalon blanc. Ossie ne sait pas qui est l'homme, sinon que ce doit être un officier. Le garçon, à qui son père a appris à tirer quand il avait huit ans, s'humecte l'index de salive pour nettoyer le viseur, un vieux truc qu'il a appris quand il chassait les opossums. Puis il vise soigneusement et appuie lentement sur la gâchette. L'étalon blanc se cabre et « Joe la Bagarre » Hooker tombe de sa selle. La blessure n'est pas fatale, mais elle fracasse la jambe de Hooker. Quand ses officiers viennent l'évacuer du champ de bataille, le général est convaincu que l'attaque de l'armée de l'Union a assuré la victoire.

Un dicton militaire veut que le moment critique d'un assaut victorieux soit aussi celui du péril maximal. C'est alors qu'une seconde ligne doit être disponible pour sanctionner la victoire initiale. Cela signifie qu'il faut des renforts pour élargir la brèche et tenir le terrain. Le grand Napoléon l'avait omis à Waterloo, dans une erreur stratégique, et « le jeune Napoléon » reprenait son ornière. En effet, McClellan hésite trop longtemps et perd l'occasion de la victoire. Privés de leur chef dynamique, les corps de l'Union de Hooker se brisent sur les lignes des Confédérés. Quand l'un de ces corps, celui du brigadier général Mansfield, est mandé dans l'action, la ligne des Gris s'est affermie. Le vieux général parvient quand même à pousser à travers le champ de blé et il atteint presque Dunker Church, mais là, ses hommes décimés et épuisés sont arrêtés. Tant de temps a été perdu depuis la percée victorieuse de Hooker que Lee a eu le loisir de déplacer une partie des forces de réserve de Longstreet pour combler la brèche. Le terrain devant la petite église blanche est couvert de cadavres. Le brigadier général Mansfield est mortellement blessé et son corps de l'Union bat en retraite. L'armée de l'Union a subi des pertes terribles ; l'une après l'autre ses divisions ont été mises à mal et la confusion règne partout. McClellan n'a plus de commandant en charge de son aile droite, mais il ne fait rien pour remédier à cette situation. Des officiers donnent des ordres contradictoires que d'autres annulent.

Les corps de l'Union qui ont mené l'assaut étant dévastés, et les Confédérés n'ayant pas assez de soldats pour mener une contre-offensive, une pause s'ensuit. Pendant l'heure qui suit, l'artillerie fait trembler la terre. Un fait apparaît, l'attaque de l'Union au nord a échoué.

Le second acte commence à 9 heures dans les West Woods. Le général Edwin Sumner, de la cavalerie, soixante-cinq ans, en charge du XIIe corps de l'Union, s'attend à ce qu'on l'envoie sur le front dès que le premier coup de feu aura été tiré. Mais depuis deux heures, il entend le canon tonner et il ne reçoit toujours pas l'ordre d'attaquer. Il envoie son aide de camp, le capitaine John Hastings, au quartier général de McClellan, mais ce dernier ne verra jamais McClellan. L'aide de camp de ce dernier le prend à part et lui dit : « Informez le général Sumner que ce sont là seulement des escarmouches. Nous vous enverrons des ordres quand le général McClellan sera décidé à engager le XIIe corps. »

Avant que ce message lui parvienne et sans se douter de la position qu'a prise « ce maudit Bobby Lee », le général Sumner, qui est un cavalier impétueux, décide de jeter ses forces au centre du front. Son problème, toutefois, est qu'il ignore où se trouve ce centre aussi bien que ce qui l'attend. Pis encore, à la suite d'une série d'ordres contradictoires, il advient qu'au lieu de se servir de tout son corps d'armée pour administrer un coup écrasant à l'ennemi, il n'affronte la ligne des rebelles que formation après formation. Il dirige sa formation de tête, sous forme d'une brigade compacte, droit dans la gueule des Confédérés. À sa droite et cachée dans les bois, les West Woods, se tapit une formidable réserve de Confédérés, commandée par nul autre que ce fléau de « Stonewall » Jackson lui-même.

Deux divisions entières de Confédérés attaquent donc Sumner par le flanc et mettent les Yankees complètement en déroute. Sumner ne récolte rien d'autre de son attaque impétueuse que plusieurs milliers de morts. Soudain pris de panique, il galope vers l'arrière pour empêcher le reste de ses divisions d'entrer dans le massacre. Mais c'est trop tard, les divisions d'arrière du XIIe corps sont déjà en mouvement ; elles atteignent East Wood, s'attendant à y retrouver la division de tête, car leurs commandants ignorent le massacre qu'a subi celle-ci. Quand ils aperçoivent des Bleus à leur gauche, les officiers divisionnaires supposent que c'est là qu'on se bat et ils engagent leurs colonnes dans cette direction, vers une étroite route de campagne. Deux divisions de l'Union ignorent alors qu'elles se dirigent vers le point le plus faible du front des Confédérés, qui n'est tenu que par quelques compagnies de l'Alabama.

Le général Lee s'avise du danger imminent. À la différence du commandant en chef de l'Union, qui n'aperçoit qu'une petite partie des combats par le bout de son télescope à Pry House, Lee se trouve au centre du combat[1]. Il est parti au galop rejoindre le 6e Alabama, qui tient une route de campagne en contrebas ; là, le commandant de ce bataillon l'assure : « Général Lee, vos soldats de l'Alabama resteront ici jusqu'à ce que le soleil se couche ou que nous ayons la victoire. »

Quelques-uns des combats les plus féroces se dérouleront là où la route descend d'un mètre sous le niveau des champs, c'est pourquoi les fermiers l'appellent la « route enfoncée ». Ce sera le moment de gloire d'un petit groupe de soldats du Sud sous le commandement du sergent Billy Boy Coons, le garçon de l'Alabama qui aime le whisky et courir les filles. Avec des fragments de palissade arrachés à l'enclos d'une ferme, ils ont construit un remblai au bord de la route ; retranchés là derrière, ils peuvent tirer sans constituer une vraie cible pour les Fédéraux qui attaquent. À travers les interstices des planches, Coons regarde les divisions de Sumner approcher comme si elles se préparaient à une inspec-

1. Lee sera blessé cinq fois ce jour-là, avant d'être ramené vers l'arrière.

tion. Elles commencent leur avancée sans hâte, sur quatre rangs, comme pour un défilé de Pâques. Coons se rappelle ce que lui disait son père quand ils allaient chasser le canard : « Tire toujours sur le dernier en ligne, de sorte que les autres ne le verront pas et tu auras toute la bande. » Billy Boy rampe le long de la ligne pour communiquer cette tactique à ses hommes : genou en terre pour tirer, baissez les têtes. Laissez-les tirer et gaspiller leurs balles, et puis visez bien, mais sur le deuxième rang, celui qui n'a pas encore tiré. Ça nous donnera le temps de recharger. Il nous faut seulement être plus rapides que les Yankees, et nous les aurons. »

Il n'a rien à ajouter. Il ferme les yeux et prie silencieusement le Seigneur. Les choses ne sont plus dans ses mains. De longs moments s'écoulent dans le silence, personne ne dit rien ; on n'entend que le roulement lointain du canon et les pas cadencés des colonnes qui approchent. Billy Boy sursaute quand un de ses gars de l'Alabama fait une plaisanterie. Coons lui souffle : « La ferme, mec. » Le « mec » a au moins trente ans et lui-même n'a que dix-neuf ans, trop jeune pour mourir. Il regarde au-dessus du remblai. Ils sont encore trop loin, laissons à ces maudits Yankees le temps d'approcher et puis nous les dépêcherons en enfer. Un officier se tient debout, derrière les embusqués, et attend que les nordistes soient à cent mètres et que leur premier rang mette genou à terre pour tirer. Un claquement sec, et une volée de balles traverse la route. L'officier tombe, le bois de la palissade éclate çà et là, mais aucun des soldats n'a été touché. Billy Boy prend le commandement de son secteur.

« *Alabamans* », chuchote-t-il. Et puis il crie : « Feu ! » Les sudistes tirent comme un seul homme. Leur tir est mortel. Toute une ligne d'attaquants s'écroule, les autres s'arrêtent, saisis par la confusion. Il faut une demi-minute pour recharger un mousquet, mais c'est assez pour envoyer deux volées de plus sur les

Bleus avant qu'ils tournent casaque, laissant des monceaux de morts devant le remblai.

La situation est alors la suivante : l'attaque de l'Union sur le flanc nord est au point mort. Le corps de Hooker est épuisé, de même que celui de Mansfield. Hooker est blessé, Mansfield est mort. L'attaque initiale de Sumner a lamentablement échoué, le centre des Confédérés tient bon et McClellan n'a pas encore engagé ses réserves.

Les divisions de Sumner essaient à plusieurs reprises de se frayer un passage à travers la route enfoncée. Des hommes s'élancent, criant leur fureur aux embusqués derrière le remblai. Ils s'arrêtent pour tirer et ils meurent. Les morts et les blessés s'amoncellent en tas impressionnants devant ce qui restera dans l'Histoire sous le nom de « Route sanglante ». D'autres hommes de Sumner arrivent, mais en vain : les rebelles aussi ont subi de lourdes pertes, mais rien ne les délogera. Ils ont promis à Bobbie Lee de tenir la ligne et ils la tiendront au prix de leurs vies.

Un régiment de New York est parvenu à s'infiltrer sur le flanc des *Alabamans* et jouit d'une belle perspective sur la route enfoncée. Ils visent les uniformes gris et une grêle de balles s'abat dans le dos des sudistes. Un à un, ces derniers tombent. Billy Boy Coons et ses derniers hommes résistent encore à l'attaque frontale. Le massacre est effroyable, l'héroïsme maximal. Les *Alabamans* de Coons ne sont plus que soixante, puis trente...

Pour le Sud, c'est l'heure de vérité. Si la charge de Sumner réussit, l'armée du Sud sera divisée en deux fractions impuissantes. McClellan doit faire preuve d'énergie, envoyer ses réserves fraîches au centre et pousser l'armée de la Virginie du Nord dans le Potomac. Lee se rend compte du grand danger encouru par son centre ; il comble sa ligne tant bien que mal, des cuisiniers, des comptables prennent les mousquets des morts, puis tombent à leur tour sur la route. La « Route sanglante » est recouverte de cadavres. Puis un miracle advient. Les Bleus s'arrêtent. Lee se demande ce que prépare McClellan. Rien, du moins selon les rapports.

Le fait est que Sumner en a assez enduré et que McClellan ne parvient pas à décider d'utiliser ses réserves. Ses raisons n'ont jamais été expliquées. Il est possible que ce soit parce que McClellan ne s'est jamais donné la peine d'analyser la situation sur le terrain et qu'il fonde ses décisions sur les rapports pessimistes de l'attaque ratée de Sumner ; il est également possible que ce soit parce que l'Union a perdu la plupart de ses chefs, Hooker, Mansfield, Richardson. McClellan en aurait donc conclu que son aile droite tout entière est au bord du désastre et que son centre est en train de céder. Et pourtant, il dispose de tout un corps d'armée, trente mille hommes sous le commandement du général Franklin. Au lieu de les lancer à l'attaque et d'enfoncer le centre vulnérable de Lee, il met son armée sur la défensive ! Le plan de bataille de McClellan est désorganisé : les combats s'étendent comme un feu de broussailles du nord au centre et ils sont près de gagner aussi le sud.

Le major général Ambrose Burnside, le commandant de l'aile gauche de McClellan qui attendait des ordres depuis l'aube ne les reçoit qu'à 9 heures, au moment où les attaques de l'Union à droite et au centre ont échoué. Un message arrive enfin à son quartier général : « Le général McClellan désire que vous commenciez votre attaque, parce que tout va bien ! »

Cet ordre a laissé croire à Burnside que le centre du front de Lee a cédé. Burnside lance alors une attaque contre la rivière Antietam. Elle est tardive et trop mal coordonnée. Ses seules informations sur les gués de la rivière lui sont fournies par des fermiers qui, incidemment, sont hostiles à l'Union. Burnside est tout particulièrement obsédé par un pont qui finira par porter son nom. Il donne à ses régiments de New York et de Pennsylvanie l'ordre de prendre ce pont, mais l'entreprise se révèle problématique. Et pas à cause de la résistance des rebelles. Pendant plusieurs jours, en effet, Burnside a défendu de distribuer à ses hommes leurs rations de whisky, et voilà qu'ils refusent de se lancer dans leur expédition avant d'avoir reçu leur dû. Même après cela et après avoir absorbé une considérable quantité d'alcool, les troupes lancent leur attaque avec un entrain discutable ; elles mettent ainsi deux bonnes heures à passer le pont, et pourtant, face à ces quatre divisions toutes fraîches, Lee, lui, ne dispose que d'un seul régiment en place.

Le retard de Burnside s'avère coûteux. Il y a un paradoxe dans cet effort localisé de tout un corps d'armée pour emporter une arche de pierre de deux mètres et demi de large. Et cela d'autant plus qu'à la fin de l'été, le niveau de la rivière Antietam arrive à peine au genou et les trente mille hommes de Burnside auraient pu longer l'étroite rivière sur tout son long avec les pieds dans l'eau. Mieux, le kilomètre et demi de berges n'était pas défendu ; il n'y avait pas là un seul sudiste, parce que les troupes de Lee étaient si dégarnies que ce dernier n'avait tout simplement plus de soldats pour protéger sa ligne. Et il pensait qu'aucun soldat ne se serait aventuré dans des broussailles aussi denses que celles qui couvraient les berges. Ce en quoi il avait raison ; ce jour-là, aucun Unioniste ne se mouilla les pieds.

Au nord, la bataille en est au point mort ; au centre, le sacrifice des *Alabamans* a tout simplement arrêté le corps de Sumner. Ambrose Burnside échoue dans sa tentative d'enfoncer le flanc sud de Lee. Mais pour ce dernier, la situation reste critique. Un nouvel élément entre en jeu, sous la forme d'une bande de rebelles vêtus cette fois-ci d'uniformes bleus. Ce sont les soldats du major général Ambrose Powell Hill, des Confédérés, qui se sont fournis en uniformes et en chaussures tout neufs pris dans les dépôts de l'armée de l'Union à Harper's Ferry. En effet, le général A. P. Hill a poussé ses divisions sur les dix-sept miles, quelque vingt-huit kilomètres, de Harper's Ferry à Boteler's Ford, dans ce qui va être la plus importante marche forcée de toute la guerre de Sécession.

Des éclaireurs ont informé McClellan de la tentative d'A.P. Hill de rejoindre le gros de l'armée de Lee. McClellan dispose alors de toutes les réserves sous le commandement de Franklin, en plus de celles de sa cavalerie. Lee a donc eu raison de postuler que son adversaire resterait inactif. Le « jeune Napoléon » a condamné sa carrière militaire quand, rongé de doutes, il a omis d'expédier sa cavalerie de onze mille hommes pour bloquer l'avance d'A.P. Hill. Et il commet une erreur de plus, capitale, quand il omet également d'informer le commandant de son aile gauche, Ambrose Burnside, de l'arrivée imminente de plusieurs divisions ennemies.

L'acte trois se situe au début de l'après-midi. En dépit du « problème du whisky » et de la résistance opposée par un régiment sudiste, la molle attaque de Burnside a quand même abouti à lui assurer le pont. Ses quatre divisions déferlent sur l'arche de pierre et avancent au-delà, vu qu'elles ne rencontrent pas d'autre résistance. Bientôt l'armée de Lee sera coupée en deux. Pour la chance des sudistes, le général Burnside, « Whiskers » de son surnom, ne se presse pas de faire avancer ses troupes, étant donné qu'il n'a pas reçu d'instructions en ce sens et qu'il n'a pas non plus la moindre idée de la situation générale.

La bataille prend un tour dramatique. Alors que les armées sont confrontées, le dernier élément du plan de Lee prend sa place au moment opportun. Le général A. P. Hill rejoint, en effet, Lee dans un bosquet. Les circonstances de son arrivée éclairent l'un des aspects singuliers de cette bataille. Les deux amis se donnent l'accolade. « Vous arrivez à temps, lui déclare Lee, soulagé. Mettez vos hommes à la droite. »

À ce moment-là, le général Ambrose Burnside fait la même erreur que Napoléon à Waterloo, quand il crut que les Prussiens de Blücher étaient les Français de Grouchy. En effet, remarquant une masse de soldats qui approche au loin, il les examine dans sa lunette et lève la main pour calmer ses officiers : tout va bien, ces hommes portent des uniformes bleus ; ce sont probablement les réserves promises par McClellan ; dans le pire des cas, ce seraient des traînards de l'Union. Il donne donc l'ordre de ne pas tirer sur les arrivants. Le premier signale que quelque chose va de travers, c'est le cheval d'un officier qui erre sur le terrain, pissant le sang par plusieurs trous. Burnside reconnaît l'animal : c'est celui de l'un de ses commandants de division. Le temps d'envoyer des ordres et de réorganiser ses divisions, les hurlements des rebelles d'A.P. Hill sont sur lui.

Cela devient la bataille des deux Ambrose, Hill et Burnside. L'Ambrose sudiste se montre beaucoup plus efficace : l'élan sauvage de ses hommes, entrepris avec une férocité extrême, arrête net les Fédéraux. Même le fracas de l'artillerie de l'Union ne parvient pas à noyer les hurlements terrifiants des rebelles. Le combat échappe à tout contrôle, des escarmouches éclatent de tout côté, des commandants sont tués, les quartiers généraux ne maîtrisent plus la situation, ne savent pas où se trouvent leurs unités ni lesquelles sont en état de se battre. Les détails tactiques perdent leur sens, les blessés jonchent le terrain, leurs cris sont couverts par les tirs croisés des canons qui ne sont parfois qu'à une centaine de mètres les uns des autres. Puis les tirs s'arrêtent. Lee et Hill s'inquiètent, leurs fusiliers sont à court de munitions ; si McClellan lançait une attaque, ils seraient balayés. Mais aucun signe de cette contre-attaque n'apparaît, l'ennemi unioniste a lui aussi été mis à mal. Les corps de Burnside ont été repoussés de l'autre côté de la rivière, juste au bord de l'eau.

Il est 5 heures passées de quelques minutes. La bataille d'Antietam est finie.

Ce fut ainsi que s'acheva l'un des épisodes les plus sanglants de la guerre civile. Les deux armées se retrouvaient à peu près sur les mêmes positions qu'une douzaine d'heures plus tôt, sauf que les champs de bataille étaient couverts de quatorze mille sudistes et de douze mille unionistes morts.

Le sergent Bloss de l'Indiana était grièvement blessé, mais il survécut et participa à une bataille de plus, celle de Gettysburg, où il fut tué. Le sergent Coons, lui, était mort sur la « Route sanglante » [1].

Après la bataille, un garçon du Wisconsin écrivit à sa mère qu'il avait vécu « un grand renversement du ciel et de la terre ». Un chirurgien sudiste se couvrait le visage de ses mains ensanglantées, pour cacher ses larmes, et criait : « Je hais les canons. » David Strother, l'aventureux correspondant de guerre du *Harper's Weekly*, découvrait partout des corps monstrueusement enflés et noirs. Il écrivit dans l'une de ses dépêches : « Beaucoup d'entre eux étaient à ce point couverts de terre, déchiquetés et piétinés qu'ils ressemblaient à des tas de terre et que je fus obligé d'y regarder à deux fois avant d'y reconnaître des vestiges humains. »

Ce fut à un Confédéré dans le champ de blé que revint le mot de la fin ; il agonisait et un officier unioniste vint lui dire : « Vous vous êtes bien battus et vous avez bien résisté. » Et le rebelle répondit : « Oui, et nous gisons ici. »

Et si...

... le sergent Bloss n'avait pas été amateur de cigares ?

La route de Washington aurait été libre pour Robert E. Lee.

---

1. L'un de ses descendants, Harry Josef Coons, mena l'assaut célèbre de la colline 943 au Vietnam.

Et si McClellan avait agi plus énergiquement quand il avait trouvé les plans de bataille de Lee ?

Il aurait introduit un coin dans l'armée des Confédérés et l'aurait annihilée. Dans les deux cas la guerre aurait été terminée.

Les faits

Rien ne fut décidé sur le champ de bataille. Ambrose Burnside n'avait pas l'envergure d'un « Stonewall » Jackson et McClellan n'avait pas celle de Lee.

Antietam ou, comme certains l'appellent, Sharpsburg, fut une victoire morale pour Lee et une victoire politique pour l'Union. Mais Abraham Lincoln prit la direction des opérations et changea l'Histoire.

Antietam empêcha la France et l'Angleterre de reconnaître les États confédérés d'Amérique. Si ces deux grands pays européens l'avaient fait, les États-Unis eussent été divisés en deux républiques distinctes, avec une Union de vingt-deux États et treize États confédérés.

Antietam offrit au président Lincoln l'occasion de publier sa proclamation d'émancipation, la loi contre l'esclavage. En deux générations, les États-Unis devinrent la plus grande puissance industrielle mondiale.

En rétrospective, une étude détaillée des tactiques en œuvre à Antietam aurait pu empêcher les puissances européennes de commettre les énormes erreurs des guerres de 1866 et 1871 et, à coup sûr, des débuts de la Première Guerre mondiale. L'horreur des effets d'une artillerie massive contre une infanterie massive était exemplaire autant qu'éclatante, mais personne n'en saisit l'exemple.

Le grain de sable à Antietam fut un paquet qui contenait trois cigares ; il causa une prolongation de la guerre civile pendant quatre années sanglantes.

8

Un combat loyal

Spioen Kop, 24 janvier 1900

> « Les Boers ne sont pas comme les Soudanais, qui font face à un combat loyal. Ils sont toujours en train de fuir sur leurs petit poneys. »
>
> Général Lord H. Kitchener,
> Le Cap, 1900.

« Qu'est-ce que cek ça ?... cria Pert Broadbent, du 2e fusiliers du Lancashire. Ce furent ses derniers mots. Il tomba à la renverse, une balle dans la tête. Son casque de liège roula le long d'un sentier. Il fut le premier tué ce jour-là, mais pas le dernier.

Qu'était-il donc advenu au sommet d'une colline inconnue au nom obscur, Spioen Kop, la Butte du Guetteur, oui, qu'était-il donc advenu à cette armée coloniale parfaitement entraînée, en uniformes kaki avec des bandes de couleur sur les casques, en ce matin du 24 janvier de la dernière année d'un siècle ? Ils étaient entrés dans une guerre, à des milliers de kilomètres de chez eux, dans un pays qu'ils ne connaissaient pas et dont ils n'avaient cure. Ils ne se battaient même pas contre une armée, mais contre des fourmis, des serpents et une bande de fermiers mal embouchés qui refusaient

Colenso, 15 décembre 1899

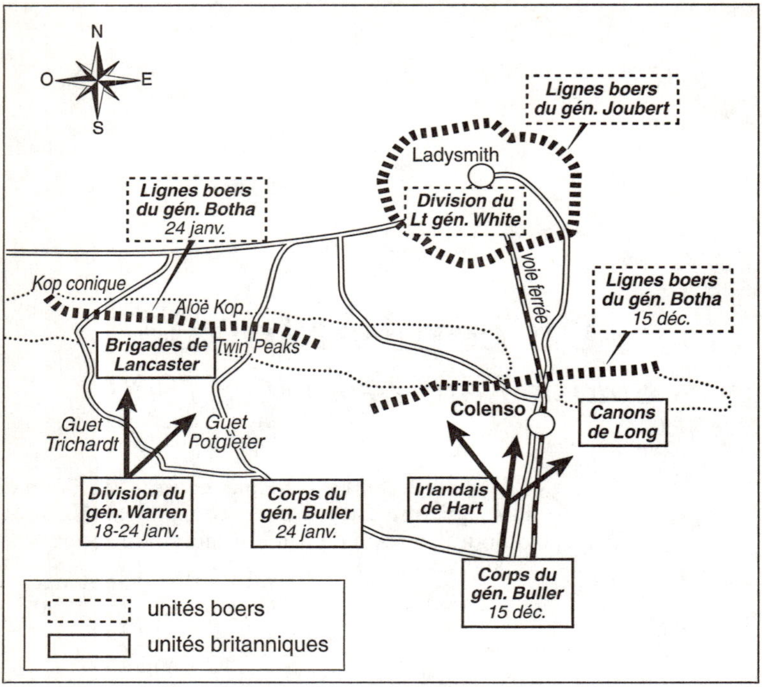

Spioen Kop, 21 janvier 1900

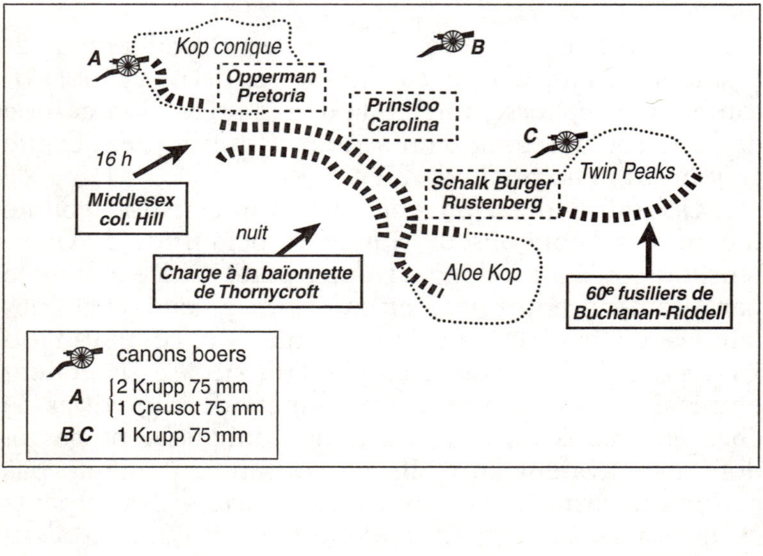

de prendre les armes et de livrer un combat loyal. Et maintenant, ces soldats de métier, égarés et désorientés, se cachaient dans une tranchée peu profonde au sommet d'une crête étroite. Ils avaient occupé cette position au noir de la nuit, avaient empilé au hasard quelques rocs devant eux et s'étaient endormis.

À 8 h 30, la brume matinale qui recouvrait les pentes montagneuses s'était évaporée sous le soleil de l'Afrique. Les contours délicats que leur colonel leur avait indiqués sur la carte, avant de s'engager dans leur escalade nocturne, étaient invisibles. Il n'y avait pas de couvert. Et pis que tout, ils n'étaient pas dans une position dominante : devant eux s'étendait une pente qui allait jusqu'au sommet de la montagne. Ils se trouvaient sur un plateau en fer-à-cheval et l'ennemi les guettait du haut des trois collines qui les entouraient. Enfin, le comble, ils s'étaient trompés de destination !

Le colonel Alec Thorneycroft, qui avait dirigé les mille huit cents hommes du bataillon de tête du major général E. R. P. Woodgate, se rendit compte de l'erreur fatale. Il se mit en rapport avec Woodgate, qui lui ordonna d'avancer immédiatement vers une rangée de rochers au bord du plateau. Toutefois avant que la première compagnie eût franchi la moitié du chemin, elle se trouva soumise à un feu nourri d'une unité des volontaires de Caroline, des Boers, qui se trouvaient embusqués derrière ces mêmes rochers. Les hommes de Woodgate ne pouvaient plus que battre en retraite pour se mettre à l'abri. Mais quel abri ? Le terrain était découvert, sans un brin d'herbe et tout juste parsemé de quelques rochers hauts d'un mètre. Soudain le sol autour d'eux entra en éruption. Des geysers de poussière jaillissaient partout ; c'étaient les balles des mortels Mauser des Boers, cachés derrière d'autres rochers autour et au-dessus d'eux. Les soldats de la brigade du Lancaster ne pouvaient donc ni avancer, ni reculer ; ils étaient comme de gros hannetons cloués au sol.

Tout avait commencé la nuit du 23, quand Woodgate avait engagé deux *uitlanders*, des Blancs qui n'étaient pas des Boers et qui vivaient au Transvaal, pour les guider jusqu'aux hauteurs stratégiques. Peut-être ces guides n'étaient-ils pas ce qu'ils prétendaient et peut-être même étaient-ils des Boers déguisés. Toujours fut-il que, dans le chaos de la nuit, ils prirent la poudre d'escampette et que les troupes anglaises durent trouver leur chemin toutes seules. Sous le commandement de Thorneycroft, de l'infanterie montée, les Britanniques atteignirent enfin ce qu'ils croyaient être le sommet, parce qu'ils avaient entendu quelqu'un chuchoter : « *Wie's daar ?* » « Qui va là ? »

Le colonel, surpris, donna automatiquement le mot de passe anglais, « Waterloo », et ses hommes furent arrosés d'une pluie de balles. Le colonel donna alors l'ordre de fixer les baïonnettes, qui fut transmis tout au long de la ligne. La fusillade cessa. Les défenseurs devaient être en train de recharger.

Le colonel cria : « Charge ! » et son unité, les premières troupes qui arrivaient en haut, se levèrent comme un seul homme ; elles foncèrent sur la ligne des Boers en criant de toute la force de leurs poumons : « Majuba ! » C'était le lieu où les Anglais avaient subi une défaite désastreuse devant les Boers en 1881.

« Majuba ! » était un cri efficace. Les Boers disparurent dans la nuit. Ils étaient une quinzaine, des volontaires du commando Vryheid. Ils étaient aussi surpris que leurs ennemis et n'avaient jamais imaginé que les Anglais essaieraient de prendre cette colline, parce qu'elle ne menait nulle part.

Ayant ainsi « conquis le sommet », les Anglais poussèrent des vivats sonores à l'intention de leur commandant, qui se trouvait dans la vallée, afin de lui faire savoir que la place était prise. Le général Warren les entendit sous la tente de son quartier général.

« Ils ont donc pris la colline ? demanda-t-il avec un sourire.

— Oui, monsieur, lui répondit l'officier de service.
— De l'opposition ?
— À peine, monsieur, et très peu de pertes, heureusement. »

Si Warren avait agi sur-le-champ, ses hommes auraient pu redescendre les pentes douces de l'autre côté du Kop et ils auraient pu aller au secours de la garnison anglaise assiégée, ce qui était le but de toute l'opération. Cependant le général Warren ne fit rien.

Ses ordres avaient été : « Prenez les hauteurs et tenez-les. » Le lieutenant général sir Charles Warren n'était pas un chef doté d'une grande imagination.

Étant donné que les régiments du Lancashire là-haut n'avaient pas reçu d'ordres pour une autre manœuvre urgente, ils essayèrent de creuser une tranchée de défense, mais ils renoncèrent bientôt, car le sol était dur comme du roc. Ils poussèrent quelques rochers çà et là, et puis s'installèrent pour la nuit. Le major général E. R. P. Woodgate était humain ; ses troupes étaient fatiguées de l'ascension et il leur accorda du répit. Il ne fit donc rien lui non plus, n'envoya pas de patrouille pour reconnaître le terrain directement devant sa ligne et se contenta d'attendre d'autres instructions de sa division. Il n'en vint pas. Les communications entre Buller et Warren et de Warren à ses unités de l'avant étaient interrompues.

Juste avant que l'aube se levât sur le *veldt* africain, une nappe de brume tomba sur le flanc de la montagne et leur voila la vue. Et l'inévitable advint. La brume se déchira.

« Qu'est-ce que cek ça ?... » Maintenant c'était trop tard. Beaucoup trop tard.

En 1652, les Hollandais fondèrent une petite colonie sur le cap de Bonne-Espérance, qui servit de comptoir pour les navires de la Compagnie des Indes néerlandaises. C'était en Asie qu'on trouvait la soie et les épices, pas dans l'Afrique noire et inexplorée. Puis les guerres napoléoniennes et la *Pax Britannica* qui s'ensuivit dictèrent la politique maritime anglaise. La Royal Navy eut besoin de stations d'approvisionnement dans le monde entier et, le canal de Suez n'étant pas encore creusé, il se trouva que Le Cap était sur la route des Indes. Les Anglais poussèrent donc les Boers, mot hollandais pour « paysans », vers l'intérieur des terres. En 1830, les Boers entreprirent leur Grande Marche et s'installèrent dans l'État libre d'Orange et dans le Transvaal, tandis que les Anglais s'établissaient le long de la côte, dans la province du Cap et le Natal. Tout alla bien pendant cinquante ans, puis on découvrit des diamants à Kimberley et de l'or près de Witwatersrand. Cela suscita l'intérêt des grands barons financiers britanniques et particulièrement de Cecil Rhodes, qui bâtit sa fortune sur les mines et donna son nom à toute une province, la Rhodésie.

Rhodes essaya de déloger la colonie hollandaise de Johannesburg, mais l'homme qu'il en chargea, le lieutenant Leander Starr Jameson, était incompétent et échoua lamentablement. Rhodes y prit une leçon et les Boers comprirent qu'ils avaient besoin d'armes et de gens entraînés pour les manier. Leur président, Paul « Ohm » Kruger, paya en or des fusils Mauser et des canons Krupp allemands. Ces armes dépassaient de loin les armements existants ; elles utilisaient une poudre sans fumée. Et comme on allait le voir, cela faisait une grande différence : les Anglais ne pouvaient plus détecter les postes de tir par leur fumée.

Comme bien d'autres découvertes, le fulmicoton fut trouvé par hasard. En 1846, le chimiste allemand Christian Friedrich Schönbein cherchait une nouvelle fibre textile pour son employeur, filateur de coton. Il traita du coton avec un mélange d'acide nitrique et d'acide sulfurique et obtint en fin de compte du nitrate de cellulose ou nitrocellulose, qui était le fulmicoton. À la même époque, Alfred Krupp, qui mettait au point son canon d'acier révolutionnaire, reconnut immédiatement l'intérêt du fulmicoton comme détonateur.

Les Allemands livrèrent leur artillerie à un instructeur, le major Albrecht, qui avait fait ses classes dans la guerre de 1870. Il forma rapidement une élite, l'Artillerie de l'État libre, la seule unité des forces boers qui portait de vrais uniformes. Il lui apprit le principe des obusiers[1], et plus important encore, il lui apprit l'art des changements rapides de position, où des canons isolés tirent à partir de positions camouflées, alors que l'ennemi s'en tenait toujours aux batteries de type napoléonien, installées par groupes de six et en terrain découvert.

Un conflit était inéluctable. En juin 1899, Anglais et Boers se retrouvèrent à une table de négociations à Bloemfontein, la capitale boer. La délégation anglaise était présidée par le haut-commissaire du Cap, sir Alfred Milner, à qui son uniforme splendide conférait un sentiment de grande supériorité sur un vieil homme à la barbe blanche, « Ohm » Kruger, habillé de noir avec un chapeau haut de forme, et qui ressemblait plus à un paysan qu'à un président. Leurs discussions « amicales » débouchèrent sur un statu quo. Le 11 octobre de la même année, le statu quo fut brisé. La seconde guerre des Boers, la *Tweede Vryheidsoorlog* comme disaient les Afrikaners, avait commencé.

Les Anglais étaient convaincus que les Boers recourraient aux mêmes assauts par vagues humaines que les Soudanais un an auparavant, ce qui avait entraîné leur défaite à Omdurman. Leur force expéditionnaire sud-africaine était commandée par le général sir Redvers Buller qui s'était vite trouvé coiffé du sobri-

1. Il s'agit du tir parabolique, dont la théorie était connue depuis 1745, et qui permet de tirer avec précision par-dessus des obstacles tels que des montagnes, mais qui ne fut pratiqué efficacement qu'avec le canon obusier à âme rayée. (*N.d.T.*)

quet de « Reverse Bullet ». Il éleva la technique militaire à un niveau inédit d'incompétence quand il donna l'ordre, en sa qualité de commandant du centre d'entraînement d'Aldershot, que les manœuvres eussent lieu entre 9 heures et 17 heures, avec une pause durant la chaleur de midi et avec les instructions expresses qu'aucun soldat ne se jetât à terre quand on tirait sur lui, car cela salirait son uniforme.

Son commandant en second était le lieutenant général sir George White, qui l'avait précédé dans le Natal. White prit la décision de traverser la rivière Tugela, une formidable voie d'eau, afin d'avancer sur Ladysmith, bien qu'il fût tout à fait conscient que sa division de dix mille hommes n'était pas de taille à affronter les trente-cinq mille Boers qui avaient envahi la province de Natal. Et ce qui devait advenir advint. La petite armée de White fut encerclée et le siège de Ladysmith commença. L'acte irréfléchi de White, dénué de sens commun autant que de sens militaire, devait mener les Anglais à une série de désastres.

Le premier d'une série que l'Histoire désigne sous le nom de « Semaine noire » survint dans l'État libre d'Orange, où les colonnes du général Methuen étaient tombées dans une embuscade tendue par le général boer Piet Cronje sur la rivière Modder, le 28 novembre 1899. Methuen y perdit vingt-quatre officiers et quatre cent soixante et un hommes.

Deux semaines plus tard, le 11 décembre, un affrontement opposa une fois de plus Methuen et Cronje, mais cette fois à Magersfontein. Methuen n'était pas homme à écouter un conseil ni à se souvenir des leçons. Pendant un jour entier, il bombarda une colline, la croyant occupée par les Boers, ce qui n'était pas le cas. Puis, convaincu d'avoir écrasé toute résistance boer, il ordonna au brigadier Wauchope de mener ses trois mille cinq cents Highlanders à l'escalade de la colline, et cela de nuit et sous une pluie torrentielle. Le tonnerre qui roulait au-dessus des collines eût laissé croire que des rochers déboulaient sur les hommes.

Or, Methuen avait envoyé Wauchope et ses hommes dans un piège mortel. Les vigies de Cronje l'avaient, en effet, informé des mouvements de Wauchope et les tireurs d'élite boers occupaient les pentes au-dessus des Anglais ; ils lâchèrent sur les *rooineks* ou « cous rouges », les Tommies, un déluge de balles. Plusieurs soldats Anglais furent atteints dans le dos, tandis qu'ils dévalaient la colline. L'héroïque brigadier Wauchope fut retrouvé mort en travers d'une tranchée des Boers. Ce nouveau désastre coûta aux Anglais les vies de soixante-huit officiers et de mille onze hommes, morts et blessés confondus ; les Boers aussi avaient perdu des hommes cette fois, deux cents. Mais le général en chef, Buller, demeura serein et ne réprimanda même pas son général mal avisé.

La même Semaine noire, le général William Gatacre, surnommé *Backacher*, « Casse-pieds », essuya un grave revers. Le 10 décembre, à la jonction ferroviaire de Stormberg, ce bravache lança ses trois mille hommes dans la mauvaise direction. Le seul homme qui connaissait la bonne direction avait été laissé à l'arrière. Au matin, les Anglais se trouvèrent au pied d'une falaise trop escarpée pour être escaladée, et au sommet de laquelle les Boers prenaient tranquillement leur café. On imagine la surprise des convives voyant soudain les Anglais s'écarter de la falaise ; ils leur tirèrent dessus et de haut, et l'aventure se termina dans une folle débandade vers le salut. Le général Gatacre se félicita de n'avoir perdu que quatre-vingt-neuf hommes ; il omettait de mentionner les six cent trente-trois qui avaient été faits prisonniers, parce qu'il avait tout simplement oublié de leur donner l'ordre de repli.

Le soir même, Gatacre reçut un télégramme de sir Redvers Buller, son supérieur : « Meilleure chance la prochaine fois. »

Ce ne fut pas un chef boer qui entraîna la chute de Buller, mais son propre commandant de division, le lieutenant général sir Charles Warren, probablement le plus déplorable que l'Académie militaire anglaise eût jamais produit. Âgé de cinquante-neuf ans, il fut tiré de sa retraite quand Lord Wolseley, chef des forces britanniques, lui demanda son opinion sur la guerre des Boers. « Assommez-le à coups d'artillerie, attaquez en ligne et donnez à Johnny Boer une formidable raclée avec ses culottes baissées. »

Buller n'ignorait sans doute pas les carences de Warren, mais il lui confia quand même l'attaque cruciale sur Spioen Kop.

Avant cette opération, il y eut cependant Colenso, le 15 décembre 1899.

Buller avait fait franchir le *veldt* africain à ses colonnes, le long de la ligne de chemin de fer qui menait du port de Durban à Ladysmith. Pour convoyer cette force considérable au secours de la garnison assiégée du général White à Ladysmith, Buller ne devait franchir qu'un seul obstacle important, qui était la rivière Tugela, grossie par les pluies. Buller ne croyait pas à l'intérêt des patrouilles d'éclaireurs ; il se fonda sur une carte ; celle-ci était tout à fait archaïque. Il avait le choix entre quatre points où franchir la rivière, Potgieter's Drift, Trichard's Drift, deux gués sur une piste de chars à bœufs, et deux ponts à Colenso. L'un de ces derniers était un pont sur chevalets, et c'était à l'évidence, même pour un novice, un décor rêvé d'embuscade, mais ce fut celui que choisit Buller. Or, l'homme qu'il allait affronter, le général boer Louis Botha, n'était certes pas un novice. Botha n'avait pas érigé de défenses complexes, il n'en avait pas besoin, car seul le bon sens dictait sa stratégie. Botha avait donc fait sauter le pont, mais avait laissé intacte la route qui y menait, afin d'attirer les Anglais dans un piège.

Ces derniers ne s'y présentèrent pas, non par prescience, tout simplement parce qu'ils ne savaient pas où était la route. Potgieter's Drift et Trichard's Drift se trouvaient trop haut en amont et elles étaient dominées par une chaîne de montagnes qui culminait à Spioen Kop. Buller avait toutefois découvert sur sa carte un troisième gué, Bridle's Drift, qui se trouvait tout de suite après le village de Colenso, sur une anse de la rivière. Et c'est là qu'il traverserait.

Du côté britannique, une prairie descendait en pente douce vers la rivière, offrant ainsi aux Boers embusqués des cibles parfaites. Du côté boer de la Tugela s'élevait une série de collines ou *koppies*, ces surélévations vitales dans une bataille. Le plan de Botha comportait pourtant un point faible, son flanc gauche était exposé ; mais les Anglais ne le découvrirent pas, puisqu'ils n'avaient pas envoyé d'éclaireurs.

Buller fit amener son artillerie, opération qui coûtait du temps, parce qu'il fallait étaler un tapis de branches devant les canons, afin d'éviter que les roues cerclées d'acier ne s'enfoncent dans la terre détrempée par les pluies. Une fois que ses batteries furent en position, il commença à bombarder les *koppies*, supposant que les Boers tenaient un front sur les crêtes. Ils n'y étaient pas. Contrairement à la stratégie enseignée dans les académies militaires, ils s'étaient remarquablement camouflés et cachés dans des tranchées, dans les terrains plats près de la rivière. Ils étaient dangereusement près des Anglais, pour le cas où ceux-ci auraient réussi à franchir la rivière.

L'attaque de Buller fut fixée au 15 décembre 1899. Deux acteurs principaux devaient jouer un rôle décisif dans le drame à venir : le major général Hart, de la 5e brigade irlandaise, et le colonel Long, des 14e et 66e régiments de l'artillerie de campagne, avec douze canons, assistés par le lieutenant Ogilvy et six lourds canons de marine. Ce qui advint à Colenso est exceptionnel.

À 6 heures, par un matin brumeux, Hart ordonna à ses quatre bataillons de descendre en ordre de combat rapproché la pente herbeuse vers le gué de Bridle's Drift, en fait une anse peu profonde et censée se trouver dans un méandre, en forme d'U étroit, de la rivière Tugela. Ce faisant, il reproduisait le scénario de la charge de la brigade légère, qui affronta des canons à gauche, à droite et devant. Seule différence, cette fois-ci ils n'étaient pas six cents, mais quatre mille.

Les Boers durent être surpris de voir une formation avancer en ordre de bataille napoléonien du début du XIXe siècle : en carrés rapprochés, et menés par un général à cheval, sabre au clair, suivi d'un guide indigène qui courait à ses côtés. C'étaient les fusiliers de Dublin, les Inniskillins à l'avant, les régiments Connaught et de la frontière à l'arrière. Quatre bataillons, une masse compacte de quatre mille *rooineks* sur une ligne de front de huit cents mètres seulement ! C'était du suicide. Invisibles dans leurs tranchées profondes, les Boers attendaient des trois côtés de la rivière, avec leurs nouveaux fusils Mauser qui portaient à deux mille mètres !

Hart avança avec sa brigade irlandaise et ne rencontra quasiment pas de résistance. La mince ligne de tirailleurs sur l'autre bord fut dispersée avec quelques coups de fusils. Pour le général Hart, c'était le moment le plus excitant de sa vie. Il ne se demandait guère où pouvaient bien être l'armée de Botha ou l'artillerie des Boers. Quelques obus de sa propre artillerie, le 63e de batterie de Parson, sifflèrent au-dessus de sa tête pour aller tomber dans les lointaines collines. Car la logique dictait aux artilleurs que c'était là que se trouvait l'ennemi. Les Boers ne suivaient jamais la logique, mais leur instinct.

Le guide indigène de Hart pointa du doigt : « Général, anse là-bas. »

Le général se dressa sur ses étriers et pointa du sabre vers l'endroit indiqué par le guide. Ses régiments avancèrent en formation parfaite, puis se dirigèrent en ligne droite vers le centre des tranchées des Boers. Ces derniers se retinrent de tirer jusqu'à ce que les Anglais fussent à trois cents mètres. Le signal de feu de Botha fut un coup de son obusier de cinq inches. Il ouvrit le combat.

Dès que la fusillade éclata, le guide indigène de Hart disparut et le général se trouva complètement perdu. La rive en face était pareille à un dragon qui crachait le feu et le choc eut des effets immédiats sur les Irlandais. Un survivant qualifia l'ensemble de « foutue pagaille ». Les formations impeccables de Hart se disloquaient.

« Formez-vous, tous rangs confondus ! » cria-t-il. « Officiers et soldats en une colonne ! » Il consulta la carte qui pendait au pommeau de sa selle et trouva une indication de quelque chose qui ressemblait à un gué. Sans plus de reconnaissance, il ordonna à ses hommes de traverser.

« Allez, allez, je vous précède, cria-t-il. Suivez-vous votre général ? » Les hommes étaient partagés entre deux loyautés, l'une à l'égard de la reine et de la patrie et l'autre à leur instinct de survie. Mais enfin ils suivirent leur chef. La première compagnie entra dans l'eau...

La carte de Hart n'était pas seulement archaïque, mais également inexacte. À cet endroit-là, la rivière était large de quatre-vingt-dix mètres et profonde de six, et ceux qui s'y glissèrent de la rive disparurent immédiatement sous la surface. Des balles et de la mitraille ricochèrent sur l'eau, fauchant une rangée après l'autre des hommes vêtus de kaki. Hart demeura impassible sur sa selle, regardant la rivière, ignorant les balles qui sifflaient autour de lui. C'était sans doute un homme sot et inconséquent, mais brave. Peut-être se croyait-il à l'épreuve des balles. Quelles qu'aient été ses réflexions, sot et à l'épreuve des balles ou non, il dut se demander à ce moment-là pourquoi diable il avait entraîné ses hommes dans ce piège.

La silhouette massive de Buller était entourée d'officiers, tous observant la débâcle de leur poste de commandement. Une paire de jumelles collée aux yeux, Buller observa la 5e brigade irlandaise de Hart se faisant décimer.

« Hart a un problème, dit-il à Lyttleton, le commandant de la 4e brigade écossaise. Prenez vos hommes et allez l'aider. Faites de votre mieux. »

Mais avant que Lyttleton se fût même mis en route, un nouvel événement détourna l'attention des malheurs de Hart.

La 2e brigade anglaise de Hildyard avançait sur la rive droite. Le colonel Long, son commandant d'artillerie de campagne, s'irritait de la lenteur avec laquelle les six lourds canons de marine, tirés par des bœufs, avançaient. Il partit soudain au galop vers les douze canons plus légers de la 14e et de la 66e batteries, presque au bord de la rivière ; là, il fit détacher les canons. Il y fut accueilli par une rafale de balles, et les canons n'ayant pas de pare-balles, ses hommes tombèrent sous la pluie de balles Mauser.

« Peste de l'impatience de cet homme ! maugréa Buller. Il va me perdre mes canons ! » Douze canons, dont plusieurs canonniers étaient morts et pour lesquels il n'y avait plus de munitions attendaient silencieux au bord du fleuve.

Buller disposait encore de toutes ses réserves, quelque huit mille hommes, mais plutôt que de les déployer et de fournir des instructions générales au reste de son armée, il se laissa obséder par les canons de Long, au point qu'il abandonna personnellement son poste de commande pour aller récupérer ses précieux canons. Dans un incroyable élan d'héroïsme, qui valut à tous ceux qui participèrent à l'aventure sept Victoria Cross (dont l'une à titre posthume, au lieutenant Freddy Roberts, dont le père finit par remplacer Buller), lui et ses hommes parvinrent à récupérer deux des canons, mais les autres ne pouvaient pas être sauvés. La perte de ses canons, plus que la perte de toute une brigade, démoralisa Buller au point qu'il donna l'ordre d'annuler la bataille à 11 heures.

L'après-midi, pendant que les Anglais, avec la dignité qui leur restait, exposaient leurs morts, les Boers traversèrent la rivière et s'emparèrent des dix canons. Comme Ney à Waterloo, les hommes de Long avaient omis de les mettre hors d'usage et l'artillerie de l'État libre d'Orange se trouva ainsi doublée.

Les pertes britanniques à la bataille de Colenso s'élevèrent à soixante et onze officiers et mille cinquante-cinq soldats, dont la moitié de la brigade irlandaise. Les Boers, eux, avaient perdu quarante hommes. Et le pire était à venir.

Le 24 janvier 1900, Spioen Kop fut le théâtre du moment d'infamie du lieutenant général sir Charles Warren.

Le nom de Spioen Kop indique que c'était un observatoire de choix sur la campagne. Ce fut du haut de cette butte que les *Boer Vorstrekkers* ou éclaireurs boers avaient, en 1830, admiré pour la première fois leur terre promise. La crête de Spioen Kop était également d'une importance stratégique en la circonstance, car elle dominait deux routes de chars à bœufs qui menaient à Ladysmith. Il fallait la prendre et le général Warren en avait été chargé. Mais ce qui est remarquable dans la bataille dont Spioen Kop fut l'objet est que ni Buller ni Warren n'avaient la moindre idée de ce qu'il faudrait faire après que la butte aurait été prise.

Cela évoquait l'ironique comptine :

Le noble duc d'York,
Il avait dix mille hommes.
il les mena au sommet de la colline,
puis il les fit redescendre.

Depuis la déroute de Colenso à la mi-décembre, l'armée britannique bivouaquait sur la rive de la Tagela ;

cela ressemblait à un gigantesque camping, une cité de tentes au bord de la rivière. Les Tommies en étaient contents ; ils cuisinaient là, lavaient leur linge et prenaient des bains nus pendant que les généraux parlaient de stratégie. L'ordre de franchir la rivière à Trichardt's Drift et de prendre Spioen Kop fut émis le 18 janvier 1900, et pendant les jours qui suivirent, le général Warren s'occupa pendant le plus clair de son temps à faire porter en sécurité ses bagages sur l'autre rive. Aucun général n'était alors censé se mettre en campagne sans sa réserve de vieux porto, de caisses de champagne et autres premières nécessités de la vie militaire. De plus, le général vieillissant aimait prendre des bains de rivière et déléguait à ses subordonnés le soin de s'occuper des plans de bataille. Pour l'attaque même sur la colline, il désigna le major général J. Talbot-Coke. Quand on apprit que ce dernier avait la jambe cassée et qu'on pouvait difficilement lui demander d'escalader une montagne escarpée, Warren chargea du commandement le major général E. R. P. Woodgate. Coke était un bon chef, mais n'avait qu'une jambe valide, alors que Woodgate avait deux jambes et pas de tête.

L'homme auquel les Anglais avaient affaire était le « Héros du Natal », le général Louis Botha : trente-sept ans, un visage rond et une moustache tombante, il respirait l'assurance et l'audace ; il était aimé de ses hommes, ces gens maigres et émaciés en habits de fermiers. Les mains qui maniaient les fusils Mauser étaient noueuses et marbrées de veines : des mains de fermiers. Ils portaient des chapeaux à larges bords et ils étaient mal rasés. Le commando Rustenberg de Schalk Burger tenait le secteur de Twin Peaks. Près de lui, sur Spioen Kop, se trouvaient les volontaires de Caroline du commandant Hendrik Prinsloo, et le commando de Pretoria de Daniel Operman. Prinsloo et Operman étaient des vétérans qui avaient acquis leur expérience dans la chasse aux bêtes sauvages et la guerre aux tribus indigènes. Entre eux, ils disposaient de trois canons Krupp de 75 et de deux canons également de 75 du Creusot, une formidable puissance de feu pour l'époque, surtout quand elle était confiée à leur expert allemand, le major Albrecht. Soutenus de manière compétente par des unités de Krugersdorp, de Boksburg, de Heidelberg et d'Utrecht, ces « bouseux » allaient administrer une sévère leçon aux officiers coloniaux professionnels de la reine Victoria.

À 21 heures, le 23 janvier 1900, le major général Woodgate et les mille huit cents hommes de sa brigade du Lancashire, composée de fusiliers du Lancashire et des Lancasters Personnels du Roi, partirent pour leur escalade. Profitant des ténèbres, leurs deux guides *uitlanders* prirent la clef des champs et le colonel Alec Thorneycroft de l'Infanterie montée, le seul officier supérieur qui eût soigneusement étudié la crête à travers ses jumelles, prit la direction des opérations. Lui et son unité commencèrent leur pénible escalade.

Juste avant, chaque soldat se vit confier un sac de sable, destiné à fortifier la crête. Mauvaises nouvelles, en effet : la crête était dénudée et sans couverture. Bonnes nouvelles : il y avait dans la vallée du sable à volonté, qu'il fallait donc porter au sommet de la butte. Ce fut la raison pour laquelle Woodgate ne fit emporter que vingt pics et pioches à creuser les tranchées, pour deux mille hommes. La pente était ardue, la nuit était sombre, les sacs de sable étaient lourds et les soldats trébuchaient, s'arrêtant sans cesse pour reprendre haleine. Le sentier qui menait en haut fut bientôt jonché de sacs de sable abandonnés. Plusieurs soldats, souffrant de crampes d'estomac pour avoir bu de l'eau de rivière polluée dans leurs gourdes, durent se retirer derrière les fourrés.

« Allons les gars, ne traînez pas, cette colline grouille de Johnny Boers, murmuraient leurs officiers.

— Ouais msieu...

— Vous ne voulez pas rater le spectacle ? Pour une fois, les sergents étaient contraints de murmurer au lieu d'aboyer.

— J'aime pas ça, sergent, c'est un piège.

— Oh, la ferme, avance, soldat. »

La tête de la colonne eut bientôt perdu le contact avec le reste. Les soldats, en effet, avaient appris à se tenir à distance de leurs jeunes et exigeants officiers, pour ne pas avoir à porter de fardeaux supplémentaires. La plupart d'entre eux n'entendirent qu'un brouhaha quand les unités de front de Thorneycroft dégagèrent la crête dans une vigoureuse attaque à la baïonnette.

Les quinze Boers du commando de Caroline de Prinsloo, qui avaient tenu une mince ligne de tirailleurs sur l'avant de la crête et qui avaient ensuite filé sans encombres, couraient vers leur camp.

« *Die Engelske is op die Kop !* », « Les Anglais sont sur la colline ! » crièrent-ils.

Après un moment de panique parmi certains des Boers, qui ne s'étaient pas attendus à une offensive de nuit sur la colline, le général Louis Botha, gardant son sang-froid comme d'habitude, ordonna à ses commandants Hendrik Prinsloo, Daniel Operman et Schalk Burger d'occuper toutes les collines qui n'étaient pas déjà aux mains des Britanniques ou bien d'essayer de les en chasser. Les Boers se lancèrent dans une folle ruée pour battre les Britanniques de vitesse. Ils étaient hors de souffle quand ils atteignirent Aloe Kop et Conical Kop, deux postes vitaux, ainsi que Twin Peaks. On conçoit leur surprise quand ils constatèrent qu'aucun de ces postes n'était occupé. Là, ils se trouvaient au sommet et les Britanniques étaient au-dessous d'eux ! De ces positions, ils pourraient commencer à tirer sur eux dès l'aube. Ils bâtirent un formidable mur de rochers avant que les Britanniques se rendissent compte de leur erreur. Les Anglais entendirent bien des roulements de rochers dans la nuit, mais n'y prêtèrent pas attention.

Botha donna parallèlement un ordre qui devait se révéler décisif dans la bataille à venir. Il fit placer son artillerie dans des postes séparés et si bien cachés que l'ennemi ne pourrait pas les repérer. Les projectiles pourraient cependant atteindre avec précision les lignes britanniques. L'artillerie ne se trouvait qu'à une centaine de mètres de ses hommes, pari risqué, mais payant.

« Qu'est-ce que cek ça ?... » Il était 8 h 30. Soudain la brume qui enveloppait les montagnes se déchira et la longue épreuve des Lancasters commença. L'artillerie boer ouvrit le feu. Les canons Krupp et du Creusot couronnèrent de flammes la ligne de crête. Des sommets environnants, une grêle de balles Mauser jaillit. La brigade du Lancaster se trouva cernée dans un demi-cercle d'acier et de plomb. Il n'y avait pas d'endroit où se cacher, sinon quelques amoncellements de rochers. Le général Woodgate tenta de rallier ses hommes pour les lancer à l'assaut. Pour cela, il leva la tête et fut atteint au-dessus de l'œil par un éclat d'obus.

Bientôt les morts et les blessés furent si nombreux que les survivants purent s'en servir comme protections. Les soldats britanniques crispaient leurs doigts sur la terre dure, priant qu'un éclat du prochain obus ne les atteignît pas. Ils restèrent ainsi plaqués au sol, se raidissant dans l'attente de l'obus à venir, puis de l'autre et de l'autre encore. Les canons Krupp et du Creusot crachaient leurs obus avec une quasi-régularité : de sept à dix par minute.

Ni Buller ni Warren n'ayant prévu l'étape qui suivrait l'occupation de la colline, les généraux dans la vallée n'avaient aucune idée de ce qui se passait sur la montagne. Warren expédia donc au sommet un message héliographié [1] qui disait : « Restez où vous êtes. »

---

1. Mode de communication par signaux morse émis par réflection du soleil sur un miroir. *(N.d.T.)*

Le colonel Thorneycroft parvint à adresser en retour un dernier message avant que son miroir ne fût fracassé par une balle : « Ne pouvons pas rester à découvert. Devons avancer ou reculer. »

Il ne reçut pas de réponse.

Et pour cause : le général Warren avait reçu l'ordre de prendre la colline, mais aucune instruction sur ce qu'il devrait faire ensuite ; ça, c'était l'affaire du général Buller. Mais Warren ne demanda pas à ce dernier d'autres instructions.

De son quartier général, il observait bien ce qui se passait. Tout ce qu'il fit fut de demander : « Pouvons-nous faire monter des canons là-haut ? » Non, il était tout à fait hors de question de faire monter de l'artillerie, parce que les pentes étaient trop abruptes. Et Warren n'eut jamais l'idée d'envoyer des éclaireurs pour localiser un éventuel point faible dans les défenses de l'ennemi.

Plus bas sur la rivière, Buller observait aussi ce qui se passait. Au bout d'un long silence, il ordonna que ses canons lourds bombardassent les hauteurs environnantes. Cela ne parut pas avoir d'effet, les Boers étant bien retranchés et leurs canons étant indécelables, puisqu'ils utilisaient de la poudre sans fumée. Les obus de l'artillerie britannique tombèrent donc sur des rochers et des terrains sans intérêt.

Buller saisissait mieux la situation que son commandant de division, mais il n'adressa non plus d'instructions à Warren ; celles-ci eussent pu être basées sur la localisation exacte des Boers sur les collines autour de Spioen Kop. Warren resta convaincu que ses hommes tenaient toute la crête des collines et Buller quant à lui ne voulait pas intervenir dans la chaîne du commandement. La responsabilité de l'opération revenait à Warren ; or, soit qu'il fût paralysé, soit qu'il fût incapable de s'adapter à la situation, Warren ne faisait rien. Ce qui n'arrangeait pas ses hommes sur la colline.

L'un des canonniers de marine de Warren vit quelqu'un qui courait sur le sommet d'Aloe Kop (probablement l'éclaireur boer Louis Bothma), sautant de rocher en rocher pour parvenir au sommet dénudé du *kop*, d'où il dirigeait le tir de l'artillerie sur les malheureux Lancasters. Toutefois, juste au-dessous de Bothma, il y avait aussi du mouvement parmi les Boers retranchés : en effet, les canons de marine bombardaient la pente d'Aloe Kop en se servant d'obus à la lyddite, un nouvel explosif. Des obus tombèrent ainsi sur les Boers, faisant de graves ravages dans leur camp. Toutefois, et pour la chance des Boers, Warren, qui ne comprenait rien à la situation, stoppa ce bombardement redoutablement efficace, dans l'illusion que c'étaient des soldats britanniques qui tenaient les sommets. Quelques obus de plus, pourtant, et Aloe Kop aurait cessé d'être une menace.

L'enfer régnait toujours sur Spioen Kop. Il faisait affreusement chaud sur le plateau. Les obus qui tombaient soulevaient des tourbillons de poussière sèche, emplissant les narines des Lancasters et les forçant à respirer par la bouche ; de la sorte ils aspiraient la poussière à pleines goulées, ce qui les faisait tousser. La cordite des obus leur brûlait les yeux et les larmes les aveuglaient. Le soleil n'était à travers la dense poussière brune qu'un disque pâle. Et ils souffraient de la soif, et leurs langues gonflées emplissaient leurs bouches comme des boules de caoutchouc. Leurs gourdes étaient vides, puisqu'ils en avaient bu le contenu durant l'escalade nocturne. Leurs lèvres desséchées saignaient. Un homme devenu fou porta à sa bouche une potée de sable blanc, pareil à du sucre cristallisé. Dès qu'il eût levé la tête, il fut abattu par une balle. C'était le destin de n'importe qui donnait signe de vie : il était immédiatement abattu par un tireur d'élite boer embusqué derrière un rocher. Et même s'ils ne bougeaient pas, les survivants enduraient les affres que leur valaient des fourmis qui se faufilaient sous leurs tuniques et les piquaient. Devant la tranchée gisait le cadavre d'un commandant de compagnie, le visage couvert de grosses mouches. Un sergent avait été gravement blessé à la cuisse ; il arracha la ceinture d'un mort pour s'en faire un garrot. D'autres se cachaient derrière les cadavres de leurs camarades et tiraient sur des ombres ennemies courant parmi les rochers. Un soldat couché sur le dos écrivait une lettre d'adieu à son amie.

Le colonel Thorneycroft était au milieu de ses hommes. Un petit muret de pierres avait été rapidement érigé pour lui servir de quartier général provisoire. Ses hommes se faisaient tailler en pièces. Il lui fallait prendre une décision.

« Sergent, ordonna-t-il à l'un de ses gradés sans affectation spéciale, allez voir le général Warren. C'est impératif. Nous avons besoin de renforts et notre artillerie doit pilonner ces sommets-là. » Il marqua les sommets sur une carte.

« Oui, msieu, j'y arriverai. » Le messager savait qu'il devrait compter sur la chance et la rapidité. Surtout la chance.

« Très bien. Je vous couvrirai. Allez ! » Le colonel tira son revolver de service et vida le chargeur. Le sergent se voûta et courut comme un gros hanneton parmi les cadavres et les rochers, puis il disparut.

Une heure de l'après-midi : il restait à endurer sept heures de soleil. Un fusilier attacha son mouchoir à son fusil et le dressa au-dessus du parapet de rochers. D'autres suivirent son exemple. Le silence pesa un moment sur le plateau. Près d'une centaine de soldats se dressèrent pour se rendre aux Boers. Tous portaient des bandages souillés de terre ou du sang qui les imprégnait.

Un groupe de tireurs d'élite boers profita de la pause pendant la fusillade pour s'avancer à un jet de pierre du flanc droit des Britanniques. Soudain, ils bondirent et s'élancèrent vers les lignes ennemies. Ils franchirent çà et là la barrière de rochers et pendant quelques minutes frénétiques, de furieux corps à corps s'engagèrent. Des pistolets firent feu à bout portant sur des torses et des ventres et des fusils servirent de matraques. Des hommes tombèrent l'un sur l'autre. Les places laissées vides par les morts étaient reprises sur-le-champ par d'autres. Puis le massacre perdit de sa force et les Boers allèrent se retirer comme des fantômes derrière leurs rochers. Paradoxalement, cette attaque contribua à relever le moral des Lancasters. Un vivat courut dans leurs rangs : « Nous les avons envoyés au diable ! »

Le général Buller étudiait la situation au bout de ses jumelles. Ses observateurs de l'artillerie se tenaient près de lui ; ils voyaient bien les impacts des obus, mais pas les points de tir.

« Peste de cette poudre allemande ! » maugréa-t-il. Sur quoi, il se contenta de faire procéder à des canonnades d'appui à distance, mais ne prit aucune part active à la bataille.

Au quartier général de Warren, la situation était à peu près pareille, sinon pire. Les observateurs d'artillerie, qui avaient l'habitude de repérer les canons ennemis aux bouffées cotonneuses de fumée qui sortaient des bouches à feu, n'en voyaient aucune. L'instructeur allemand, le major Albrecht, avait savamment caché derrière les *koppies* ses obusiers et ses canons sans fumée, invention qui allait créer une révolution dans l'art militaire.

« Des cibles, j'ai besoin de cibles ! » cria l'officier britannique en charge des canons lourds de Warren.

« Aucune, monsieur, il n'y en a pas », telle était la réponse de routine.

C'était un dilemme pour les artilleurs britanniques : tirer à l'aveuglette sur la ligne de crête et risquer d'atteindre leurs propres hommes, ou bien ne pas tirer du tout et supprimer l'appui de l'artillerie. Depuis le dernier message héliographié de la crête, le quartier général n'avait plus de nouvelles.

« Jusqu'à ce que nous y voyions plus clair, le soutien de l'artillerie divisionnaire est suspendu par ordre du commandant divisionnaire », les informa-t-on.

Warren sortit de sa tente et contempla les crêtes. Il entendait les roulements du canon tout le long de celles-ci. Plus tôt dans la journée, son officier d'information militaire avait tenté d'envoyer un éclaireur vers les Lancasters sur Spioen Kop, mais l'homme était revenu en boitant, atteint d'une balle au côté ; et il n'avait pu fournir d'informations même approximatives sur l'étendue de la débâcle.

Le messager délégué par Thorneycroft parvint à la fin à atteindre, lui, le général Warren, après une descente harassante au cours de laquelle son casque de liège avait été percé par une balle. C'était le seul officier survivant et il devait être reçu par le général lui-même ; il lui demanda des renforts immédiats et l'appui de l'artillerie. Mais Warren ne fit toujours rien, paralysé par l'indécision.

Ici se place un épisode devenu historique. Un jeune reporter de guerre, novice dans le métier, observait, impuissant, le massacre. Il eut l'audace de plaider auprès de Warren afin d'envoyer des réserves pour sauver les hommes qui étaient en train d'être sacrifiés. « Général, pour l'amour de Dieu, faites quelque chose !

— Ça ne vous concerne foutrement pas, rétorqua le général en colère. Mettez cet homme aux arrêts ! » Ce journaliste contrariant fut donc arrêté. Il s'appelait Winston Churchill.

Il ne vint jamais à l'esprit du général Warren que le meilleur moyen de réduire la pression sur Spioen Kop était de lancer une attaque de diversion sur une autre colline. Un homme y avait pourtant pensé. Sans demander la permission de Warren, Lyttleton dépêcha les Scotsmen du King's Royal Rifle Corps, les fusiliers du roi, vers la colline de Twin Peaks. Peu après, on lui remit un message l'informant que Twin Peaks était retombé dans les mains des Boers, qu'un canon y avait été installé et que ses hommes risquaient de se faire hacher par la mitraille. Il expédia alors un messager à pied, au pas de course, pour interrompre l'assaut.

Toutefois, le commandant du 60e Rifles, le colonel Buchanan-Riddell, refusa d'obéir à l'ordre de Lyttleton. Il savait que son devoir était d'aller au secours des Lancasters. Ce ne fut que lorsqu'il eût été tué que ses officiers, à regret, se replièrent. Pourtant une unité, les Middlesex du colonel Hill, parvint bien au sommet de Spioen Kop. Là, ses hommes furent cependant débordés par un détachement de Boers et se trouvèrent en situation précaire. Seule l'intervention rapide des Scottish Rifles, sous le commandement du colonel Coke, arrivé providentiellement, sauva de l'annihilation les hommes de Hill. Les Scottish Rifles livrèrent aux Boers un combat violent et leur causèrent de lourdes pertes.

Le paradoxe de la bataille demeure jusqu'à aujourd'hui : à ce moment-là, les Britanniques auraient pu remporter la victoire. L'attaque des Middlesex et des Scottish Rifles avait tant alarmé le commandant boer, Schalk Burger, dont les hommes avaient souffert du bombardement erratique des Britanniques — ils n'avaient presque plus de balles et s'attendaient à affronter des réserves britanniques fraîches — qu'il ordonna d'éloigner du combat son précieux canon Krupp, installé derrière Aloe Kop, c'était celui qui avait infligé le plus de dommages aux Britanniques. Il ne voulait pas, en effet, refaire l'erreur de ses ennemis à Colenso. Puis il se rendit compte que, sans son canon, la prise des *koppies* par les Britanniques ne serait qu'une question d'heures. Il donna alors aux Boers, déjà décimés, l'ordre de se replier. Et l'imprévu advint.

La nuit tombait. Le colonel Thorneycroft se sentit

abandonné par ses supérieurs. Cela n'aboutirait à rien que de s'accrocher. Ses vaillants Lancasters avaient enduré le feu des armes et du soleil pendant treize heures. Sans attendre la permission de Warren, il ordonna une retraite générale.

La retraite de la brigade des Lancasters de Spioen Kop, la nuit du 25 janvier 1900, devait passer dans l'Histoire sous le nom de « la longue échelle de la souffrance ». Une fois qu'il fit tout à fait nuit, les survivants emmenèrent leurs blessés et quittèrent leur tranchée. Pliés sous le poids de leurs camarades souffrants, ils dévalèrent avec leurs bottes cloutées les pentes raides et rocailleuses. D'autres hommes tombèrent, atteints dans le dos par des balles égarées ; certains se servirent de leurs fusils comme de béquilles. Quand ils arrivèrent enfin en bas, suant et noirs de poudre, ils semblaient émerger de l'enfer. Et ils en émergeaient, en effet. Un homme pleura ; il avait honte. « Ça ira, mon gars », lui dit son sergent, et il se lamenta : « Pauvres diables, tous morts ! » Et à son tour il pleura. Et les hommes entonnèrent : « Plus près de toi, mon Dieu. »

Leur sacrifice et leurs souffrances n'avaient servi à rien. Buller ordonna une retraite générale sur l'autre rive de la Tugela. Cela lui valut le sobriquet de « batelier de la Tugela ». Là-haut sur le plateau labouré par des centaines d'impacts d'obus, les Boers occupèrent en force Spioen Kop.

Le lendemain matin, le sommet de cette colline offrait un spectacle sinistre. Les Boers poussèrent les cadavres dans l'étroite gorge dite « tranchée de Lancaster » ; celle-ci débordait de cadavres, dont beaucoup avaient été démembrés par les impacts directs des obus de 75. Selon leurs rapports, les Boers avaient accusé deux cent vingt-cinq morts et blessés, ce qui semble peu eu égard aux sanglants corps à corps pour la prise du plateau et aux dévastations causées par les obus anglais. Les pertes britanniques s'élevaient à quatre-vingt-sept officiers et mille six cent quarante-sept hommes.

Il existe toujours au Natal une colline qui immortalise les vaillants Boers et les non moins vaillants Britanniques : Spioen Kop.

Informée de la « Semaine noire », la reine Victoria répondit : « Personne n'est déprimé dans cette maison. Nous ne sommes pas intéressés par les possibilités d'une défaite. Elles n'existent pas. »

Sir Redvers Buller fut remplacé par le maréchal Lord Roberts of Kandahar, secondé par Lord Kitchener of Khartoum. La guerre prit une autre tournure et l'armée des Boers fut réduite à la défaite. Le 27 février 1900, le général Cronje se rendit avec ses quatre mille Boers et Kimberley fut délivré. Le lendemain Buller entra dans Ladysmith après un siège de cent dix-huit jours. Roberts s'empara de Bloemfontein le 13 mars, de Johannesburg le 31 et de Pretoria le 5 juin. Le président « Ohm » Kruger s'enfuit aux Pays-Bas. Le Transvaal et l'État libre d'Orange furent annexés. La lutte contre les Boers dura deux années de plus sous la forme de guérilla. Lord Kitchener rétorqua brutalement en pratiquant la politique de la terre brûlée.

Cette guerre ne valut pas de gloire à l'Empire britannique. Ce furent les Britanniques qui établirent pour la première fois, en Afrique du Sud, cette institution de la terreur que sont les camps de concentration. Les militaires déportèrent des villages entiers de Boers, hommes, femmes, enfants, et les enfermèrent derrière des barbelés. Un sur six des captifs mourut de malnutrition. Le gouvernement essaya de nier l'existence de ces camps. Mais la presse décrivit les conditions atroces qui y régnaient, et des émeutes anti-britanniques éclatèrent. Ces camps furent même dénoncés à la Chambre des communes comme « méthode barbare ».

« Rien, même pas l'incapacité des autorités militaires quand elles sont chargées de cette tâche nouvelle et déplaisante qu'est l'internement de grandes masses de civils, ne pourrait justifier les conditions qui prévalaient dans ces camps », écrivit Winston Churchill dans *Les Grandes Démocraties.*

La seconde guerre des Boers prit fin le 31 mai 1902.

Quelques jours plus tard mourait sir Cecil Rhodes. Ses dernières paroles furent prophétiques : « Vous croyez que vous avez vaincu les Hollandais. Ce n'est pas le cas. Ce pays est autant à eux qu'à vous. Il vous faudra vivre avec eux maintenant comme par le passé. »

Et si...

... Buller avait attaqué simultanément à Trichardt's Drift et à Colenso ?

Les Boers étaient si faibles sur le terrain qu'ils n'auraient pas pu résister à une attaque.

Et si Warren avait envoyé ne fût-ce qu'un petit contingent de ses grandes réserves à l'attaque d'une autre colline, pour soulager les Lancasters harcelés ?

Il ne le fit pas et l'on en resta là.

Les faits

La guerre des Boers eut lieu au début d'un siècle. Henry Ford remplaça les attelages à chevaux par l'automobile et un M. George Eastman de Waterville, New York, introduisit l'appareil photographique Brownie Box. À Vienne, un certain Dr Sigmund Freud publia *L'Interprétation des rêves.*

Dans le domaine militaire, des progrès radicaux changèrent le matériel et les stratégies. « Dans cette guerre, la peur antique d'un ennemi visible céda le pas à la sensation paralysante que l'on avançait vers un ennemi invisible, ce qui donna naissance au soupçon que l'ennemi se trouvait partout », écrivit plus tard un stratège britannique, le major général J. F. C. « Boney » Fuller.

Pour l'Empire britannique, la guerre des Boers sonna également le glas de l'ère coloniale. Les militaires de métier commencèrent à être vaincus par ces « bandes de rats » auxquels ils portaient tant de mépris.

L'état-major général britannique apprit à ses dépens dans le *veldt* africain qu'il n'était plus possible d'attaquer des hommes dans des tranchées armés de fusils de petit calibre en les chargeant de front à la baïonnette et en criant « Hurrah ! ». Et il apprit aussi que la poudre sans fumée avait changé la pratique de l'artillerie en neutralisant les observateurs.

La leçon eût été utile pour la Grande Guerre qui suivit. Mais elle fut perdue.

Le grain de sable à Spioen Kop fut la lamentable incompétence de deux chefs militaires britanniques et la poudre sans fumée du Dr Schönbein.

9

Une claque

Tannenberg, 28 août 1914

« Le général Ludendorff : “Les soldats russes se battent comme des ours.”

Le colonel Hoffmann : “Oui, général, mais ces ours sont dirigés par des ânes.” »

Tannenberg, 1914.

L'homme en uniforme maculé de boue se laissa tomber contre le moignon d'un tronc de bouleau brisé par un obus. Il leva la tête et considéra le ciel bleu, rayé d'un vol d'oies sauvages. Combien il eût voulu voler avec elles. Mais c'était impossible. Il leva lentement son pistolet, le pointa contre sa tempe et tira.

Le général Alexandre Samsonov venait de rejoindre le reste de son armée, qui gisait morte près d'un village appelé Tannenberg. On supposa qu'il craignait d'en répondre au tsar. Il n'eut jamais de sépulture parce qu'on ne le retrouva pas. Il n'était qu'un des milliers d'hommes qui moururent sur les lacs de Mazurie dans ce mois fatal d'août 1914.

Faire la guerre dans la Russie tsariste était un honneur réservé à la noblesse. Les paysans étaient de la

Tannenberg, 25-29 août 1914

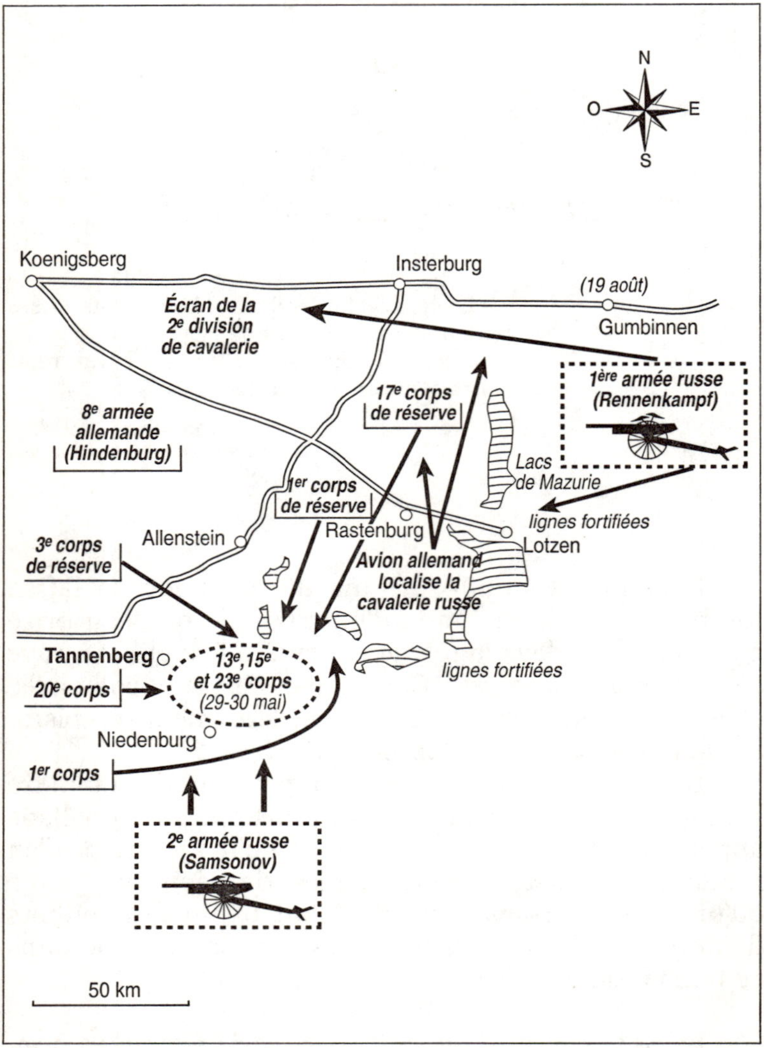

chair à canon, mais les comtes étaient d'office promus colonels, et les princes et les ducs, généraux. Alexandre Samsonov constituait l'exception. Ni prince ni duc, mais administrateur raisonnablement efficace, il jouissait de bonnes relations.

Le commandement général des armées russes était assumé par le grand-duc Nicolas, l'oncle du tsar. Les armées étaient divisées en deux groupes, celui du nord contre les Allemands de la Prusse-Orientale, et celui du sud, contre les Autrichiens de la Galice polonaise. Le plan de l'armée du nord, constitué des première et seconde armées russes, n'avait jamais pris en considération le fait qu'avec sa formation en fourche à deux dents, les deux armées seraient séparées par les lacs de Mazurie. Et la présence de lacs n'avait jamais été considérée par les soldats comme de bon augure : il y avait eu un lac à Austerlitz. Ce fut ainsi que les Allemands, numériquement inférieurs mais bien plus mobiles, purent attaquer chaque armée séparément avant que les deux ailes pussent se réunir.

La première armée, sise à Vilna, était placée sous le commandement du général Pavel Rennenkampf, personnage hautement compétent, hautement aristocratique et hautement arrogant. Son haut lignage, son nom prussien et sa moustache de junker ne servaient guère sa popularité parmi ses troupes, non plus que la rumeur selon laquelle « notre général va rendre visite à ses cousins prussiens ».

La seconde armée russe était dirigée par Alexandre Samsonov, rappelé de sa retraite deux semaines seulement auparavant. Le général souffrait considérablement de crises d'asthme, sans doute causées par ses épreuves émotionnelles, ce qui n'était guère un atout pour diriger une armée. De plus, Samsonov n'était pas doté de l'agressivité de son rival suprême, Rennenkampf. Il était néanmoins réputé pour son obstination résolue à exécuter les ordres.

La structure de commandement de l'armée du nord

souffrait une fois de plus du syndrome de Waterloo : Rennenkampf, à la tête de l'aile droite, était de la trempe du bouillant et rebelle maréchal Ney, et Samsonov, à la tête de l'aile gauche, du type Grouchy, timoré et guère enclin à marcher au son du canon. Il se trouva cependant que cette fois-ci, ce fut Rennenkampf qui ne marcha pas au son du canon.

Le problème de la qualité du corps des officiers n'affectait pas seulement les Russes, mais également les Allemands. Leur armée de Prusse-Orientale, la huitième armée du Kaiser, était placée sous le commandement du comte Max von Prittwitz, un junker de Prusse-Orientale, affublé du sobriquet douteux de « *der dicke Soldat* », « le gros soldat ». La vraie tête pensante de son quartier général était un lieutenant-colonel massif, au crâne rasé pareil à une boule de billard, Max Hoffmann, sans la particule *von*. Il allait être l'acteur principal du conflit à venir.

Au début de la guerre, la première armée russe fut destinée à contenir les Allemands le long de la frontière, la seconde armée étant tenue en réserve près de Varsovie. Mais la situation militaire des Français et des Britanniques sur le front occidental était devenue désespérée. Le rouleau compresseur allemand avait écrasé la Belgique et la première armée du général von Kluck était aux portes de Paris. La France adressa un appel urgent à Saint-Pétersbourg. Pour sauver Paris de l'énorme machine allemande, la Russie était requise pour absorber le choc. Mais les armées russes n'étaient pas prêtes. Néanmoins le tsar ne tint pas compte des sages conseils du maréchal Koutouzov qui avait jadis déclaré : « Nous-mêmes ne devons pas frapper aux frontières des autres comme des vagabonds hagards. » De fait, par l'entremise du grand-duc Nicolas, le tsar poussa les armées du nord, mal préparées, dans l'invasion du centre du militarisme allemand, la Prusse-Orientale.

Le schéma de la bataille qui allait commencer avait

été, en fait, établi dix ans plus tôt. Durant la guerre russo-japonaise de 1904-1905, Alexandre Samsonov et Pavel Rennenkampf étaient des commandants de division, de rang égal. La division de cosaques sibériens du premier fut chargée de défendre les mines de charbon du Yentai, en Mandchourie. La division de Rennenkampf tenait le secteur voisin et avait reçu des ordres spécifiques pour soutenir les cosaques de Samsonov. Or, la division de ce dernier fit l'objet d'un assaut dévastateur des Japonais, tandis que celle de Rennenkampf se croisait les bras.

Quelques jours après ce désastre sanglant, les deux généraux se rencontrèrent par hasard à la gare de Moukden. Samsonov, ivre de colère, se rua sur Rennenkampf, ôta ses gants et lui administra une claque. Sur quoi les deux généraux roulèrent dans la boue comme des garnements, s'arrachant leurs médailles et s'administrant des horions, jusqu'à ce que leurs officiers les séparassent. Pour un Russe bien né, il n'y avait qu'une manière de laver l'affront, mais le tsar avait formellement interdit les duels. La haine réciproque des deux hommes s'envenima du désir de vengeance. Malheureusement cet incident fut oublié quand on confia à ces ennemis jurés le commandement d'armées voisines.

Un officier en particulier, toutefois, n'avait pas oublié l'incident. En effet, de nombreux observateurs militaires étrangers avaient assisté à l'algarade de la gare de Moukden, des Anglais, des Italiens, des Américains[1] et un Allemand : Max Hoffmann. Ce grand amateur de saucisses parlait couramment le russe, et cela allait changer le cours de la guerre.

Trois armées géantes, six cent cinquante mille Russes et cent trente-cinq mille Allemands, allaient vers une confrontation qui, même selon les critères de l'ère

1. La plupart de ces observateurs embrassèrent des carrières illustres : sir John Hamilton devint commandant d'armée, Caviglia, ministre de la Guerre de l'Italie, et un certain capitaine Pershing devait commander le contingent américain durant la Première Guerre mondiale.

atomique, revêtirait la triste caractéristique d'avoir causé dans une seule bataille le plus grand nombre de morts de toute l'histoire de l'humanité.

La course à la gloire était engagée. Tandis que Samsonov était immobilisé dans l'attente de son ravitaillement, la première armée de Rennenkampf était entrée en Prusse-Orientale le 17 août 1914. Des millions de moustiques sortis des marécages attaquèrent les interminables colonnes le long de la route couverte de poussière, une poussière si dense qu'elle voilait les forêts de bouleaux et faisait tousser les soldats. Les troupes russes se traînaient, les pieds enveloppés de chiffons, parce que leur prince commandant avaient été tellement pressé de se mettre en route que les quartiers-maîtres n'avaient pas eu le temps de se fournir en bottes. Pour le capitaine Vassili Kravchenko, c'était là le problème : pas assez de bottes, pas assez de fusils, pas assez de munitions. Comment ces hommes étaient-ils censés se battre ? Officier des communications, attaché aux quartiers généraux des armées du nord-ouest, Kravchenko et son supérieur, le colonel Sergei Mihailovitch Glagolev, chevauchaient le long de ces colonnes d'hommes qui peinaient à marcher.

« Quelle façon d'aller à la guerre ! se plaignit le colonel. Regardez ces paysans à demi affamés, la plupart d'entre eux n'ont jamais tenu un fusil. Vous appelez ça une armée ? Les Allemands déplacent leurs troupes rapidement par le train, là où ils veulent. Et nous, nous nous traînons les pieds nus et épuisons nos troupes avant que la bataille ait commencé. »

Kravchenko gardait le silence. Le commandant continua.

« Des marécages à droite et à gauche, rien que de l'eau et des forêts dévastées. À quoi cela sert-il d'avoir quatre fois plus d'hommes que l'ennemi ? Nous ne pouvons pas les déployer. Quittez cette route d'un pas et vous vous noyez. Notre armée attaquera concentrée sur un front étroit. Les Allemands le savent et nous attendent avec leur artillerie lourde. Ils ont compris ce qu'est la guerre moderne. Ils sont entraînés, ils ont de la discipline et ils connaissent bien le terrain. Je crains que nous ne devions payer cher pour apprendre notre leçon. »

Il avait raison. La mobilisation avait été décrétée trop rapidement pour entraîner les soldats russes, et quand les ordres d'avancer furent lancés, ils semèrent la confusion dans l'intendance. Rennenkampf, impatient d'atteindre la gloire avant son rival haï, mit son armée en route six jours pleins avant que Samsonov eût pu mobiliser la sienne. Rien que cela invitait les Allemands à attaquer les flancs remarquablement vulnérables des deux armées russes.

Le général von François, commandant du 1er corps allemand, dépêcha des patrouilles qui mesurèrent un vaste écart entre les 3e et 4e corps de Rennenkampf. Le 18 août, près du village de Stallupönen, von François se débrouilla pour insérer son corps dans la faille et attaqua ainsi Rennenkampf de l'arrière. Les Allemands firent trois mille prisonniers, mais perdirent beaucoup d'hommes, ce qui, vu le déséquilibre numérique entre les deux armées, n'était pas opportun pour eux. L'intérêt de cet engagement relativement mineur ne fut cependant pas militaire ; interrogeant un prisonnier, officier de l'état-major russe, les Allemands découvrirent que le capitaine Jilinski, chef du groupe d'armées du nord-ouest, coordonnait les mouvements de la première et de la seconde armée par téléphonie sans fil et avec fil, mais en clair, c'est-à-dire sans code ! Quatre heures plus tard, les Allemands étaient désormais capables de capter les ordres du haut commandement russe.

Le 19 août, la formation de tête de Rennenkampf avait atteint la ville allemande de Gumbinnen. La Prusse-Orientale subissait les horreurs de la guerre et les Allemands n'avaient pas assez de troupes pour endiguer la marée russe. Le général von Prittwitz était partisan d'une retraite, mais son collègue von François le persuada d'engager le combat. Les deux corps de von François et de von Below entreprirent donc près de Gumbinnen une action limitée destinée à arrêter les Russes, mais le 17e corps de von Mackensen fut repoussé. La bataille de Gumbinnen ne fut militairement pas décisive, mais les conséquences de cette défaite partielle le furent. Au lieu de poursuivre avec détermination les Allemands qui venaient d'essuyer un revers tactique, Rennenkampf célébra sa victoire au champagne. Et dans un mouvement singulier de magnanimité slave, il déclara à son chef d'état-major : « Vous pouvez vous déshabiller et vous coucher, les Allemands se retirent. »

Or, ce n'était certes pas l'heure de s'endormir.

Après la déroute de son 17e corps, le général von Prittwitz avait perdu son cran. Il ignorait alors que Rennenkampf considérait que la bataille de Gumbinnen suffirait à arrêter les Allemands, et que l'armée de Samsonov, qui approchait les Allemands par le sud, était quant à elle trop harassée par sa marche forcée à travers les marécages de Pripiet pour livrer combat. Néanmoins, le commandant allemand se laissa gagner par la panique et appela au téléphone le quartier général à Coblence. Il informa le comte von Moltke qu'il ne pouvait plus défendre la Prusse-Orientale. Et contre l'avis du colonel Hoffmann, von Prittwitz ordonna une retraite générale au-delà la Vistule. Ce qui équivalait à céder la Prusse-Orientale sans autre forme de combat.

Samsonov était égaré, son armée ne disposant pas de cartes d'état-major. Tant que les Russes avaient avancé sur le sol russe, ils pouvaient toujours demander aux paysans du coin de leur indiquer le chemin, mais en Prusse-Orientale, ils ne trouvaient que des villages désertés. Jilinski lui avait donné l'ordre de rejoindre Rennenkampf ; or, ce n'était pas faisable, parce que son armée était en plein désarroi. Puis il n'existait pas de routes, pas de discipline de marche digne de ce nom et les militaires russes devaient avancer pieds nus dans des terres sablonneuses où ils s'enfonçaient jusqu'aux mollets. Leurs uniformes étaient en haillons, leurs visages recouverts d'une croûte de poussière et ils ressemblaient plus à une horde de fantômes qu'à des combattants, une colonne dépenaillée d'humains pathétiques. Les intendances n'avaient ni pain pour les hommes, ni avoine pour les chevaux. Au lieu d'aller vers l'ennemi, les soldats passaient leur temps à fouillasser à la recherche de nourriture, à tuer du bétail au passage et à voler des poules. En peu de temps l'élite de la cavalerie cosaque se transforma en une bande de pillards.

Les communications étaient interrompues entre les unités, entre les divisions, entre les corps. Le haut commandement de l'armée russe ne savait pas ce que préparait l'ennemi mais, pis, il ignorait même les mouvements de ses propres armées. La seule chose dont le grand-duc Nicolas fût conscient était qu'il n'existait absolument pas de coopération entre ses première et seconde armées.

Samsonov, épuisé, était livide. Il toussait sans cesse. Le général Pokovski, son chef d'état-major, un homme tendu, au nez chaussé d'un pince-nez, arriva au quartier général, provisoirement installé dans une ferme :

« Général Samsonov, un message du général Jilinski. »

« Accélérez votre avance, disait ce message. Votre lenteur met en danger la première armée. »

Samsonov lâcha un juron. « Qu'est-ce que vous pensez de ça ? Pourquoi est-ce que ce crétin de Rennenkampf ne ralentit pas ? » demanda-t-il à l'un de ses officiers d'état-major. Vorochilov, commandant d'une unité d'artillerie, exhala sa rancœur :

« Ce foutu sable, c'est l'enfer pour les hommes et les canons. Les chevaux n'ont plus de force et mes hommes doivent pousser l'artillerie de leurs bras. Tous les cent mètres, quelque chose tombe en panne. Si nous pouvons avancer de dix-huit kilomètres par jour, nous aurons de la chance. »

Et Samsonov entendit un autre officier déclarer : « Ce sera le diable si nous parvenons à battre de vitesse la première armée jusqu'à Berlin. »

Mais pour le moment, il eût été content d'atteindre même la Prusse-Orientale.

Au quartier général de Coblence, les effets de la retraite de Gumbinnen commençaient à se faire sentir. Alors que la première armée du général von Kluck n'était qu'à trente kilomètres de Paris et que le général von Moltke était convaincu que la guerre avait été gagnée sur le front occidental, le Kaiser faisait pression sur lui : il fallait empêcher les Russes de conquérir « le berceau de la race allemande », c'est-à-dire le pays des junkers, la Prusse-Orientale. Moltke prit alors deux décisions de longue portée. La première fut de détacher quatre corps de réserve du front occidental, ce que les Allemands allaient chèrement payer, car cela affaiblissait le potentiel nécessaire à la conquête de Paris.

La seconde décision fut de relever le général von Prittwitz de son commandement et de rappeler de la retraite un vieux général, Paul von Hindenburg, pour le mettre à la tête de la huitième armée. Hindenburg avait été formé dans les meilleures traditions militaires prussiennes et c'était un caractère carré. Quand on le prévint, il répondit simplement : « Je suis prêt. » Moltke ajouta une carte à son jeu quand il lui assigna comme chef d'état-major le « Héros de Lüttich », le général Erich von Ludendorff. Les deux officiers, l'homme de fer et le jeune et brillant stratège, se rencontrèrent à la gare de Hanovre, et la guerre en Prusse-Orientale prit un autre tour.

Avec Gumbinnen aux mains des Russes, le violent bombardement avait cessé et le quartier général de Rennenkampf jubilait ; plusieurs des jeunes garçons de ferme illettrés qu'on avait affublés de l'uniforme se crurent même à Berlin. Rennenkampf renonça à poursuivre les Allemands : selon lui, ils étaient fichus.

Tel n'était cependant pas l'avis du colonel Glagolev. « Les Allemands ne sont pas vaincus. Ils se regroupent tout simplement pour aller vers le sud et frapper Samsonov. Ils doivent savoir qu'il a des problèmes et que Rennenkampf ne lèvera pas un doigt pour aller à son secours. Ces deux hommes s'exècrent, Dieu sait pourquoi. »

Le 22 août, en effet, le manque d'approvisionnement de la seconde armée russe avait créé une situation tellement désespérée que Samsonov décida de pousser son armée en direction de Novo Georgievsk et de se diriger vers la voie ferrée de Soldau. Cela l'éloignait encore plus de l'armée de Rennenkampf, mais il n'avait pas le choix. Il appela le général Potovski et lui dit :

« Envoyez un message à Jilinski. Demandez-lui de persuader la première armée de se diriger vers nous. »

L'homme au pince-nez expédia le message. La réponse fut brève : « La première armée doit aller à l'ouest, je répète l'ouest et non le sud, pour encercler Königsberg. »

Quand Samsonov lut le message, il déclara d'une voix éteinte : « Je n'étais pas certain qu'il irait plus à l'ouest, mais j'étais sûr qu'il n'irait pas au sud. » Il avait évidemment raison ; Rennenkampf ne pouvait pas, ou bien ne voulait pas aider la seconde armée. Son propre système de ravitaillement était tombé en panne par suite de la différence entre l'écartement des rails des voies ferrées russes, larges, et allemandes, étroites. Ce fut du moins l'explication que donna Rennenkampf de son impuissance à aller au secours de Samsonov.

Les Allemands furent informés de cette faille fondamentale avant même que l'information parvînt à Samsonov. En fait, Glagolev avait deviné juste : les Allemands ne se retiraient pas, mais se regroupaient. Ils avaient renoncé à la décision initiale de Prittwitz de se retirer au-delà de la Vistule. Malchance supplémentaire pour les Russes : une estafette à cheval portant des instructions de Jilinski, avec une carte sommairement dessinée des plans russes, fut interceptée par les uhlans. Et quand les deux commandants allemands fraîchement nommés parvinrent à leur quartier général, le colonel Hoffmann avait déjà bâti une stratégie. Elle était fort ingénieuse et n'attendait que l'approbation de Hindenburg. Ludendorff et Hoffmann s'y attelèrent.

Le plan de Hoffmann était d'une grande audace ; il consistait à utiliser une petite force extrêmement mobile pour attaquer l'ennemi avec un potentiel de destruction bien supérieur à celui qu'elle aurait eu dans des circonstances normales. Pour cela, les Allemands s'appuyaient sur le réseau de chemins de fer secondaires de Prusse-Orientale. L'interception des communications russes fournissait aux Allemands une image claire des mouvements de la première et de la seconde armées. Il était ainsi devenu clair qu'après Gumbinnen, Rennenkampf s'était endormi : il était resté inactif trois jours entiers. C'était Samsonov qui bougeait et c'était lui qu'il fallait considérer comme la menace principale. Hoffmann proposa donc de concentrer les forces totales de la huitième armée contre Samsonov, et de ne laisser sur place qu'une petite force de cavalerie pour détourner l'attention de Rennenkampf[1].

Samsonov, lui, était continuellement assailli d'ordres du quartier général du groupe d'armées du

1. C'était l'application du Principe de Tordenskold, inventé en 1717 par le Norvégien Peder Wessel, dit plus tard Tordenskold : sous son commandement, une poignée d'hommes aux prises avec les Anglais coururent de rue en rue pour se montrer çà et là, faisant croire à l'ennemi qu'il avait affaire à une grande armée. Après quoi les Anglais dupés se retirèrent.

nord-ouest : il devait mettre fin à sa parodie d'avance, se mettre réellement en mouvement et établir une jonction avec Rennenkampf. Mais ses hommes n'en pouvaient plus et le matin du 24 août, Samsonov dut ordonner une halte avant d'affronter l'ennemi. Ce délai donna aux Allemands un jour de plus pour préparer leur embuscade.

Le colonel Glagolev et le capitaine Kravchenko avaient quitté la première armée pour essayer de savoir où se trouvait Samsonov. L'ordre leur en avait été donné quand l'estafette montée portant des ordres vitaux du général Jilinski avait disparu (c'était celle qu'avaient capturée les uhlans) et n'avait jamais pris contact avec la seconde armée.

« Ou bien il est mort, ou bien il est prisonnier. De toute façon, c'est un désastre.

— Quel est l'écart entre nous et la seconde armée ?

— Dieu sait, cinquante, soixante, cent milles ?

— Ce n'est pas un écart, c'est une steppe !

— Bon, dans le cas où je serais tué, apprenez le message par cœur, dit Glagolev à Kravchenko.

— Oui, colonel.

— Le voici donc :

1. L'ennemi mise tout sur une seule attaque. Toute sa puissance sera dirigée vers la seconde armée.

2. La prétendue retraite des Allemands consistait en fait à regrouper leurs armées dans ce but.

3. La seconde armée doit établir le contact immédiatement avec la première, cependant que celle-ci se met en mouvement.

— Vous l'avez mémorisé ?

— Oui, colonel.

— Je crains que nous arrivions trop tard, conclut Glagolev avec un sourire désolé. L'araignée attend les mouches au salon. »

Pour la première fois dans l'histoire militaire, les Allemands employèrent l'aéroplane. Un avion de reconnaissance Fokker avait parcouru toute la distance entre la première et la seconde armée et avait rapporté qu'une distance énorme séparait les deux. Sur ce rapport, documenté de façon compétente par Hoffmann, ce dernier et Ludendorff mirent en œuvre le plan le plus brillant et tactiquement le plus décisif de toute la Première Guerre mondiale. Tandis que Samsonov traînait à l'ouest sur une ligne de front d'une centaine de kilomètres, Ludendorff retira deux corps d'armée, le 1er de von François et le 17e de von Mackensen, du front opposé à Rennenkampf. Les Allemands ne disposaient plus là que d'un mince écran de défense, ce qui était risqué.

« Un général doit endurer beaucoup et il a besoin de nerfs solides, écrivit le père de la stratégie, Carl von Clausewitz. La guerre n'est pas un problème mathématique mettant en jeu des nombres donnés, mais un entrelacs de forces physiques et psychologiques. Elle implique qu'on se serve d'hommes dont la force de caractère et les opinions sont inégales. Le seul facteur connu est celui du chef. » Ludendorff était un modèle de ce postulat ; il dirigea ses forces allemandes avec un brio évident. Encore fallait-il qu'il agît rapidement et avant que l'état-major général des Russes ne perçât ses intentions et pût se concentrer contre lui. Il avança donc rapidement plusieurs de ses corps en ligne de défense, pour bloquer l'avance de Samsonov, et parallèlement, il donna l'ordre au 1er corps de von François et au 17e de von Mackensen d'effectuer une double manœuvre d'enveloppement. Les dés étaient jetés.

Le 26 août, l'armée de Samsonov avait atteint Neidenburg. Le colonel Glagolev et le capitaine Kravchenko l'y trouvèrent en train de dîner avec son aide de camp, Potovski.

« On l'appelle le Derviche Fou », chuchota Glagolev.

Samsonov se leva pour les accueillir. Pâle et défait, il semblait en presque aussi piteux état que son armée. Son désespoir était visible.

« Qu'en est-il de la première armée ? fut sa première question.

— Le général Rennenkampf projette d'avancer à l'ouest dans un jour environ, général.

— C'est ce que j'ai entendu dire. Vodka, messieurs ?

— Merci, monsieur. »

Après plusieurs verres, les deux émissaires livrèrent leur message et la carte.

« Superbe, observa Samsonov, étudiant la carte pendant un moment avant de froncer les sourcils. Il n'y a qu'un problème : qui peut la lire ? »

Glagolev jeta un coup d'œil par-dessus l'épaule du général. Les inscriptions de la carte étaient en caractères latins et les officiers russes ne pouvaient lire que le cyrillique.

« Merci, messieurs », conclut Samsonov, qui donna congé à ses visiteurs. Cela valut à ces derniers l'occasion d'examiner la seconde armée de plus près. Il ne leur fallut pas longtemps pour découvrir qu'elle était dans un déplorable état physique ; les soldats trébuchaient en silence. On entendait au loin tonner des canons lourds.

« Ce n'est pas le son de nos canons. Espérons qu'ils ne viennent pas par ici. »

Samsonov était sorti de la maison. « Jilinski ne vous a pas confié d'autre message ? J'espérais qu'on m'autoriserait à renoncer au plan d'encerclement de la force prussienne principale. »

Mon Dieu, cet homme est fou, se dit Glagolev. « Monsieur, permettez-moi de vous informer qu'il n'est plus question d'encercler l'ennemi. C'est lui qui va vous encercler. »

Ce fut alors que les premiers fuyards décampèrent en courant à travers le camp. « Les uhlans arrivent ! »

En quelques minutes des milliers de soldats russes

saisis de panique se mirent aussi à courir vers l'arrière, dans le désordre. Mais Samsonov ne semblait guère ému par le spectacle qui se déroulait devant lui.

« Je n'ai pas de nouvelles de ma femme depuis plusieurs jours », murmura-t-il. Puis il boucla son ceinturon et monta dans sa voiture pour voir ce qui se passait.

Hindenburg et Ludendorff s'inquiétaient de la menace qui pesait au nord. Rennenkampf s'avançait lentement vers Königsberg, beaucoup trop lentement pour que cela importât. Mais que se passerait-il si le Russe décidait de diriger ses trois cent mille hommes vers le sud ? Seules deux divisions allemandes de cavalerie contre les vingt-quatre divisions d'infanterie et les cinq divisions de cavalerie de Rennenkampf défendaient la huitième armée allemande. L'anxiété des deux chefs ne fut pas atténuée par les nombreux messages interceptés entre la seconde armée et Jilinski et entre Jilinski et Rennenkampf.

Le seul qui ne paraissait pas inquiet était Hoffmann. Pour lui, il était clair que rien, absolument rien ne ferait aller Rennenkampf vers le sud. Mais un événement advint : vers la fin de l'après-midi du 27 août, un Fokker de reconnaissance signala un mouvement d'une unité de cavalerie russe attachée à la première armée et en informa immédiatement le quartier général de von François ; celui-ci le transmit aussitôt au quartier général de la huitième armée. « Un corps russe a été aperçu se dirigeant vers notre flanc gauche. »

Le message fit l'effet d'une bombe et Ludendorff perdit son flegme. Les Russes se dirigeaient vers eux ! Il demanda à Hindenburg de rappeler immédiatement le 1er corps de von François, engagé dans une tentative d'encerclement des Russes, et d'adopter une tactique défensive contre Rennenkampf. Ce fut le moment le plus critique de toute la bataille et tout le monde au quartier général attendait que le vieux Hindenburg prît une décision.

Hoffmann entra en scène.

« Général Hindenburg, je vous demande un entretien en privé, s'il vous plaît. »

Le général hocha la tête et les deux hommes se retirèrent dans un coin de la salle.

« Parlez, colonel.

— Monsieur, il y a quelque chose dont vous devez être informé. Je crois que cela est indispensable à votre décision. » Et Hoffmann raconta l'incident de Moukden et l'histoire de la claque.

« Vous pensez donc que Rennenkampf ?... Et Hindenburg n'acheva pas sa question.

— Oui, monsieur. Je suis persuadé que Rennenkampf n'ira jamais au secours de Samsonov. »

Hindenburg donna l'ordre le plus important de sa carrière de commandant en chef. On ne fit plus jamais allusion à la crise de nerfs de Ludendorff. Le 1er corps de von François poursuivit sa tentative d'encerclement des forces de Samsonov. La bataille se déroula comme prévu.

Cela avait été si simple ! Samsonov était tombé dans le piège dès que sa seconde armée était sortie de Neidenburg et avait attaqué le centre défaillant du 20e corps allemand de von Scholtz, soutenu avec compétence par les brigades de la Landwehr du général von Goltz ; c'étaient tous des natifs de la région Tannenberg-Allenstein, qui se battaient pour défendre leurs fermes et leurs villages [1]. La ligne allemande ne céda pas. Samsonov se retrouva bientôt face au barrage d'artillerie de von Mackensen et au corps de von Below, qui mirent à mal son flanc droit. Samsonov tenta une percée vers le nord-ouest ; il tomba sur le 3e corps de réserve de von

1. Les brigades de la Landwehr avaient été créées durant les guerres napoléoniennes, comme unités de milice locales.

Morgen, tandis que le 17e corps de von Mackensen rejoignait au sud le 1er corps de von François, près du village de Willenberg. La précision de l'artillerie allemande, guidée par les avions de reconnaissance, compta pour beaucoup dans ces succès.

L'armée de Samsonov s'effondrait. Un cercle d'acier se resserrait autour de lui et l'artillerie allemande pilonnait le centre de ce cercle. Ses forces étaient poussées vers les marécages de Pripiet, où elles se noyaient. Son armée n'était plus qu'un agglomérat de hordes que les canons allemands taillaient en pièces et transformaient en monceaux de cadavres. Le général le voyait de lui-même : écrasés par les avalanches d'obus, ses soldats jetaient leurs fusils. Des compagnies entières s'efforçaient de construire hâtivement des radeaux pour s'en aller dériver sur les lacs. Beaucoup d'hommes étaient engloutis par les marécages sans fond. Il n'y avait pas de pansements pour les blessés, qui se trouvaient saignés à blanc. Le général Potovski envoyait un message de détresse après l'autre, mais les seuls qui les recevaient étaient les Allemands. Jilinski ne voulait rien faire et Rennenkampf ne pouvait rien faire non plus. D'ailleurs, il était trop tard. Pendant toutes les journées du 27 et du 28 août, la bataille fit rage et les Russes se battirent avec l'énergie du désespoir. Mais l'issue des combats ne faisait plus de doute et Hindenburg put déclarer au Kaiser quelques jours plus tard : « Je me permets très humblement d'informer Votre Majesté que l'étau s'est refermé autour de la plus grande partie de la seconde armée russe. »

Le soir du 29, Samsonov adressa un dernier message à Jilinski : « Renvoie mes bagages et l'équipement sans fil à l'arrière. M'en vais sur le front. Vive le tsar.

— Général, plaida Potovski, prenez une automobile. Elle vous emmènera...

— S'il y a quelqu'un qui doit survivre, répondit Samsonov, ce n'est pas moi. Utilisez la voiture pour le transport des blessés. J'irai à cheval et je vais maintenant prendre le commandement personnel du front. »

Mais il savait bien qu'il n'avait plus de front.

Ils partirent donc sur leurs chevaux, huit officiers d'état-major, y compris le colonel Glagolev et le capitaine Kravchenko, un officier de liaison britannique, Knox, et une escorte de cosaques. Ils ne trouvèrent sur leur chemin que des morts et des mourants. Ceux qui n'étaient pas blessés étaient épuisés et hagards. De retour au foyer, certains d'entre eux raconteraient la honteuse défaite et leurs récits d'horreur entraîneraient une révolution qui changerait le cours de l'Histoire pendant les soixante-quinze années suivantes. Après un dernier regard à son armée défaite, Samsonov ordonna vers midi à l'officier britannique de partir : « L'ennemi est chanceux aujourd'hui, notre chance viendra une autre fois. »

Il rencontra sur une colline le général Martos, l'un de ses commandants de corps et chef d'une autre unité décimée. « Je dois vous informer, général, lui dit ce dernier, qu'il ne me reste plus de corps d'armée. » Cela décida enfin Samsonov a décréter une retraite générale. Il était parti au combat avec un quart de million d'hommes et il n'en restait plus que des bandes dépenaillées, traquées, à bout. Le général Potovski suggéra d'évaluer la situation.

« Qu'est-ce que vous allez évaluer, général ? lui dit alors le colonel Glagolev. Où ? Il ne reste même plus de champ de bataille. »

Là-bas, une mitrailleuse faucha une colonne de blessés, et ils tombèrent comme de l'herbe fauchée. Glagolev alla vers Samsonov.

« Général, il vous faut sortir d'ici et sauver votre vie. »

Samsonov lui lança un long regard et répondit enfin :

« Pour quoi faire ? »

Une balle frappa alors le cheval du général Samsonov.

Le 31 août, on donna les nouvelles au tsar de toutes les Russies : « L'armée de Samsonov a été détruite. »

À quoi le tsar répondit : « Nous devions ce sacrifice à la France, parce qu'elle s'est montrée une alliée parfaite. »

Chto vinovat ? Qui fallait-il blâmer ? L'incapacité de Samsonov ? La rancune de Rennenkampf ? La précipitation du tsar ? Qui ? Tout le monde chercha un bouc émissaire. Cette question devait hanter la Russie pendant les années à venir. Mais d'autres événements se produisaient à Saint-Pétersbourg. Les premiers blessés arrivaient du front. Leurs récits se répandirent dans la ville et de là, par lettres ou par ouï-dire, au reste des armées russes. Parmi les milliers de gens qui les entendirent, il y avait un certain Vladimir Ilitch Oulianov, plus tard connu sous le nom de Lénine.

Le petit village de Tannenberg est cher au cœur de tous les Allemands. Ce fut là qu'en 1410 une armée de Polonais et de Lituaniens défit les chevaliers Teutoniques. Le colonel Hoffmann suggéra au maréchal Hindenburg de donner ce nom historique à sa grande victoire.

La bataille était finie. À la suggestion de Hoffmann, une fois de plus, Ludendorff laissa sur place un corps d'armée pour éliminer ce qui restait des troupes de Samsonov. Ce qui se passa fut, selon les mots de Hindenburg, « une journée de moissons ». Les Allemands firent soixante mille prisonniers, détruisirent complètement les 13e, 15e, et 23e corps et mirent fortement à mal les 1er et 6e. Leur butin fut énorme. Promu général, le colonel Hoffmann n'eut pas le temps d'aller examiner les canons capturés, ni les interminables files de prisonniers en haillons. Il préparait l'étape suivante de la campagne, la destruction d'une autre armée.

La victorieuse 8e armée se réunit autour du monument

de Tannenberg et chanta l'hymne militaire de Frédéric le Grand avant de monter dans les trains qui la mèneraient au nord, pour affronter la première armée du général Pavel Rennenkampf.

31 août : « Quelle heure est-il, Glagolev ?

— Une heure et quart, général. »

Les cinq hommes avançaient à pied dans une forêt de bouleaux détrempée ; le capitaine Kravchenko, le colonel Glagolev, le général Potovski, un guide cosaque et le général Samsonov. Ils avaient été repoussés vers les marécages pour éviter les patrouilles de uhlans. Chaque pas était une torture, l'eau leur entrait dans les bottes et plus d'une fois ils durent former une chaîne humaine pour s'extirper de la vase. Seules les quintes de toux du général asthmatique rompaient le silence.

Ils atteignirent le sol ferme au bout de ces fondrières quand soudain des coups de fusil retentirent. Glagolev se jeta à terre. Il distingua des ombres dans les bois devant. Puis elles disparurent. Glagolev leva lentement la tête. Près de lui gisaient les corps du guide cosaque et du général Potovski. Le pince-nez était tombé du nez de ce dernier. Glagolev perçut un soupir ; il émanait de son ami Kravchenko. Glagolev le tira de la vase et le prit dans ses bras. Le capitaine lui jeta un regard voilé ; le sang moussait à la commissure de ses lèvres. Il parvint à articuler le vœu traditionnel : « Il vous souhaite une longue vie. »

« Je te souhaite une longue vie, Vassili », répondit Glagolev, le visage baigné de larmes. Il tint son camarade jusqu'à ce que celui-ci eût rendu l'âme.

Le silence régna. Glagolev regarda autour de lui. Il était seul. Samsonov avait disparu.

Et si...

... les Allemands n'avaient pas intercepté les communications des Russes ?

Ludendorff et Hoffmann n'auraient jamais mis leur plan audacieux à exécution.

Et si Rennenkampf avait été au secours de Samsonov ?

La huitième armée de Hindenburg aurait cessé d'exister.

Et si Moltke avait laissé sur le front de France ses quatre corps de réserve au lieu de les envoyer sur le front oriental ?

On peut supposer que les Allemands auraient pris Paris, que la Première Guerre mondiale aurait pris fin dans le mois suivant et qu'elle aurait entraîné quelques centaines de milliers de morts, au lieu de plusieurs millions quatre ans plus tard.

Et si, au moment critique, l'homme de la situation, Hoffmann, n'avait pas révélé l'histoire de Moukden à Hindenburg ?

L'affaire est plus complexe. Toujours fut-il que cette victoire fut la seule du maréchal Hindenburg et qu'elle suffit à assurer la victoire allemande à l'est[1].

Les faits

Le splendide corps aristocratique des officiers russes trouva son tombeau à Tannenberg. Et sa défaite

1. Visitant après la guerre le champ de bataille de Tannenberg, le général Hoffmann dit à un ami : « C'est ici que le maréchal dormit avant la bataille, c'est là qu'il dormit après la bataille, et c'est là qu'il dormit *pendant* la bataille... Inutile de discuter si nous eussions gagné sans un changement de chef, car ma réponse est : oui. »

sonna le glas de la Russie comme puissance combattante. Il ne restait plus aux Allemands qu'à annihiler l'armée de Rennenkampf, ce qu'ils firent. La Russie accusait au total un quart de million de morts.

En revanche, la victoire allemande à Tannenberg fut directement responsable de la défaite de von Kluck aux portes de Paris. Elle entraîna également la révolte des soldats russes à Saint-Pétersbourg, puis la Révolution bolchevique de 1917. À plus longue échéance, elle entraîna également la chute de deux maisons impériales, celle des Romanoff et celle des Hohenzollern.

Coda : aucun régiment russe ne participa au défilé triomphal des Alliés à Paris en novembre 1918, et personne ne mentionna le courage et le sacrifice des deux cent cinquante mille Russes qui donnèrent leurs vies pour que la France, l'Angleterre et les États-Unis pussent remporter la victoire finale.

Le grain de sable à Tannenberg fut la claque de Moukden, qui entraîna la fin du tsarisme et porta les bolcheviks au pouvoir.

10

Der Halte Befehl (L'ordre d'arrêter)

France, 21 mai 1940

« Nous avons perdu la Bataille de France. »

Paul Reynaud, Premier ministre,
à Winston Churchill, Premier ministre,
le 15 mai 1940.

Dans la soirée du 10 janvier 1940, un avion de transport allemand Junkers-52 fit un atterrissage forcé dans un terrain près de Méchelen-sur-Meuse. Il y avait à bord un officier d'état-major de la 7e division allemande d'infanterie ; il portait sur lui les plans détaillés de l'invasion de la France. Et il fut fait prisonnier avant de pouvoir détruire ses cartes. Celles-ci révélaient un plan d'attaque au printemps, à travers les Ardennes, avec un franchissement de la Meuse au sud de la frontière belge. Les plans saisis furent adressés au général Maurice Gamelin, commandant en chef des armées alliées.

Il n'y crut pas, pas plus que n'y crut le chef de son service de renseignements, le colonel Payol du 2e Bureau, en dépit de la confirmation de ces plans par une

Bataille de tanks, Arras, 21-22 mai 1940

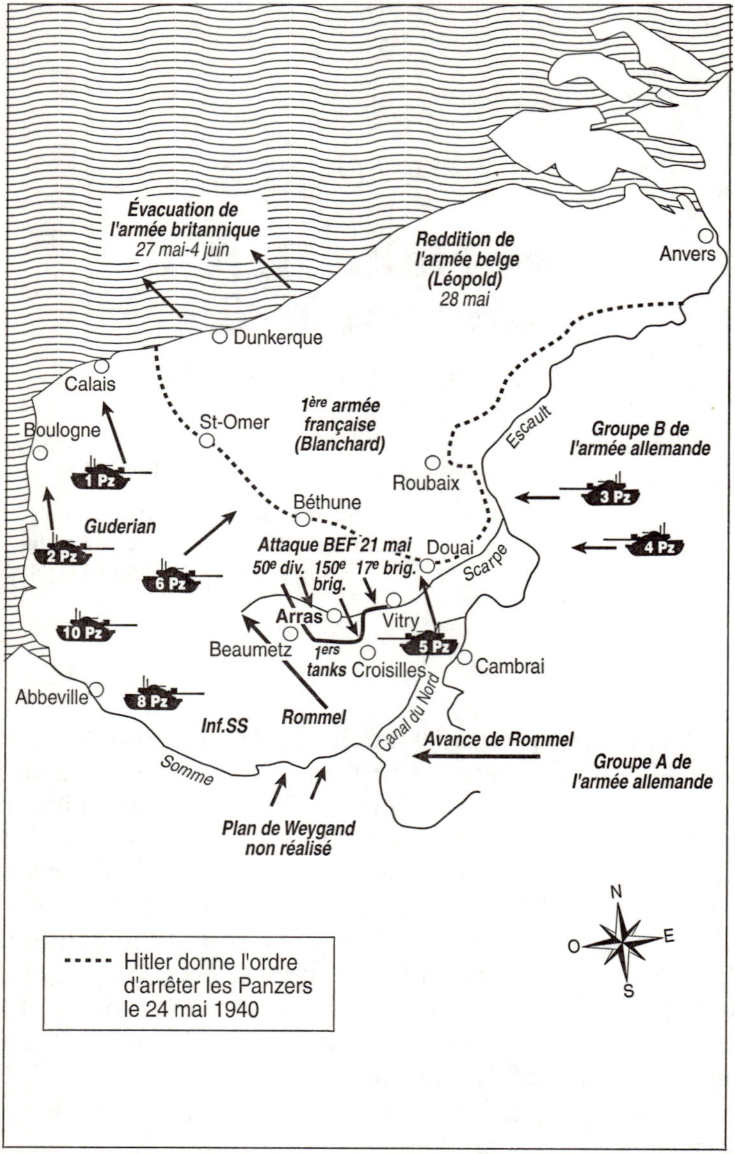

source secrète à Berlin, « Bertrand », haut fonctionnaire du ministère de la Guerre[1].

Non, décréta le général Gamelin, aucune armée ne pouvait traverser les Ardennes, et cela en dépit du fait que deux ans seulement auparavant, sur les manœuvres qu'il dirigeait lui-même, le général Prétalat eût réalisé exactement la même percée que décrivaient les plans allemands. Quand l'attaché militaire de l'ambassade de France à Berne informa Gamelin de s'attendre à une offensive allemande sur Sedan, il ne restait plus à ce dernier que deux jours pour s'y préparer.

Le 10 mai 1940 au matin, une unité spéciale de parachutistes allemands, qui s'était entraînée sur une reconstitution de l'objectif, fut larguée sur le fort Eben Emael, qui contrôlait trois ponts vitaux à la frontière franco-belge. En vingt minutes, cette jonction stratégique fut aux mains des Allemands. La route de France était ouverte.

Le 1er septembre 1939, le monde expérimenta pour la première fois la stratégie allemande du *Blitzkrieg*, la « guerre-éclair » : celle-ci était fondée sur des attaques rapides des blindés, les panzers, associées à des attaques aériennes tactiques, et elle avait été conçue dans l'entre-deux-guerres par le brillant stratège des blindés qu'était Heinz Guderian[2]. Les Allemands avaient bâti une force de blindés de premier ordre, alors que l'armée britan-

---

1. Hans Thilo-Schmidt était un membre modèle du Parti nazi, dont le frère commandait une division de panzers ; en d'autres termes, c'était un homme au-dessus de tout soupçon. Et pourtant, il fournissait depuis des années des renseignements vitaux aux Français. Thilo-Schmidt, dont le nom de code était « Bertrand », fut arrêté par l'Abwehr la veille de la prise de Paris. Les Allemands avaient, en effet, découvert dans un wagon sur une voie de garage de chemins de fer tous les documents du 2e Bureau, y compris le nom de leur espion le plus précieux. Thilo-Schmidt fut exécuté.

2. Pendant que l'Allemagne attaquait la Pologne, les Alliés se cantonnaient dans une attitude d'observateurs et maintinrent leur passivité durant la « drôle de guerre », c'est-à-dire de septembre 1939 à mai 1940. Or, en 1939, l'Allemagne n'avait pas les moyens de se battre sur deux fronts.

nique ne possédait que des tanks Mark I équipés d'une mitrailleuse, et que même les grosses Matildas ne pouvaient rivaliser avec les blindés allemands rapides. Les Français traînaient encore plus loin derrière, avec des tanks qui n'allaient qu'à six kilomètres à l'heure, pour permettre aux fantassins de les suivre, alors que les panzers atteignaient soixante kilomètres à l'heure.

L'exemple polonais n'avait servi à rien : les militaires qui régentaient la stratégie des Alliés étaient sclérosés et figés dans un immobilisme défensif. Le major général sir Louis Jackson reflétait bien leur mentalité ; se référant à la bataille décisive de la Première Guerre mondiale, la percée des blindés britanniques à Amiens, il déclarait ainsi : « Le tank fut une singularité. Les circonstances qui ont prévalu à sa naissance étaient exceptionnelles et ne sont pas près de se reproduire. Et si c'était le cas, on pourrait y remédier par d'autres moyens. »

La myopie de l'état-major français valait celle de son homologue impérial. « Nous ne sommes pas des Polonais, pérorait le général Gamelin, ça ne pourrait pas se produire ici. » L'état-major français pariait sur l'invulnérabilité de la ligne Maginot. Ce système de défense hautement perfectionné comportait cependant une faille essentielle : il s'arrêtait à la frontière belge ! Les Français supposaient, en effet, que cette carence inciterait les forces allemandes à descendre à travers la Hollande, auquel cas la puissance des armées françaises, belges et britanniques les écraserait le long de la ligne fortifiée de la Dyle. Or, ce fut justement cette concentration des armées alliées dans les Flandres qui entraîna la débâcle française.

Le plan d'une marche éclair vers la victoire fut soumis à Hitler par le chef d'état-major du *Heeresgruppe A* (groupe d'armée A) du général von Runstedt : c'était le général Erich von Manstein. Il proposa une attaque surprise avec le gros des blindés allemands et sept divisions sur le point le plus faible des défenses françaises, la chaîne boisée des Ardennes ; pendant ce temps, le *Heeresgruppe B* du général Bock feindrait une attaque sur la Hollande, suivant les routes d'invasion établies lors de la Première Guerre mondiale. Les Français tombèrent dans le panneau et le maréchal Philippe Pétain, le héros chenu de Verdun, proclama : « Les Ardennes sont impénétrables. Ce secteur n'est pas dangereux. »

Cent cinquante kilomètres de forêts denses séparaient la ligne Maginot des fortifications de la Dyle en Belgique. C'était la clef de l'attaque allemande, mais le général Gamelin n'alloua que quatorze divisions de réserve à la protection de cette section : elles devaient avoir affaire à soixante-quinze divisions allemandes d'élite, y compris toutes leurs unités de panzers lourds.

Il court sur la foudroyante conquête allemande bien des légendes. On l'attribue ainsi à la supériorité des blindés allemands. Or, les Allemands disposaient de deux mille cinq cent soixante-quatorze tanks [1], alors que les Alliés en avaient trois mille deux cent cinquante-quatre. De plus, les canons et les blindages des Alliés étaient supérieurs à ceux des types Mark II et Mark III allemands. Le fait est que les Français étaient en transes : ils avaient développé une « mentalité Maginot » ; toute leur pensée militaire était basée sur un concept rigide, une stratégie archaïque et surtout, une confiance excessive dans une défense statique. La ligne Maginot était intacte lors de la reddition de la France [2].

De plus, l'Histoire tend à oublier un engagement relativement mineur, celui de soixante-quatorze tanks anglais près d'Arras, qui devait pourtant se révéler significatif pour la suite des opérations.

Après deux jours de combats seulement, les panzers de tête avaient atteint Sedan et la Meuse. Le 12, un rap-

---

1. Une grande partie, sept cent soixante-dix, étaient des Skoda tchèques.

2. Roger Bruge : *On a livré la ligne Maginot.*

port erroné selon lequel des unités de panzers avaient déjà franchi la Meuse parvint au général Corap, commandant de la neuvième armée française[1] ; ce dernier fut pris de panique et ordonna une retraite précipitée ; il fut remplacé par le général Giraud et celui-ci fut fait prisonnier le lendemain.

Le 13, les 7e panzers du général Erwin Rommel traversèrent, en effet, la rivière sur des pontons assemblés à la hâte. Ils ne rencontrèrent pas de résistance et dépassèrent rapidement une ligne française de défense toute récente avant qu'elle pût même être occupée. Cette déroute ouvrit une trouée béante dans la ligne française. L'avance des panzers fut si foudroyante que les Allemands ne prirent même pas la peine de s'arrêter pour faire des prisonniers. Et quand ils le faisaient, un tank s'arrêtait parfois pour s'emparer des fusils des soldats et les écraser sous les chenilles du blindé.

Les Français disposaient de trois divisions blindées qui eussent pu arrêter l'avance du rouleau compresseur allemand. Bien que les services de renseignements militaires eussent établi que les panzers ne se dirigeaient décidément pas vers la Belgique, le général Gamelin, qui n'était guère homme à changer ses idées ni à s'adapter à une situation rapidement changeante, se comporta de telle manière qu'il précipita la débâcle. Quand le général Weygand le remplaça et que la décision fut enfin prise de mettre en position les trois unités de tanks, il était trop tard. La 1re division blindée du général Bruneau fut tout simplement pulvérisée par le 19e corps de panzers du général Guderian, soutenu par les *Sturzkampfflugzeug* ou Stukas de la Luftwaffe, près de Beaumont. La 2e division de tanks du général Bronché fut débarquée là où il ne fallait pas, par suite d'un horaire de trains

---

1. Quelques mois auparavant, le général sir Alan Brooke avait rendu visite à Corap et avait relevé l'absence de positions antitanks. Corap lui avait répondu : « Bah, on les fera plus tard. Allons, on va déjeûner. »

malencontreux, et la 3e division se trouva à court de carburant alors qu'elle était en route pour le front.

Les mouvements des renforts français et britanniques se heurtaient à un autre problème qui n'était pas le fait des Allemands : des milliers de réfugiés affluaient de l'est de la France et de la Belgique et ce flot humain embouteillait les routes principales. Ils s'étaient lancés dans l'exode avec toutes sortes de véhicules, des poussettes, des brouettes, des voitures à bras, dans lesquels ils avaient entassé leurs possessions ou ce qu'ils croyaient indispensable, objets inutiles saisis dans la panique, des guitares, des tableaux, des ombrelles. Les autos se trouvèrent bientôt à court d'essence et quand elles ne l'étaient pas, leurs propriétaires en étaient éjectés par d'autres qui cherchaient le salut. Tous ces véhicules ajoutaient à l'embouteillage.

Les fuyards affamés cueillaient du maïs et des fruits verts et puis en accusaient les conséquences. Une enfant, avançant sur des jambes raidies par la fatigue, s'accrochait aux jupes de sa mère qui laissait tomber ce qu'elle portait pour la caresser. Scène de tendresse dans une foule paniquée. Beaucoup s'asseyaient le long de la route dans l'attente de l'inévitable. Cette masse de fuyards épuisés et dépenaillés passait parfois devant des cadavres en décomposition, car les Stukas mitraillaient ces civils, étendant les voiles de la tragédie sur des scènes de souffrance.

Or, ces réfugiés firent ce que dix divisions allemandes supplémentaires n'eussent pas espéré réussir : ils empêchèrent les réserves alliées, si crucialement nécessaires, d'atteindre les positions de défense qu'elles avaient préparées. Au soir du 15 mai, les trois corps de panzers de Hoth, Reinhardt et Guderian entrèrent en France sans affronter de résistance et l'effort héroïque d'une 4e division constituée en hâte et menée par un jeune colonel, Charles de Gaulle, n'eut aucun effet sur l'avancée de Guderian. La bataille de France avait commencé cinq jours auparavant et la France s'acheminait déjà vers une défaite humiliante.

La campagne de Pologne avait duré deux semaines, grâce au talent des commandants de blindés de Hitler. Mais l'expérience militaire faisait cruellement défaut au maître de l'Allemagne : la complexité de la guerre moderne de blindés lui échappait. Sa conviction de son génie militaire, pourtant, n'avait d'égale que sa foi dans sa destinée historique ; il s'était donc entouré de généraux aussi incompétents que leurs homologues français, des béni-oui-oui tels que Keitel et Jodl. La véritable force des Allemands résidait dans leurs commandants de première ligne, tels que Guderian et un jeune général de division, Erwin Rommel.

Ce dernier allait devenir le meilleur des généraux allemands, étant donné que lui seul était parvenu à se défaire de la rigidité de l'esprit militaire allemand. Il n'avait jamais appartenu au Parti et comme son supérieur Guderian considérait les gradés de l'OKW, le commandement suprême allemand, comme de vieilles badernes. Son intense antipathie pour des gens tels que Himmler, Jodl, Keitel, était notoire et il ne s'était jamais laissé fasciner par les structures politiques dont dépendait pourtant sa propre sécurité. Il avait d'abord eu de l'admiration pour Hitler ; vite déçue, elle avait tourné au dégoût.

Et pour de bonnes raisons : quand les trois corps de tanks avaient déboulé de la tête de pont sur la Meuse et qu'ils s'étaient avancés en France, repoussant devant eux les armées en déroute, les nerfs de Hitler avaient lâché. Il fut gagné par une anxiété qui croissait au fur et à mesure de l'avance des panzers. Le 15 mai dans l'après-midi, un flot de messages des généraux en tête s'était déversé sur l'OKW. Dans la salle des cartes, les généraux parvenaient à peine à suivre l'avance des flèches et des petits drapeaux. Hitler, qui étudiait aussi la carte, commença à s'agiter considérablement. Keitel s'en avisa et partagea son sentiment. « Je suis d'accord avec votre appréciation de la situation actuelle, *mein Führer*. Nous avançons nos panzers trop loin. Nous devons nous attendre à une contre-offensive. »

Le 16, en effet, un message annonça : « Les Français tirent de leurs réserves de Dijon et Belfort des forces nouvelles contre notre percée. »

Les généraux Keitel et Jodl opinèrent du bonnet. Seul un stratège doué, du nom de Halder, soutint que l'avance était trop rapide pour que les Britanniques pussent s'y adapter et que le moral français s'était effondré. Ce en quoi il avait raison. Mais Hitler n'écoutait que ses porte-coton. Le 17 mai, l'ordre partit d'arrêter les 19e panzers[1]. Ce fut la stupeur au quartier général du 19e panzers.

« Mais général, c'est un ordre de l'OKW, un ordre personnel du Führer lui-même.

— Je n'en ai rien à faire, même s'il vient du pape. Appelez le général List de la 12e armée et dites-lui que je démissionne de mon poste ! » cria rageusement Guderian.

List vint au téléphone ; il était plus qu'un simple général : un fin diplomate. Il parvint à un compromis. Il autorisa Guderian à effectuer « une reconnaissance en force ». En farce, plutôt. Pour dissimuler ses opérations au Führer, Guderian fit installer une ligne téléphonique de sa voiture jusqu'à l'endroit où l'OKW lui avait donné l'ordre de s'arrêter.

Et il advint de la sorte que les panzers s'élancèrent vers les côtes de la Manche avant que Hitler en sût quoi que ce fût.

---

1. « Le 17 mai, déjà, Hitler avait donné sur un sentiment personnel l'ordre d'arrêter les panzers de von Kleist devant lesquels fuyait l'ennemi affolé », déclara le général Halder (Peter Bor, *Conversations avec Halder*).

La directive n° 12 du général Gamelin fut émise à 9 h 45 du matin le 19 mai. Elle donnait à toutes les armées du nord l'ordre de se replier vers le sud à n'importe quel prix, afin de ne pas se trouver encerclées ou rejetées vers les ports de la Manche. Tandis que le général Georges et ses forces attaqueraient du nord vers le sud, les 2e et 6e armées françaises attaqueraient du sud vers le nord, à partir de Mézières.

Un événement précipita cet ordre. À 19 heures le même jour, Gamelin, qui souffrait de la dépression associée à une syphilis avancée, fut remplacé par Maxime Weygand. Ce dernier avait établi un nouveau plan avec le général Georges, son commandant du groupe d'armées du nord-est : il consistait à prendre en étau les unités allemandes avancées et exposées. Georges était un émotif qui, après la défaite de la Meuse, avait fondu en larmes ; il se rendit chez le général Gort, commandant en chef des forces expéditionnaires britanniques, à son quartier général, il lui avait demandé de jeter dans la bataille ses réserves de tanks, afin de couper de leurs arrières les deux divisions de panzers de tête. Les Britanniques devraient alors établir une nouvelle ligne de défense Arras-Cambrai-Bapaume.

En échange, Georges promit une forte attaque des tanks français venus du sud.

Le général Gort ne prit même pas la peine d'informer le général Georges qu'il envisageait déjà une retraite vers Dunkerque. Il en avait cependant informé son Premier ministre, Winston Churchill, qui ordonna de mettre sur pied l'Opération Dynamo[1], grâce à laquelle les forces britanniques furent sauvées de la destruction.

Pendant que Français et Anglais perdaient un temps précieux à discuter qui devrait attaquer et où, les 7e panzers de Rommel fonçaient avec détermination vers le cœur de la France, sur un front de trois kilomètres et à cinquante kilomètres seulement de leur unité de ravitail-

1. Nom de code de l'évacuation de Dunkerque.

lement la plus proche. Rommel prenait là des risques considérables, étant donné que de grosses forces alliées menaçaient ses flancs. Le 18, il alla de nouveau de l'avant : « Direction suivante : Le Cateau-Arras. Faites les pleins. Tenez-vous prêts. »

Il se trouva bientôt à court de carburant, et l'on avance que les panzers se fournirent même aux pompes locales. Cela l'exaspéra, mais il s'avisa qu'il en était lui-même responsable : il avait avancé si vite que sa division de soutien logistique se trouvait encore en Belgique ! Quand Hitler l'apprit, il en eut des crampes d'estomac et ses généraux de l'OKW n'en dormirent pas de la nuit [1]. Mais l'audace de Rommel fut largement récompensée : il n'accusa que trente-cinq morts et cinquante blessés, alors qu'il avait fait dix mille prisonniers et détruit cent tanks ennemis.

Le 20 mai, jour où les premières unités de Guderian entrèrent dans Abbeville, le général Gort mit le général sir Harold Franklyn en charge du secteur d'Arras. Celui-ci réunit ses officiers d'état-major au centre de commande, une ferme près de Saint-Éloi [2]. Les opinions divergeaient totalement et aucun consensus ne s'en dégagea. Selon les rapports les plus récents de leurs unités en retraite, les panzers avaient déjà atteint la Scheldt à Cambrai et approchaient du canal du Nord, la dernière ligne d'eau qu'on pouvait défendre. Les Allemands essayaient à l'évidence d'encercler le corps de Franklyn et avec lui tout le commandement allié du nord-est de la 1re et de la 7e armée françaises, de l'armée belge et des forces expéditionnaires britanniques [3].

Gort informa Franklyn qu'il ne devrait pas compter sur une couverture aérienne ; il devrait se suffire de ses propres forces au sol, deux divisions, la 5e et la 50e, plus

---

1. David Irving, *Rommel*.
2. À quelques kilomètres de la côte de Vimy, rendue célèbre par la Première Guerre mondiale.
3. Cela représentait au total 56 divisions, sans compter le 10e hollandais et les divisions de réserve, qui étaient déjà séparées de l'armée princiale.

la 1re brigade de tanks britannique, composée d'unités des 4e et 7e Royal Tank Regiments. Le plan consistait en une attaque concentrée d'infanterie et de blindés le long de la grande route Arras-Bapaume ; et cette attaque était destinée à trancher la tête de la vipère, le 7e panzers de Rommel, avant que l'infanterie de soutien allemande réussît à faire la jonction avec lui. Les unités de tanks de Franklyn étaient assez fortes pour atteindre cet objectif, à la condition qu'elles ne se trouvassent pas en conflit direct avec la force principale de Rommel.

Ce qui poussa ce plan à la mise en œuvre, avant même qu'un plan final unifié eût été établi, fut un câble urgent de Churchill au Premier ministre Reynaud : « ... Les colonnes de tanks [allemandes] qui se sont aventurées doivent être pourchassées par un certain nombre d'unités mobiles équipées de quelques canons [1]... »

Gort fixa l'heure de l'offensive à 14 heures le 21 mai. Le général Martel fut désigné pour la commander. La première vague d'assaut était composée des 13e et 151e brigades d'infanterie, plus soixante-cinq tanks Mark I et dix-huit tanks Mark II. Martel fut assuré du soutien latéral de dix-huit tanks légers de 3e division mécanisée française, mais pas de la couverture aérienne. Un problème apparut, et il était de taille : bien que les renseignements militaires eussent correctement identifié le 7e panzers de Rommel, ils n'avaient pas repéré les 8e et 5e panzers, non plus que la *SS Panzergrenadier Division* qui suivaient l'offensive de Rommel. Or, cela représentait quatre cents tanks et vingt mille hommes.

Quelques jours plus tôt, le commandant de 1re brigade de tanks britannique était assis dans son camion de commandement quand un message lui parvint : « Unité sous attaque intense du sud-ouest. » Qu'est-ce que cela signifiait ? Du sud-est, oui, mais du sud-ouest ?

---

1. Le moment auquel ce câble fut expédié est sujet à discussion. Churchill assure l'avoir expédié au début de la journée du 21.

Ses hommes tenaient toujours la ligne de la rivière. Les Allemands auraient-ils réussi à traverser la Dyle au sud, peut-être au point de jonction des Britanniques avec la 1re armée française ?

La radio mit fin à sa perplexité : « ... Des unités avancées du 39e corps de panzers sont parvenues à traverser la Dyle... Nous accusons de lourdes pertes... » Puis vint le message : « À l'attention de toutes les unités : les 5e et 7e panzers de Hoth ont été aperçus se dirigeant dans la direction de Maubeuge-Le Cateau... »

C'était hier. Et aujourd'hui, il les voyait de ses yeux. Les panzers s'étalaient et se dirigeaient dans sa direction. Et cette fois-ci, il ne pouvait espérer que quelqu'un d'autre réglât le problème pour lui. Il ne pouvait pas battre en retraite, c'était trop tard. Les balles sifflaient alentour, lacérant les arbres et la terre. Tout le long de la ligne, ses hommes tiraient à balles contre des blindés ; un duel vraiment inégal.

« Besoin d'artillerie de soutien. À vous. » Une détonation lointaine. Un autre pont vola en poussière avant que les Panzers y fussent parvenus. « Qu'est-ce qui se passe ? » demanda-t-il.

Une voix fatiguée lui répondit : « Nous recevons une raclée, sir. V'là c'qui se passe.

— Blue 14, ici Foxtrot 7, vous me recevez ?

— Parlez, Foxtrot.

— Blue 14 demande permission de se replier.

— Foxtrot 7, permission refusée. Résistez avec ce que vous avez. Terminé. »

Il savait qu'il venait de sceller le sort de tout un bataillon, mais il n'avait pas le choix. S'ils s'étaient repliés, il aurait exposé tout le flanc de la division, et par la même occasion celui de tout le corps expéditionnaire britannique, largement exposé aux panzers. Un officier entra, le visage gris, luisant de sueur. « Monsieur, nous ne parvenons pas à obtenir les quartiers généraux de la division. Ils sont vaincus ou morts. Nous avons besoin de tanks. Les Matildas du 4e Royal feraient joliment l'affaire.

— Très bien. Il se tourna vers son opérateur radio : « Laissez tomber le QG de division, passez-moi le commandement en chef.

— Je vais essayer, monsieur.

— Faites mieux qu'essayer, sans quoi vous allez y aller à pied. »

Il lui fallait lancer une contre-offensive et très vite. Et pour ça, il avait besoin de ces gros tanks du Royal avant que toute la division fût broyée par les blindés allemands. Le principal pont de chemin de fer avait sauté, mais les éclaireurs des Frisés avaient déjà jeté des pontons sur l'eau et les panzers traversaient ce pont improvisé, soutenus par l'artillerie lourde. Il se tourna vers l'opérateur radio, qui, les écouteurs vissés sur la tête, écoutait les messages, les ordres d'attaque et les rapports sur les positions ennemies.

« Monsieur, confirmation, les Allemands ont traversé la rivière à Wavre[1].

— Et notre secteur ?

— Monsieur, le commandement en chef ordonne une action de résistance, pas d'autres ordres. »

Le bruit des explosions au loin s'amplifiait et se rapprochait lentement de ses propres positions. De l'autre côté de la rivière, un obus de 88 toucha directement une position de la compagnie Alpha. Cinq hommes furent tués.

« Monsieur, le commandement en chef est en ligne.

— Passez-moi le micro. Ici Blue 14... »

La pièce fut éclairée par une boule de feu jaune et une explosion assourdissante s'ensuivit. L'opérateur radio bascula en avant, un grand trou dans sa tunique. « Ici Blue 14 ! » hurla le brigadier dans le micro. Ce

1. Par un détour singulier du destin, l'action se déroula à l'endroit où, en 1815, les Anglais et les Prussiens ensemble avaient contribué à vaincre Napoléon à Waterloo.

n'était pas la peine. L'obus à fragmentation qui avait tué l'opérateur radio avait également détruit le poste émetteur. Le brigadier sauta de son camion de commandement. Il lui fallait une autre radio. La compagnie Alpha en avait une. Elle était à courte portée, mais le message pouvait être retransmis le long de la ligne. Quand le brigadier y parvint, on l'informa que le commandant avait été tué.

« Vous là-bas, sergent...

— Oui, monsieur. Le soldat salua fièrement.

— Prenez le commandement de la compagnie Alpha.

— Très bien, monsieur ! »

Quand le brigadier eut enfin établi la liaison radio avec le commandement en chef, ce fut pour apprendre que les Allemands s'étaient infiltrés derrière tout le monde, les Français au sud et les Belges au nord, et qu'ils avançaient maintenant derrière les Anglais. Dépassés, les commandants de divisions donnaient les ordres de défendre des places qui étaient déjà tombées. C'étaient ces maudits panzers. Il ne restait qu'une solution : lancer contre eux toutes les réserves de tanks ensemble et essayer de couper d'un coup l'avance allemande. Pour cela, l'unité du brigadier était idéalement placée : le gros des panzers était déjà passé au sud et leur flanc était maintenant exposé à la brigade. Il transmit la proposition au commandement en chef. La réponse ne fut pas celle qu'il avait espérée ; elle ne commandait pas d'attaque, mais une fois de plus donnait l'ordre de se « désengager de l'ennemi ». « Toutes les unités doivent se replier sur la ligne Delta Blue. Immédiat. »

Le brigadier consulta sa carte Michelin. Tout comme les Allemands, les Anglais se servaient de ces formidables cartes routières en vente dans toutes les stations d'essence : les Allemands se ruaient vers la Dendre, une autre rivière à l'ouest de la Dyle. Les Anglais devraient donc se replier. Mais pas dans la panique. Si le brigadier pouvait organiser une retraite en bon ordre, ses hommes pourraient livrer une autre bataille. Il lui fallait établir un plan pour retirer ses compagnies de leurs positions vulnérables. Elles devraient se replier en douceur, ne laissant derrière elles qu'un mince écran de couverture.

« Major, nous nous retirons. Les armes sont mécanisées, mais pas les hommes. Ça vous pose un problème ? » Le major se tourna vers le sergent-major de régiment, raide comme un piquet. Rien ne semblait émouvoir cet homme, même pas les panzers. « Essayez de nous mettre sur pied un projet sur roues pour les gars.

— Oui m'sieu. Y a l'équipement et les camions de ravitaillement.

— Laissez tomber tout ça, nous avons besoin d'hommes, pas de tentes, répliqua le brigadier. Voici le plan. Les canons partent à 3 heures, les hommes à 3 h 20. Pas de lumières. Nous nous dirigeons vers la Dendre. Dès que le dernier homme a traversé, faites sauter le pont. » Il serait couvert par l'artillerie de soutien. Les obus des canons de campagne allemands sifflèrent au-dessus de leurs têtes. La dernière unité britannique le long de la Dyle parvint à se replier sans perdre un homme. En camion, puis à pied, ils avancèrent jusqu'à ce qu'ils eussent trouvé une forêt. Les troupes étaient épuisées et voulaient dormir, mais au lieu de cela, on leur donna l'ordre de creuser des tranchées.

« Monsieur, les hommes sont un peu fatigués, dit un commandant de compagnie.

— Putain ! Et qui n'est pas fatigué ? » répliqua le brigadier.

Les messages radio arrivaient en crachouillant : « Trente tanks allemands, soixante auto-chenilles, vingt canons à cinq miles à l'est de Grosart, se dirigeant vers le nord-ouest à 7 h 15. »

« La ligne de la Dendre soumise à violente attaque. Demande la permission... »

Les Britanniques avaient à peine établi une ligne de défense que les Allemands l'avaient déjà franchie. La brigade courait le risque d'être complètement coupée.

« 18 mai, 22 heures. Grosses unités de panzers avancent rapidement le long des axes Le Cateau-Cambrai et Valenciennes-Douai. »

Ce qui signifiait que les Allemands étaient déjà parvenus au sud et qu'ils arrivaient tout droit vers l'unité du brigadier ; ils projetaient donc d'encercler par l'arrière tout le corps expéditionnaire britannique. Un barrage d'obus de 25 hurla au-dessus, visant la colonne de panzers. Un nouvel ordre du commandement en chef annula le précédent : « CEB doit s'installer à 12 heures le 19 mai le long de la ligne de l'Escaut, entre Oudenarde et Maulde. »

Se replier encore ! Les hommes étaient épuisés. Puis un autre message.

Au commandement en chef, les généraux Franklyn et Martel avaient reçu l'ordre d'établir une nouvelle ligne de défense et ils étaient en train de coordonner leurs mouvements quand le message suivant leur parvint : « 19 mai, 8 h 15. Unités du groupe d'armée allemand B ont franchi l'Escaut à Oudenarde. » Ce qui signifiait que la ligne de défense de l'Escaut était également devenue intenable. Il fallait donc se replier immédiatement pour se regrouper sur le canal du Nord et la Scarpe.

« Unités du groupe d'armée allemand A avancent sur Cambrai-Arras. Ennemi identifié comme 7e division de panzers avec deux divisions d'infanterie non motorisées à vingt-quatre miles à l'arrière. »

C'était l'occasion qu'ils attendaient : les panzers devançaient l'infanterie. Il était temps d'agir. Leurs dix-huit Matildas et leurs 65 Mark I affronteraient au moins deux cents panzers. Le combat serait inégal, mais c'était un commencement.

Le brigadier consulta sa carte. Les ordres du général Martel étaient précis : « Établir ligne d'attaque le long de la rive sud de la Scarpe à 22 heures le 20 mai. S'ancrer sur

Vitry. » La carte Michelin indiquait six ponts sur le canal du Nord entre Douai et Ruyaulcourt. Les panzers se dirigeraient vers ces ponts. Pour le moment, la ligne était tenue par deux divisions de la première armée française. Dans un jour ou deux, les panzers auraient traversé la rivière et ce serait alors que ses tanks les frapperaient par le flanc et les jetteraient dans la Sensée. Mais il n'avait pas pris en compte Rommel, dont le 25e Panzerregiment traversa le canal du Nord à Marcoing, avant même que les Britanniques eussent pu établir une ligne de défense. À 5 heures le 20 mai, en effet, les unités de Rommel avaient déjà dépassé les Anglais au sud d'Arras [1]. Rommel se lança dans une expédition personnelle de reconnaissance, pour laquelle il prit deux panzers et son propre véhicule de reconnaissance à blindage léger. Sur la route, près du village de Vise-en-Artois, il tomba dans une embuscade ; ses deux tanks furent détruits et il se trouva isolé pendant près d'une heure. Il l'avait échappé belle.

Le commandement en chef de la 1re brigade de tanks britannique reçut le message que ses unités de l'avant avaient détruit deux tanks allemands. Il avait peine à croire que les Allemands fussent si près ; il mit rapidement toutes ses batteries de 25 et toutes ses unités de canons antitanks en embuscade. De la sorte, il pilonnerait la tête de la colonne allemande et ralentirait son avance, tandis que les Matildas et les Marks I frapperaient le flanc vulnérable des Allemands. Le plan était solide, il marcherait, il devait marcher.

« La 17e brigade attaquera avec le soutien du 4e Royal Tanks. Toute l'artillerie divisionnaire est à notre disposition, sans compter tout ce que les corps peuvent mobiliser. Nous avons un boulot à faire et nous allons fichtrement le faire. »

Ce fut alors que les Stukas attaquèrent. Ils débou-

---

1. Le général Jodl écrivit ce jour-là dans son journal : « Le Führer est fou de foie. Il fait les plus grands éloges de l'armée allemande et de son commandement... »

chèrent en bourdonnant furieusement, trente, quarante, peut-être plus, comme un essaim d'abeilles en colère ; ils suivirent la Scarpe pour s'orienter, puis se dirigèrent tout droit vers les unités groupées d'artillerie britanniques.

Le bourdonnement se changea en sifflements aigus quand les premiers bombardiers piquèrent du haut du ciel. Ils visèrent les bouquets de fumée repérés par leurs observateurs. Des paquets de bombes se détachèrent de leurs ventres. La terre trembla. Des fontaines de terre jaillirent, des camions et des cadavres volèrent en l'air. Un avion fit irruption hors du nuage de fumée, son pare-brise scintillant dans le soleil, d'autres le suivirent, fonçant, tournoyant, remontant, revenant, un manège volant d'oiseaux de proie qui s'amusaient. Tout semblait s'écrouler autour du commandant, dans le vacarme des bombes et des tirs antiaériens. Un canon Bren fit feu et soudain une traînée noire barra le ciel ; un avion piqua vers le sol et une colonne de fumée grasse et noire signala sa fin[1].

« On l'a eu, on l'a eu ! » C'était enfin un motif de réjouissance pour ces hommes. Cela n'empêcha pas les autres Stukas de lâcher leurs cargaisons mortelles, mais le barrage de tirs antiaériens nourris avait réussi à détourner leur attention de l'artillerie et des canons antitanks. Les troupes du commandant avaient subi de lourdes pertes, mais l'embuscade tenait toujours : les tanks restaient bien cachés dans la forêt.

« Monsieur, une colonne de panzers avance. »

Il reconnut dans ses jumelles les silhouettes noires aux canons courts et massifs. La colonne semblait s'étendre jusqu'à l'horizon. Des tanks, encore des tanks, et puis leurs véhicules de ravitaillement. « Laissez-les passer. » Les ordres étaient précis : « 21 mai à 14 h. Lan-

---

1. Le frère du général von Manstein mourut dans un Stuka au cours de ce combat.

cez-leur tout ce dont vous disposez. » L'heure n'avait pas encore sonné.

Les minutes s'écoulèrent lentement. 13 h 40... 13 h 50... 14 heures !

« Tous les tanks en avant. »

Les tanks s'élancèrent dans le cliquetis des chenilles et le grondement des moteurs à la vitesse maximale, ils écrasèrent les buissons qui leur avaient servi de camouflage et débouchèrent dans la lumière, trente, cinquante, quatre-vingts. Les Allemands les virent à coup sûr, mais ne réagirent pas sur-le-champ. Peut-être leur commandant s'avisa-t-il qu'il avait affaire là à une grosse force de blindés et qu'il n'avait pas les moyens de répliquer, sinon trente Mark II et quelques Skoda pour garder les véhicules de ravitaillement et les camions-citernes. Leur unité principale de panzers était bien au-delà.

Le brigadier devait leur asséner un coup foudroyant et bénéficier de l'effet de surprise. « Feu à volonté ! » L'enfer se déchaîna. Tout le long de la ligne britannique les canons antitanks firent feu et les tanks britanniques tirèrent comme à bout portant sur les panzers et les colonnes de ravitaillement de Rommel. Un chef de tank britannique dirigeait un escadron de Matildas du haut de sa tourelle. À ses côtés, un escadron de Mark I légers s'approcha à quatre cents mètres des Allemands. Les mitrailleuses criblèrent les véhicules de ravitaillement à blindage léger. Un camion de munitions explosa dans une boule de feu jaune. Les obus sifflaient par-dessus les têtes. Un Mark III allemand explosa, frappé au-dessous de la tourelle. « Nous les pilons ! »

« Monsieur, le 7e Royals a cerné une douzaine de panzers. Nous avons perdu deux blindés et eux, huit. »

La force des tanks britanniques avançait à une allure presque régulière, la première vague restant ferme sur ses positions et attaquant les panzers, cependant que la vague suivante fonçait, ne présentant aux canons allemands que ses blindages les plus épais. Quelques panzers brûlaient férocement dans les champs, tourelles noircies, les équipages à l'intérieur. Plusieurs autres s'étaient arrêtés en raison du tir paralysant des Britanniques. D'autres battaient en retraite vers les forêts. Le 42e bataillon antitanks de Rommel était pulvérisé. La plupart des équipages allemands avaient été tués, leurs canons antitanks de 37 mm [1] n'ayant pas été de taille à résister aux canons de 80 mm des Matildas britanniques.

Le brigadier s'empara de son microphone : « Avancez toujours ! » Pour la première fois depuis leur retraite sans fin, il entendit les voix excitées et les vivats de ses équipages. Il savait que cela serait de brève durée. Les Allemands contre-attaqueraient, c'était la dure leçon qu'il avait apprise de la Grande Guerre.

Le 21 mai, au quartier général avancé du 19e corps de panzers, près des côtes de la Manche ; la veille, la 2e division de panzers de Guderian avait atteint ces côtes à Noyelles. Les forces alliées avaient bien été coupées en deux ; en quatre jours, cinq au plus, Guderian espérait s'être emparé de tous les ports de la Manche. Un message sur la bataille de tanks à Arras lui parvint à 14 h 10.

« Général, des unités du 7e panzers ont affronté de lourdes formations de tanks au sud d'Arras. Elles sont repoussées vers la Sensée.

— J'ai besoin de connaître les forces ennemies.

— Le 4e et le 7e Royal Tanks Regiments ont été identifiés.

— Quelles unités avons-nous sur place ?

— Général, nos unités les plus proches font partie des 8e et 5e Panzers.

— Couverture aérienne ennemie ?

— Négative. »

---

1. Les Allemands les appelaient par euphémisme *Neeresanklopfgerät*, ou heurtoirs, c'est-à-dire « l'instrument militaire pour frapper poliment à la porte ».

Guderian réfléchit un moment. « Très bien, dégagez des unités du 8e et appelez la Luftwaffe, que leurs Stukas règlent la situation. » Les ordres furent transmis et enregistrés. « Où est le 8e à présent ?

— Ils envoient des renforts le long de la route de Beaumetz.

— Parfait, parfait, répondit Guderian.

— D'autres ordres, mon général ?

— Non. Nos objectifs principaux sont les ports de la Manche. Mes ordres sont inchangés. Le 1er à Calais, le 2 à Boulogne, le 10 à Dunkerque. »

Au quartier général de la 1re brigade de tanks britannique, le brigadier fut avisé : « Monsieur, une colonne de tanks ennemis approche de l'ouest. » Il entendait le grondement à distance. Mais ce n'étaient pas seulement des tanks qui grondaient sur la route, c'étaient aussi les dangereux canons de 88, les *ack-acks*, qui étaient meurtriers pour les tanks. Des détonations parvenaient d'audelà de la forêt.

« Red 5, quelle est votre situation ? À vous.

— Nous sommes sous le feu des ack-acks.

— Donnez-moi leurs coordonnées, je leur donnerai de l'artillerie. » Une batterie de 25 se mit en action. Les acks-acks furent réduits au silence.

Les obus tombaient tout autour de Rommel. Il l'échappa belle une fois de plus quand l'un d'eux explosa tout près et tua l'aide de camp, qui était en train d'étudier la carte pour son général.

Rommel venait d'atteindre la Scarpe avec son 25e régiment de panzers. Quand il fut informé de la bataille d'Arras, il ordonna immédiatement à ses unités lourdes de faire demi-tour et de se diriger vers l'arrière de la force de tanks britanniques. Un violent combat éclata près d'Agnes et il s'engagea bien pour les Britanniques. Pour la première fois depuis qu'il avait traversé la frontière française, Rommel fut obligé de prendre une position défensive, et il se trouva même contraint de défendre certaines de ses unités légères avec des mines. Ce jour-là, Rommel perdit deux cent cinquante hommes, plus que n'importe quel jour précédent.

Le 21 mai à 17 h 30, au quartier général avancé de la 50e division britannique, le général Martel étudiait l'évolution de la situation. Des flèches bleues et rouges ponctuaient la carte devant lui. Il était encore impossible de se faire une idée générale des événements. Le flanc vulnérable de Rommel avait été touché et la plupart des unités qu'ils avaient attaquées jusqu'alors étaient des colonnes de ravitaillement et quelques-unes d'infanterie. Les quelques soixante-dix tanks britanniques fonçaient vers les Allemands le long de la route de Bapaume. La ligne de front commençait à se déformer au sud d'Arras ; il était temps de lancer les réserves dans la bataille sur la route de Cambrai et d'attaquer les Allemands qui se repliaient ; de la sorte, on couperait à travers leurs lignes, afin de réaliser un mouvement de pinces synchronisé avec l'intervention promise des tanks français.

Les réflexions du général Martel furent interrompues par un sifflement terrifiant. Un bombardier Heinkel fonçait sur le village, quasiment en rase-mottes. Le général remarqua que la croix vibra sur le clocher de l'église. La rue explosa sous l'impact des balles.

« Monsieur, en plus du 7e panzers, d'autres unités sont en jeu. Les unes ont été identifiées comme faisant partie du 8e panzers et se dirigent vers Beaumetz et les autres, du 5e panzers, se dirigent vers Vitry. » D'autres messages arrivaient au fur et à mesure que d'autres unités étaient également identifiées. Le général reconnut le vrombissement des Stukas. La première vague passa au-dessus de la ferme. Les Allemands étaient décidément intelligents ; ils utilisaient le bombardement en piqué comme artillerie mobile, et avec quels résultats dévastateurs ! Pendant longtemps, les bombes tombèrent et le sol trembla.

Le brigadier de la 1re brigade de tanks britannique se tenait debout dans sa voiture ouverte, microphone en main. Il observait dans ses jumelles les Allemands arriver par paquets : le 8e panzers à droite, le 7e au centre et le 5e approchant de son flanc droit. Enfer ! Ses tanks allaient être cernés par des éléments de trois divisions de panzers ! Les pilonner à distance, les feinter et les empêcher de contre-attaquer. Les tanks se faisaient maintenant face à près de trois cents mètres. Ses canonniers commencèrent à tirer à vue, tellement les Allemands étaient près. L'un de ses Matildas, touché dans ses chenilles, pivota sur place mais continua à tirer. Un Mark III allemand explosa, atteint par un obus ; un homme essaya de s'enfuir par la tourelle, mais fut abattu par des balles. Un avion de reconnaissance Fieseler-Storch apparut, tirant des balles traçantes pour indiquer des cibles. Les Allemands faisaient venir de plus en plus de leurs longs canons, dont les mises à feu étaient plus lumineuses que celles des canons de blindés. Un Matilda explosa, puis un autre. Le brigadier devait gagner du temps pour permettre aux autres de se replier. Puis, dans le ciel de fin d'après-midi apparurent les Stukas. Leur fracas assourdissant arriva soudain au-dessus du brigadier, avant même le sifflement de leurs bombes, et ses tanks commencèrent à prendre feu...

« 21/5, 18 h 25. De H Gr à OKW[1]. La résistance ennemie s'est renforcée. Attaque de tanks au sud-est. Groupe d'armée B a l'intention de concentrer ses efforts sur son flanc droit, étant donné que vous préparez une forte offensive au nord le long de la ligne Valenciennes-Arras-Abbeville. Demande d'urgence décision de l'OKW. »

La réponse parvint à 20 h 05 ; elle réflétait la

---

1. *Oberkommando der Wehrmacht* ou Haut commandement allemand. *(N.d.T.)*

panique croissante au quartier général de Hitler : « L'OKW prend la décision suivante : le H Gr B [groupe d'armée B] doit conserver sa position actuelle en provoquant l'ennemi. Le H Gr A doit barrer à l'ennemi le chemin de la Somme en attaquant Arras en direction de Calais. Une pleine attaque par le H Gr A n'est praticable qu'après occupation des hauteurs au nord-ouest d'Arras. »

Un appel du général Jodl à un commandant du *Heeresgruppe* révéla la confusion totale déclenchée par les informations contradictoires qui parvenaient à l'OKW : « Le Führer a exprimé son extrême inquiétude sur le fait que les divisions d'infanterie ne sont pas poussées avec assez de force. »

Cette nuit-là, en effet, Hitler se laissa envahir par la panique ; il demeura dans la salle des cartes de l'OKW jusqu'à 2 h 30, attendant désespérément d'autres informations ; il n'y en eut pas.

À la faveur de l'obscurité, le reste des unités britanniques se replia vers leurs positions antérieures le long de la Scarpe. Les opérations du corps Franklyn durèrent vingt-quatre heures. L'attaque de tanks promise par les Français n'eut pas lieu et le général Franklyn donna l'ordre de se regrouper pendant la nuit. Le lendemain matin, une nouvelle attaque des Britanniques se solda par une totale catastrophe. Leurs unités furent repoussées sur la Scarpe. Le dos à la rivière et sans pont pour la traverser, les Britanniques tinrent jusqu'à la fin de l'après-midi du 22. Le soir, la situation était devenue critique : la plupart des tanks de réserve avaient été détruits et il ne restait plus aux Britanniques qu'à tout laisser tomber et à gagner la côte à la nage. En effet, les tanks de Guderian les avaient contournés et menaçaient de leur couper la dernière voie de retraite vers les ports de la Manche.

Le général Franklyn appela le général Gort pour lui demander la permission de dégager ses unités mal en point et de les amener vers Douai. Cette permission avait déjà été donnée trois heures plus tôt, mais le message n'était pas parvenu à Franklyn, un obus ayant détruit le camion radio. L'ordre de retraite fut dépêché aux unités par courriers à motocyclette. Ce fut l'ensemble du Corps expéditionnaire britannique qui battit alors en retraite, de longues colonnes de soldats aux fusils en bandoulière et aux cartouchières de mitrailleuse autour du cou ; plusieurs portaient des pansements bricolés à l'aide de chemises déchirées, d'autres avaient un bras en écharpe ou se traînaient sur des béquilles de fortune. Dès qu'ils entendaient un moteur d'avion, ils se jetaient dans les fossés, parce qu'ils savaient que ce ne serait pas un avion anglais. Ils avaient laissé tout leur équipement sur les rives de la Scarpe.

Le corps expéditionnaire britannique et, avec lui, la 7e armée française et l'armée belge étaient pris au piège. Le plan d'un front massif sur la Dyle, lancé par le général Gamelin, avait fait long feu. La division alliée au nord de la Somme était enfermée dans un cercle d'acier et menacée d'être jetée à la mer. Ne restaient plus que deux options : se rendre ou se noyer. Car cette nuit-là, il ne demeurait plus aucun obstacle entre les panzers et les ports de la Manche.

Les Alliés avaient besoin d'un miracle, mais les panzers l'excluaient.

Le 23 mai, le général Guderian rapporta à son supérieur au groupe d'armée A que la situation à Arras était sous contrôle et que les blindés britanniques avaient été détruits. Le chef des armées allemandes, le maréchal von Brautchisch, ordonna alors au groupe d'armée A d'entreprendre la phase finale de la bataille[1].

Toutefois, le sacrifice des tanks britanniques avait

1. Le 24, Hitler se rendit en personne au quartier général de von Runstedt à Charleville. Le général lui confirma que ses panzers mettraient utilement une pause à profit, afin de se ravitailler, mais il n'évoqua jamais un arrêt des panzers.

poussé Hitler aux limites de sa résistance nerveuse. Pendant les deux jours suivants, il se montra extrêmement agité. À ce moment crucial entra en scène un nouvel acteur, qui ne visait que sa gloire personnelle : c'était « Le Gros », le maréchal d'aviation Hermann Goering[1]. Quand il apprit que les armées alliées avaient été encerclées, il demanda immédiatement à entrer en rapport avec le Führer : « C'est là une tâche brillante pour la Luftwaffe », déclara-t-il.

Dévoré d'ambition, Goering entreprit d'assurer Hitler que ses bombardiers annihileraient les Tommies[2] : les armées alliées du nord, argua-t-il, étaient isolées du reste de la France et le Führer avait besoin de ses panzers intacts pour écraser Paris, afin de venger l'humiliation de 1918. Le Führer n'aurait donc qu'à donner aux panzers l'ordre de s'arrêter, afin que la Luftwaffe ne bombardât pas ses propres unités. Hitler, encore sous le choc de la bataille d'Arras, accepta d'emblée la proposition de Goering.

Une conversation agitée entre, d'une part le général Halder et le maréchal Brautchisch et d'autre part Hitler, mollement soutenu par ses béni-oui-oui Keitel et Jodl, s'acheva sur une déclaration hystérique de Hitler : « Je donne l'ordre que toutes les formations avancées de panzers soient ramenées à la *Kanallinie*[3]. Il faut strictement éviter toute perte de panzers. Ma Luftwaffe achèvera les Anglais[4]. »

Quand il avait affaire à l'élite de son état-major, avec ses épaulettes dorées et pantalons à bandes rouges, l'ancien caporal éprouvait un complexe d'infériorité et,

1. Ainsi surnommé en raison de son embonpoint.

2. Selon l'amiral Ansel, d'après des conversations avec le général Jeschonnek de la Luftwaffe, aide de camp de Goering. Le fait que Goering fut donc responsable de l'ordre d'arrêter les panzers, le *Halte Befehl*, a été également confirmé par les maréchaux de l'air Kesselring et Milch, durant leur interrogatoire dans un camp de prisonniers en 1945.

3. Il s'agit de la ligne Lens-Béthune-Aire-Saint-Omer-Gravelines.

4. D'après le général Halder, dans une interview donnée après la guerre à Peter Bor (*Conversations avec Halder*).

comme tous les gens dans ce cas, ressentait un besoin pathologique de démentir son image. Les rêves de gloire de Hitler furent ainsi des fuites devant une réalité insupportable. Mais fatale.

L'Histoire virait de bord. Et Hitler hocha la tête. Pour la première fois, ce politicien et propagandiste rusé se mêla d'affaires qu'il eût mieux fait de déléguer à la compétence des militaires. Il imposa sa volonté à ses meilleurs tacticiens, des hommes tels que von Brautchisch et Halder, des commandants de tanks sur le terrain tels que Guderian, Reinhardt et Hoth, et prit une décision stratégique désastreuse, le fameux ordre de s'arrêter ou *Halte Befehl* du 24 mai 1940.

« 24/5/40 — 12 h 31. Communication téléphonique du H Gr A à AOK 4 Ab. OKW. Sur l'ordre du Führer, l'attaque à l'est d'Arras sera coordonnée par les 8e et 2e corps d'armée. Cependant, vous avez l'ordre de ne pas franchir la Kanallinie. L'aile droite doit regrouper ses forces mobiles, afin que l'ennemi se heurte à une position de défense favorable[1]. »

Les événements qui devaient mener au « miracle de Dunkerque » étaient en marche. Halder fut chargé d'informer toutes les unités de panzers que « par ordre direct du Führer, l'attaque de l'aile gauche rapide sera arrêtée immédiatement ».

Guderian n'en crut pas ses oreilles, de même que son commandant divisionnaire, Erwin Rommel. Ce fut le jour où ce dernier douta pour la première fois de la sagesse de son chef suprême. Et cela ne changea pas grand-chose que son aide de camp vînt le trouver pour le saluer et lui déclarer : « Par ordre de notre Führer, j'ai le grand honneur de remettre au général la croix de chevalier. » Rommel fut le premier commandant de division qui se vit décerner cet honneur durant la campagne de France. Il n'en avait cure ; ses panzers étaient inactifs.

---

1. Jacobsen, *Dokumente zum Westfeldzug*, 1940.

À 15 h 42, le 24 mai, l'Intelligence Service intercepta un second message allemand, inexplicablement transmis en clair : « 24 mai. De l'OKW à AG A et AG B. Positions actuelles à renforcer et avance suspendue jusqu'à prochaine directive du Führer[1]. »

Le 24 mai 1940, à 17 h 15, le brigadier de la 1re brigade de tanks britannique, si lourdement décimée, reçut un message des services secrets : « Toute avance du groupe d'armée A allemand est arrêtée dans le secteur Saint-Omer-Béthune-Douai... »

Un miracle venait de se produire : Hitler avait arrêté ses panzers.

Le général von Runstedt nota dans son journal : « Arras, 21-22 mai 1940. Nous avons brièvement craint que nos divisions blindées seraient isolées avant que les divisions d'infanterie vinssent les ravitailler. Aucune attaque française n'a été aussi dangereuse que celle d'Arras. »

La portée de l'attaque suicidaire d'une petite force de tanks britanniques fut de persuader Hitler que ses précieux panzers couraient trop de risques. Et ce fut pourquoi il les arrêta du 24 au 26 mai.

Le 26, en effet, vint l'ordre de reprendre l'avance : « 26/5 — 16 h 25. OKW à H Gr A et HG B. Communication téléphonique réservée aux officiers. La continuation immédiate de l'attaque par H A et HG B contre les forces ennemies encerclées est ordonnée par la présente. »

Mais c'était trop tard, beaucoup trop tard. Le délai de trois jours avait offert au corps expéditionnaire britannique le répit nécessaire pour atteindre ses points d'évacuation. Le reste est histoire.

1. Général Walter Walrimont, *Im Hauptquartier der Deutschen Wehrmacht.*

Et si...

... Hitler n'avait pas arrêté ses panzers ?

Trois cent trente mille soldats britanniques auraient été conduits en captivité. L'Angleterre aurait été privée de presque toutes ses défenses et elle aurait encouragé Hitler à lancer son Opération Lion de Mer, l'invasion prévue du territoire britannique.

Les faits

Les armées allemandes ne furent jamais si près d'écraser l'Angleterre que ce 24 mai 1940. Après la guerre, les généraux survivants qui avaient assisté aux débats fatals de cette journée conclurent unanimement que Hitler avait perdu la guerre le jour où il avait lancé le *Halte Befehl*.

On n'a jamais su pourquoi Hitler avait envoyé en clair son deuxième ordre d'arrêt. Certains experts l'ont attribué à un calcul politique, c'est-à-dire au fait que Hitler voulait faire savoir à Churchill qu'il recherchait une solution négociée [1]. Mais il est aujourd'hui clair que Hitler n'eut jamais l'intention de laisser s'enfuir un tiers de million de soldats britanniques. Il avait reçu de Goering l'assurance que la Luftwaffe s'occuperait de l'annihilation du corps expéditionnaire.

En fait, avant la chute de Dunkerque, le 4 juin, trois cent trente-huit mille deux cent vingt-six militaires britanniques et alliés furent évacués de la ville. C'était

---

1. Hasso von Etzdorf, le représentant à l'OKW du ministère allemand des Affaires étrangères, écrivit le 21 mai 1940 : « Nous recherchons un contact avec l'Angleterre sur la base d'un partage du monde. »

en soi un exploit et pour l'Angleterre assiégée un triomphe [1].

Deux ans plus tard, plusieurs de ces soldats affronteraient une fois de plus les panzers de Rommel, à El Alamein. Et les choses se passèrent différemment.

Le jour de gloire pour les armées allemandes fut celui de la reddition de la France, le 22 juin 1940. Mais la *Blitzkrieg* menée en France induisit Hitler en erreur. Dans leur course aux ports de la Manche, en effet, les panzers pouvaient être aisément ravitaillés par quelque trois cents kilomètres de voies ferrées. Il en alla tout autrement en Russie, où ces distances étaient multipliées par dix, où l'écartement des rails des voies ferrées était différent de la France et de l'Allemagne, et où les partisans faisaient sauter voies ferrées et ponts le long des distances énormes qui séparaient Berlin de Moscou et de Stalingrad.

La Russie n'était pas la France. Quelques-uns des généraux de Hitler tentèrent de l'en alerter. Cependant « le plus grand génie militaire depuis Jules César » n'écouta pas ses prophètes. Le succès foudroyant de ses commandants de panzers engagea donc Hitler dans une aventure lointaine qui le mena à sa perte.

Le grain de sable dans la bataille de France fut l'attaque-suicide de soixante-quatorze tanks britanniques qui affola Hitler et lui fit arrêter ses panzers.

---

1. L'historien militaire B.F. Liddell Hart écrit dans son *Histoire de la Seconde Guerre mondiale* : « La fuite du corps expéditionnaire britannique en 1940 fut largement permise par l'intervention personnelle de Hitler et son ordre d'arrêter ses blindés pendant trois jours. Cette intervention préserva les forces britanniques à un moment où rien d'autre n'eût pu les sauver. »

11

Un requin en maraude

Atlantique nord, 27 mai 1941

« Le *Bismarck* doit être coulé à n'importe quel prix. »

Ordre de Winston Churchill
à la Royal Navy, 26 mai 1941.

Le ciel était plombé. Pas un navire en vue sur la mer houleuse. L'équipage de l'avion scrutait attentivement la mer, à la recherche de la cible de choix que pourchassait la British Navy : le tueur du cuirassé *Hood*, orgueil et gloire de la Grande-Bretagne. Un danger rôdait au large, le défi allemand à la devise « L'Angleterre gouverne les mers », *Britannia rules the waves.*

Le Catalina Z de l'escadron britannique 209 croisait donc sous le commandement de l'officier Dennis Briggs. Le copilote de l'appareil était un jeune fermier de Higginsville, Missouri. L'enseigne Leonard « Tuck » Smith représentait probablement le modèle du « Yankee dans la RAF », au point qu'il portait même l'uniforme de la marine américaine, ce qui était vraiment déplacé sept mois avant que les États-Unis déclarent

L'action du Bismarck, 19 au 27 mai 1941

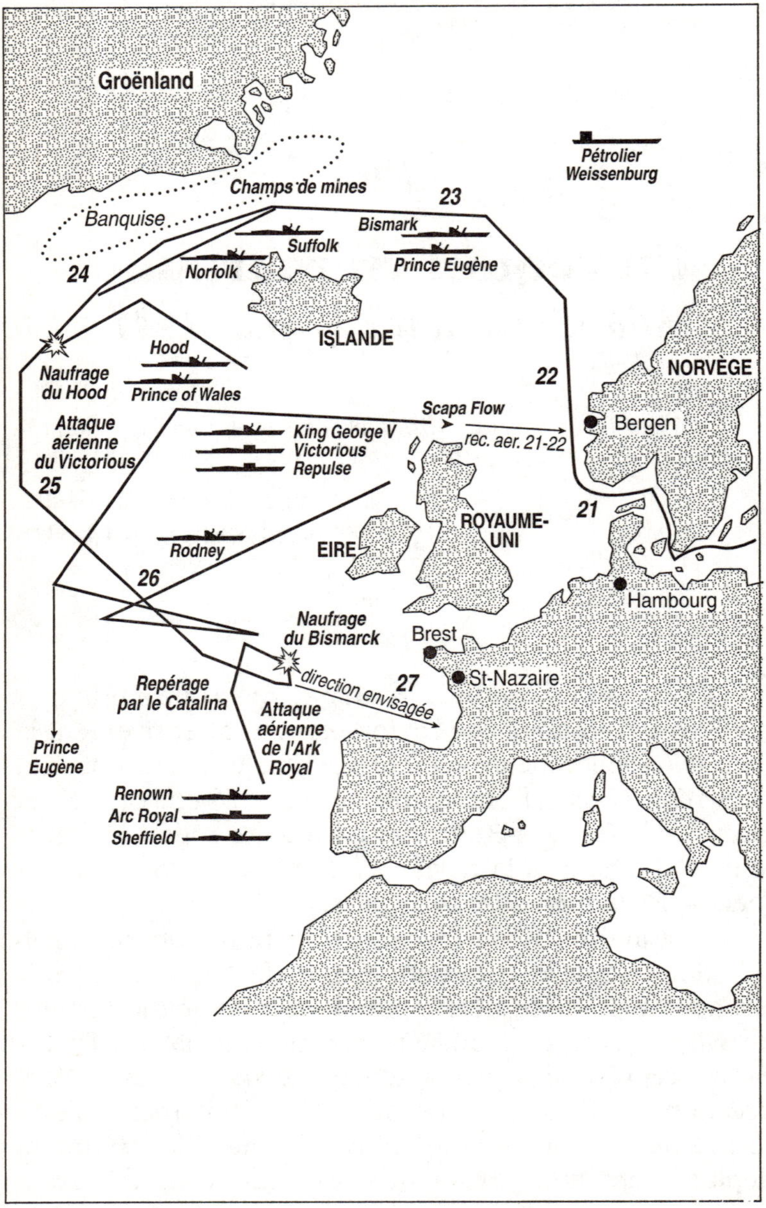

la guerre[1]. Les deux hommes avaient commencé leurs recherches à l'aube, mais le temps était détestable et leur seule chance de repérer un navire était de descendre au-dessous des nuages à l'altitude approximative de cinq cents pieds, la plus basse admise pour un hydravion de la taille du Catalina. Briggs avait confié les commandes à Smith, qui mit le gros avion en pilotage automatique. L'équipage était en train de déjeûner lorsqu'il entendit la voix excitée de l'Américain : « Onze heures ! Onze heures ! »

Smith n'avait repéré qu'une masse noire recouverte par l'écume de l'océan. Il dégagea immédiatement le pilote automatique et fonça dans les nuages pour opérer une approche. Dans son excitation, il avait mal estimé la distance et quand il ressortit des nuages, il se trouva à cinq cents mètres seulement par tribord de l'immense et meurtrier bâtiment. Aucune erreur n'était possible. De la masse grise du cuirassé jaillirent de méchantes bouffées de feu et le Catalina fut secoué par de violentes bourrasques. De petits nuages noirs parsemèrent l'air autour de l'hydravion, des shrapnels d'acier brûlants piquèrent le fuselage et firent des trous dans la coque et dans le pare-brise. Smith appuya sur le bouton rouge qui commandait le lâcher de charges de profondeur, tira le manche à balai en arrière et pria.

En pleine accélération et libéré des quatre lourdes charges de profondeur, le gros avion fonça. Les hélices grondèrent tandis que l'appareil disparaissait dans les

---

1. L'information originelle sur l'expédition du Z/209 a été fournie par un article de Godfrey Winn dans le *Sunday Express* du 1er juin 1941. La censure interdit à Winn de publier le scoop sur le « pilote Yankee », étant donné que les États-Unis n'étaient pas encore en guerre et que la présence d'un officier américain volant sur un appareil anglais en mission de combat constituait une violation flagrante de la neutralité américaine.

L'identité de l'enseigne L. B. Smith, mentionné dans une note du 29 juillet 1941 à l'intention du chef adjoint du personnel naval britannique, a été révélée par l'écrivain Ludovic Kennedy qui, en 1973, retrouva l'ancien enseigne à Kearney, dans le Nebraska ; ce dernier lui confirma la suite des faits.

nuages. La manœuvre fut si violente que Briggs fut projeté contre les étais de la carlingue pendant qu'il dictait un message à l'opérateur radio[1].

« Un navire de guerre sur la trajectoire 150°. Notre position est 49° 33' nord et 21° 47' ouest. Heure d'origine 10 h 30/26 mai. »

Le furet était sorti du trou. Le compte à rebours commença pour la chasse à la menace la plus rapide et la plus dangereuse des mers : le supercuirassé *Bismarck*.

Une semaine auparavant, en Norvège, deux hommes marchaient sur la route qui longeait l'océan. Ils étaient d'excellente humeur, car ils venaient de quitter une fête à Kristiansand. « Arne, tu as bu trop de schnaps », dit Vigo Axelssen, un armateur qui participait à la résistance norvégienne, en s'appuyant sur son ami.

« Cesse de me dire que je suis saoul. Tiens, regarde de tes propres yeux. » Et Arne Usterud tendit ses jumelles à son compagnon et entra dans l'histoire navale. Ce 24 mai 1941, Viggo Axelssen aperçut, en effet, au-delà du phare d'Oskoy, deux navires de guerre camouflés qui fonçaient vers l'ouest à grande vitesse. Usterud avait donc été le premier témoin d'un drame qui allait se jouer sur treize millions de kilomètres carrés d'océan houleux, de l'Arctique au golfe de Gascogne et culminer dans l'une des plus violentes batailles navales de la Seconde Guerre mondiale.

Soudain dégrisé, Axelssen comprit que c'étaient là des vaisseaux de guerre allemands, étant donné que les navires britanniques étaient d'un gris uniforme. Il rédigea un message codé de douze mots et courut à la maison d'Arne Moen, un conducteur de bus. Dissimulé dans le tuyau d'échappement d'un bus, le message atteignit Gunvald Tomstad à Helle. Puis d'une grange dans un

1. Détail révélé par Ludovic Kennedy. La source en est un rapport secret de l'enseigne Smith à l'intention de l'Intelligence Division du département des opérations navales de l'US Navy.

village norvégien, le message parvint par les ondes au colonel Roscher Lund, l'attaché militaire du gouvernement norvégien en exil à Stockholm. Dès qu'il en eut pris connaissance, Lund se rendit chez son ami Henry Denham, de la marine britannique. Sept heures après que les navires eussent été aperçus, un message arriva à Londres : « Kattegat aujourd'hui. À 15 h 07, deux grands cuirassés trois destroyers sous couverture aérienne ont passé Marstrand en direction ONO 20 h 58/20 mai. »

Le secret était éventé. Le supercuirassé *Bismarck* et le croiseur lourd *Prinz Eugen* se dirigeaient vers l'Atlantique. L'Opération *Rheinüebung* avait commencé. La mission des cuirassés allemands était de patrouiller pendant trois mois dans l'Atlantique pour intercepter les convois britanniques et empêcher le ravitaillement en hommes et en équipements des forces du Commonwealth qui se battaient en Afrique du Nord.

Le *Bismarck*, c'était un requin en maraude.

La plus grande partie de l'Europe avait cédé à Hitler et seule la rebelle Angleterre lui tenait tête. Quand les informations sur le *Bismarck* parvinrent à Londres, personne n'en fut plus ému que le Premier ministre Winston Churchill. Vu sa longue expérience de la guerre navale, il devinait les terribles dégâts que les navires de guerre allemands pouvaient infliger aux convois de l'Atlantique et imaginait leurs effets à long terme sur la suite de la guerre.

Il n'y avait jamais eu un navire tel que celui-là. Le *Bismarck* ne symbolisait pas seulement la marine de guerre allemande, mais également le formidable potentiel de l'Allemagne nazie. Immense, il pouvait aussi dépasser la vitesse de trente nœuds. Pour satisfaire aux spécifications du Traité naval de Londres, il avait été défini comme jaugeant trente-cinq mille tonnes, mais dans la réalité, il en déplaçait près de cinquante mille, avec un équipage de deux mille hommes. Le commandant en était Ernst Lindemann, un Rhénan de quarante-six ans, intelligent et calme : avec ses cheveux blonds brossés en arrière, il illustrait l'Allemand typique. Le haut commandement naval allemand l'avait désigné comme l'homme qu'il fallait, *The right man in the right place*. Toutefois, le commandant suprême de l'opération était l'amiral Günther Lütjens, cinquante et un ans, totalement dévoué à sa tâche, courageux et déterminé. C'était l'officier qui avait jadis refusé de faire le salut hitlérien au Führer. Il portait au flanc le poignard de l'ancienne Marine impériale : sans swastika.

Le *Bismarck* avait été lancé aux chantiers de Blohm & Voss, à Hambourg, le jour de la Saint-Valentin 1939. Hitler avait été présent quand la petite-fille du prince Bismarck, Dorothea von Loewenfeld, avait baptisé le navire du nom du Chancelier de Fer. Massif et élégant, avec ses hauts ponts et ses formes majestueuses, le cuirassé *Bismarck* était le plus beau et le plus puissant cuirassé jamais construit. Son blindage était constitué de plaques d'acier spécial Wotan de 33 centimètres d'épaisseur. La terreur qu'il inspirait résidait dans ses quatre tourelles géantes, dont les quatre batteries de canons jumelés de 380 pouvaient cracher une salve toutes les vingt secondes plus loin que n'importe quel navire au monde. Record supplémentaire, chaque salve lançait huit obus d'une tonne pièce.

La tâche qui l'attendait était formidable : s'échapper du goulot de la Baltique et atteindre la haute mer de l'Atlantique. Il incombait au génie de l'amiral Lütjens de choisir entre un passage par les îles Féroë, au sud de l'Islande, ou de passer par les détroits du Danemark puis entre l'Islande et la banquise du Groenland. Le passage par le sud était dangereusement proche de la base de la Home Fleet britannique à Scapa Flow, dans les îles Orkney, et les détroits du Danemark, bien qu'éloignés de la reconnaissance aérienne britannique, se rétrécissaient en certains endroits jusqu'à une cinquantaine de kilomètres et pouvaient être bloqués par des mines ou des vaisseaux ennemis. Pour Lütjens, l'épreuve était redoutable.

À 21 h 30, le 18 mai 1941, le plus gros navire de la guerre de l'Atlantique quitta les parages de Gotenhaven[1]. Sur les quais, les dockers suspendirent leurs travaux pour observer les signaux familiers des pavillons sur les drisses du cuirassé qui gagnait le large. Tel une île montagneuse d'acier gris, la proue gracieusement incurvée et couronnée par la swastika, le *Bismarck* dominait d'une vingtaine de mètres les eaux huileuses de la baie où il avait été ancré. Personne ne se remettait du choc ressenti quand on le voyait pour la première fois. Quand le matelot de deuxième classe Heinz Staat, de Wilhelmshaven, monta à bord, il fut stupéfait par la perspective du gaillard d'avant, grand comme un terrain de football. Et deux mois plus tard, il était encore impressionné quand il levait les yeux vers la superstructure qui le dominait, une écrasante profusion de canons, d'échelles et d'antennes. Il en était fier : aucune autre marine ne pouvait s'enorgueillir d'un croiseur aussi fortement armé et blindé : une citadelle indestructible. Les officiers et l'équipage étaient requis d'être plus impeccables que n'importe quels autres dans les forces allemandes. Un second maître d'équipage était chargé de tenir respectueusement le miroir pendant que le capitaine Lindemann vérifiait sa mise : casquette droite, chaussures immaculées, cravate nouée selon les spécifications du règlement.

« Au milieu du navire ! L'officier commandant les opérations était l'amiral Lütjens lui-même.

— Barre au centre, monsieur, répondit le quartier-maître, enfermé dans son petit habitacle blindé et électrifié au centre de la tour.

— Droit devant... »

1. L'actuelle Gdynia, en Pologne.

Ancrée à Scapa Flow, dans les Orkneys, la Home Fleet, le plus puissant ensemble naval du monde, attendait. L'amiral Tovey, cinquante-six ans, son commandant, était à bord du nouveau vaisseau amiral, le *King George V*. À la différence de Lütjens, Tovey était petit ; mais guère moins déterminé que son adversaire. L'Amirauté lui avait transmis le message sur les observations faites en Norvège, mais Tovey en attendait confirmation. Deux Spitfires non armés étaient partis en expédition de reconnaissance photographique au-dessus de la Norvège ; l'un d'eux, piloté par l'officier Suckling, avait réussi à passer inaperçu au-dessus de Bergen Fjord.

Ce fut probablement le 22 mai, dans la baie de Kalvanes, dans le Korsfjord, un coin tranquille des côtes norvégiennes, que le sort du *Bismarck* fut scellé. En effet, dans son trajet de l'Allemagne à la Norvège, le *Bismarck* avait brûlé un millier de tonnes de carburant. Le pétrolier *Wollin* attendait à Korsfjord d'aller ravitailler les cuves dégarnies du supercuirassé. Mais on ne saura jamais ce qui décida l'amiral Lütjens à passer outre et, au lieu de se regarnir lui-même en pétrole, d'envoyer à sa place le *Prinz Eugen*, un croiseur de quatorze mille tonnes qui l'escortait, refaire le plein ; le *Prinz Eugen* avait été ainsi nommé en l'honneur du prince de Savoie qui avait libéré l'Autriche des Turcs. Peut-être la décision de Lütjens s'expliquait-elle par le fait qu'un autre pétrolier, le *Weissenburg*, l'attendait au large de l'Islande[1].

Dès que Tovey eut étudié les photos aériennes prises par le Spitfire, il prit ses dispositions. Les croiseurs lourds *Norfolk* et *Suffolk* reçurent l'ordre de patrouiller dans les détroits du Danemark, et les croiseurs *Manchester* et *Birmingham* dans le passage entre l'Islande et les

---

1. Lütjens dérogea ainsi aux règles maritimes qu'observait la marine britannique : refaire le plein chaque fois qu'on touchait au port ; il commit donc une grave erreur dans le départ par ailleurs impeccable du *Bismarck*, car il se privait de la sorte de toute marge de manœuvre dans l'affrontement qui allait avoir lieu dans l'Atlantique.

îles Féroë. Aucun de ces navires ne devait attaquer le supercuirassé allemand. L'orgueil de la British Navy, le croiseur *Hood*, quarante-deux mille tonnes, commandé par le vice-amiral Lancelot Holland, et le tout nouveau croiseur *Prince of Wales* devaient attendre en embuscade. C'était un scénario parfait de western, à cette différence près que les armes seraient là des canons de marine de 380.

Tovey informa Churchill, lequel adressa un câble au président américain Franklin D. Roosevelt : « Nous devons considérer que, pour la première fois dans cette guerre, un combat naval majeur aura lieu dans lequel l'ennemi disposera de deux bâtiments au moins aussi bons que les deux meilleurs que nous ayons. Si nous ne parvenions pas à les cerner en haute mer, votre marine devrait pouvoir les repérer pour nous. Donnez-nous les informations et nous finirons le travail. »

Churchill était certainement mieux informé des mouvements de l'escadre allemande que Hitler, qui n'en savait rien du tout. En effet, le grand-amiral Raeder avait depuis longtemps compris qu'il valait mieux ne pas tenir le Führer informé avant que le succès fût certain. Le 22 mai à 7 h 30, le *Bismarck* leva donc l'ancre à Bergen et, suivi du *Prinz Eugen*, se dirigea vers le nord.

Le croiseur *Hood* leva aussi l'ancre, et c'était la dernière fois que l'Angleterre le voyait. L'escadre allemande filait nord à vingt-quatre nœuds, et ses équipages commencèrent à masquer à la peinture les swastikas sur les toits des tourelles, afin d'échapper à la reconnaissance aérienne. La chance souriait d'ailleurs aux Allemands : le temps était couvert, ce qui rendait impossible la reconnaissance aérienne britannique ; il y avait donc une chance que le navire passât inaperçu. Le Dr Externbrink, météorologue en chef du *Bismarck*, annonça que la couverture nuageuse s'étendrait jusqu'au nord et sur l'étroit passage le long de la banquise du Groenland.

« Pendant combien de temps, Dr Externbrink ? demanda l'amiral.

— Je ne peux prédire que quarante-huit heures de couverture, peut-être soixante-douze.

— Où se dirige ce front nuageux ?

— Vers le nord de l'Islande, amiral. »

L'amiral consulta sa carte et en particulier les détroits du Danemark. Le temps jouait en sa faveur, car l'amiral était sûr que son escadre avait été repérée et que la Home Fleet était partie à sa rencontre. Le point où la logique indiquait que les bâtiments anglais lui tendraient une embuscade serait au nord des îles Féroë et au sud de l'Islande. En passant par les détroits du Danemark, il s'éloignerait des bases de la Home Fleet et seule une rencontre fortuite avec un chalutier de pêche ou un navire baleinier trahirait sa position. Si le front nuageux tenait comme prédit, il aurait alors dépassé la zone dangereuse et se retrouverait dans l'Atlantique. Les prévisions météo d'Externbrink convainquirent donc Lütjens que le chemin le plus long serait le plus sûr.

Mais Lütjens se trouva dès lors dans un dilemme : étant donné qu'il ne disposerait avec certitude que de quarante-huit heures de couverture nuageuse, il ne pouvait pas se permettre le retard qu'impliquerait un ravitaillement au nord par le pétrolier *Weissenburg*. Comme il avait refusé de se ravitailler à Bergen et qu'il avait choisi le chemin le plus long, il prenait donc un grand risque. L'amiral décida néanmoins de suivre la route du sud-est. Le temps resta brumeux, au point que le *Bismarck* dut parfois recourir aux projecteurs pour inviter le *Prinz Eugen* à le suivre. L'escadre fonça à vingt-sept nœuds à travers les détroits du Danemark. Elle abordait le passage le plus dangereux, long d'une trentaine de milles et bordé au sud par des mines et au nord par la banquise, et ce fut alors que les appréhensions de

Lütjens se réalisèrent : le ciel commença à s'éclaircir. Pour la première fois depuis trente-six heures, un passage dégagé se présenta aux bâtiments allemands ; il était large de cinq kilomètres. Les vigies furent doublées. Les jeunes matelots parcoururent du regard les splendeurs de la banquise, large et massive, la frontière du monde, la route du pôle Nord.

Le matelot de deuxième classe Staat fut assigné au poste du commandant Oels, sur le pont supérieur, d'où il jouissait d'un panorama sans pareil sur la magie de l'Arctique. Hans Riedel, chargeur de la tourelle C, pour César, venait de Bavière, région guère familière de la marine ; il ne voyait, lui, à travers la meurtrière de sa tourelle, que les crêtes des vagues balayées par le vent, dans un paysage glacé et baigné de brumes. Le machiniste Blum, enfin, se trouvait dans les entrailles du navire, surveillant les manomètres et les conduits d'alimentation. Dans le sifflement des tuyaux et le grondement assourdissant des énormes moteurs diesel, il ne voyait rien des splendeurs de l'océan Arctique.

Les trois hommes l'ignoraient, mais le destin allait les réunir trois jours plus tard.

Le *Norfolk* et le *Suffolk* étaient des croiseurs à trois cheminées[1]. Leur commandant, l'amiral Frederick Wake-Walker, se rendait bien compte que ses canons de 20 n'étaient pas de taille à menacer le *Bismarck* : le cuirassé allemand, lui, pouvait les pulvériser. Les ordres qu'ils avait reçus étaient clairs : « N'attaquez pas. Repérez le navire et suivez-le. » Mais personne ne savait de quel côté chercher. Tandis qu'il longeait la banquise, en cet après-midi du 24 mai, l'amiral se disait que le *Bismarck* pouvait bien être rentré en Allemagne. Il ne

1. Ils étaient tous deux équipés du nouveau radar britannique ; bien que sa portée fût limitée, la suite des opérations allait démontrer que le radar britannique de 9 cm de longueur d'onde était de loin supérieur au système allemand de 50 cm de longueur d'onde.

voyait rien d'autre que l'écume tourmentée qui frisait sur des eaux noires, il n'entendait que le fracas de la mer battant les flancs du navire. L'équipage de repos écoutait des programmes de la BBC, comme *Itma* et *Spy Funf*, peut-être Vera Lynn, la mascotte de l'armée, et même Churchill, qui parlait toujours d'or quand il s'agissait de Herr Hitler. Quelques-uns dormaient. Leurs loisirs furent brefs.

Sur le *Suffolk*, le matelot de seconde classe Newell mit fin à l'attente. Il avait pris à 18 heures son poste de vigie sur le pont et parcouru l'horizon une bonne cinquantaine de fois quand il aperçut soudain dans ses jumelles une image qu'il n'oublierait pas de sa vie : le *Bismarck*, noir et massif, émergeant d'un paquet de brume.

« Navire à un quatre ouest ! » cria-t-il. Et il se reprit immédiatement : « Deux navires à un quatre ouest ! »

Robert Ellis, capitaine du *Suffolk*, ordonna de passer en vitesse maximale pour se mettre à couvert dans un paquet de brume. Son premier officier déclencha les alarmes. Les matelots sautèrent à bas de leurs couchettes et se pressèrent dans les coursives. Le navire prit fortement de la gîte en virant de bord. Les assiettes du réfectoire tombèrent au sol. Des moments d'angoisse s'écoulèrent avant que le *Suffolk* eût pu se mettre à l'abri dans la brume et qu'il expédiât son message dramatique : « 24 mai 19 h 20. Cuirassé *Bismarck* en route... »

Le navire de Sa Majesté *Norfolk* reçut le message. Son capitaine, Alfred Philips, estima mal les distances et se trouva soudain à six petits milles du *Bismarck*. Les canons du cuirassé allemand tonnèrent. Un obus ricocha sur l'eau. L'équipage entendit les sifflements d'autres obus énormes passant par-dessus le pont. D'énormes colonnes d'eau laiteuse jaillirent. L'amiral Wake-Walker regarda avec angoisse la mer qui se piquait alentour de geysers provoqués par les éclats. Les Allemands tirèrent encore cinq salves, mais le croiseur britannique parvint à s'échapper dans une autre nappe de brume.

La situation générale était la suivante : le transport de troupes *Britannic* était à huit cents milles au sud, directement sur le chemin du *Bismarck*, de même que le convoi de troupes WS8B, qui se dirigeait vers le Moyen-Orient. Tous deux se retrouvaient sans protection, étant donné que le porte-avions *Victorious* et le croiseur *Repulse* avaient reçu l'ordre de se joindre à la chasse au *Bismarck*. L'escadre de l'amiral Tovey, menée par le *King George V*, était toujours ancrée à Scapa Flow, à six cents milles au sud. Mais le vice-amiral Holland, qui commandait les redoutables *Hood* et *Prince of Wales*, n'était qu'à trois cents milles de là. Holland donna l'ordre de foncer à toute vitesse et mit les deux cuirassés sur le même parcours.

Le croiseur de combat *Hood* était le roi incontesté des mers et son nom était synonyme de la devise impériale *Rule Britannia*. Considéré comme invincible dans le monde entier, il comportait néanmoins une faille : ses ponts supérieurs n'étaient pas en acier renforcé. L'anxiété affleura à la conférence des officiers de Holland ; les rapports d'espionnage donnaient à penser que les évaluations antérieures de la puissance de feu du *Bismarck* étaient inexactes et que ses canons étaient d'une puissance à laquelle aucun bâtiment de la Royal Navy ne pourrait faire front. Les officiers d'artillerie analysèrent des tableaux de portées et prédirent que les Allemands ouvriraient le feu avant même que les batteries des Anglais pussent répondre. L'amiral s'adressa aux officiers par le truchement des haut-parleurs du navire : l'action pouvait être imminente. L'équipage répondit par trois vivats.

« L'honneur nous reviendra. Nous avons dix-huit canons et les Allemands, huit. »

À leur vitesse actuelle et sur la route qu'ils suivaient,

ils rencontreraient l'ennemi avant deux heures. Les deux plus puissants navires de guerre de la flotte britannique de haute mer se lancèrent donc dans le sillage de la Walkyrie. L'amiral Tovey, toujours ancré à Scapa Flow, donna au porte-avions *Victorious*, au croiseur de combat *Repulse*, aux croiseurs *Galatea*, *Hermione*, *Kenya* et *Aurora* ainsi qu'à cinq destroyers l'ordre de le rejoindre au nord des Hébrides. Puis il s'assit pour dîner avec les officiers tandis que son grand *King George V* gagnait la haute mer.

À Londres, Churchill et l'Amirauté s'inquiétaient de l'avance rapide du *Bismarck* vers le sud, qui le rapprochait donc du convoi WS8B. Le 23 à minuit, la base navale de Gibraltar reçut un message ordonnant à l'amiral Somerville de mobiliser sa Force H ; celle-ci était composée du porte-avions *Ark Royal*, du croiseur de bataille *Renown* et du croiseur *Sheffield* ; ces navires devraient se rendre dans l'Atlantique nord et rejoindre le convoi de troupes. C'était là un rendez-vous que la force H ne put tenir, car des événements plus graves allaient se produire.

Toutes les pièces de la partie étaient désormais en place.

Mais pendant que les acteurs s'affairaient, l'équipage du *Bismarck* ne se doutait pas de la tempête qu'il allait affronter ; il dormait.

Le dénouement était imminent. À 1 h 40, le *Hood* et le *Prince of Wales* n'étaient qu'à une trentaine de milles du *Bismarck* lorsque Lindemann changea de cap et passa devant les écrans radar d'un destroyer britannique sans être décelé. Ce changement mit les escadres sur des routes divergentes et l'écart entre eux s'élargit. À 3 h 20, le *Suffolk* signala un nouveau changement de cap des Allemands. Cela mettait les bâtiments de guerre britanniques en difficulté, car ils devaient, pour rattraper leur proie, accélérer à l'oblique. L'ordre de bataille fut lancé. Sur les navires britanniques, les officiers et les matelots descendirent dans leurs quartiers pour mettre des sous-vêtements propres, selon une tradition de la Royal Navy destinée à éviter les infections des blessures éventuelles. La plupart d'entre eux rédigèrent des lettres à l'intention de leurs familles et de leurs fiancées. Ils revêtirent leurs équipement antiflash, des cagoules qui leur prêtaient l'apparence d'affidés du Ku-Klux-Klan. Puis ils attendirent. Ils n'avaient guère de doutes sur ce qui allait arriver.

Les cloches tintèrent. Aux postes de combat ! Les portes étanches furent verrouillées, les transports de munitions vérifiés, les canons surélevés. Dans les soutes, les machinistes surveillèrent les manomètres de pression et les cuisiniers éteignirent leurs feux. Dans cette agitation, les navires se perdirent de vue en raison des embruns. Les deux escadres ennemies s'approchaient l'une de l'autre à la vitesse de quatre-vingts kilomètres à l'heure. À 5 h 10, le commandant du *Prince of Wales*, John Leach, envoya le message radio : « Engagement avec l'ennemi dans quinze minutes. »

Quand le *Bismarck* tira sur le *Norfolk*, une avarie survint à bord ; elle était mineure, mais elle allait influencer l'issue du conflit : le recul de ses gros canons avait mis le radar de l'Allemand hors d'usage. En attendant que les réparations fussent faites, l'amiral Lütjens donna au *Prinz Eugen* l'ordre de passer devant lui. Or, comme les deux vaisseaux avaient la même silhouette, les vigies anglaises allaient prendre l'un pour l'autre.

Le matelot de seconde classe « Knocker » White avait reçu l'ordre de monter au mât — qui vacillait — avec une paire de jumelles. Les minutes s'écoulèrent.

« Ennemi en vue ! »

Deux énormes silhouettes sortirent de la brume. Leur allure semblait maléfique. Si on ne les arrêtait pas, les Allemands deviendraient les maîtres de l'Atlantique. Là, ils étaient à dix-sept milles nautiques, quelque vingt-sept kilomètres. Les canons commencèrent à pivoter dans les tourelles. Son pavillon blanc battant au vent, le *Hood* chargea fièrement.

Le commandant du *Prinz Eugen*, Helmut Brinkmann, se vit tendre un bol de soupe par son planton, Friebe. « Peste ! Quelqu'un a jeté un mégot dans ma soupe ! Friebe, tu seras fusillé à l'aube ! » Tout le monde rit et chacun pensa à ce qu'il désirait le plus au monde, quelques heures de sommeil dans un lit chaud. Le commandant Jasper, officier d'artillerie du *Prinz Eugen*, et son second, le capitaine Paul Schmalenbach, sirotaient tranquillement leur café quand leurs haut-parleurs annoncèrent : « Bâtiments rapides approchent à bâbord. »

Ils ajustèrent leurs jumelles et distinguèrent des fumées à l'horizon. Des sonneries d'alarme retentirent par coups longs, ce qui annonçait une action de surface. Le sommet de mâts se profila, puis les silhouettes des navires se dessinèrent. Schmalenbach feuilleta son *Manuel des navires étrangers*. Il secoua la tête et regarda de nouveau les navires.

« Celui de droite est le *Hood* », déclara-t-il.

« Pas possible, dit Jasper, c'est un destroyer ou un croiseur. »

« Je te parie une bouteille de champagne que celui de droite est le *Hood* », insista Schmalenbach.

« Tope là », répondit Jasper. Il ne croyait pas son second. Au lieu de faire charger des obus antiblindages, il donna l'ordre de charger des obus explosifs à fusées d'impact, qui ne devaient jamais être utilisés contre des blindages.

L'ordre partit du *Hood* : « *Blue four*. Virez quarante degrés à tribord. » Décision malheureuse. Les tourelles d'arrière des deux vaisseaux ne pourraient pas entrer en action et la supériorité des dix-huit canons était perdue. C'étaient maintenant dix canons anglais qui auraient affaire aux huit canons allemands. Presque à égalité. Le *Hood* et le *Prince of Wales* virèrent de bord dans le vent.

Les mains derrière le dos, l'amiral Lütjens regardait à travers les vitres blindées du pont du *Bismarck*. Pendant un bref moment, il évoqua les grandes batailles navales de l'Histoire, Trafalgar, le Skagerrak. Mais cette bataille-ci, il ne l'avait pas cherchée. La banquise au nord, des croiseurs ennemis à l'arrière et des croiseurs de combat devant. Il n'avait pas d'autre choix que de se battre.

C'était le 24 mai 1941, à 5 h 50.

La confusion qui régnait sur les bâtiments britanniques n'avait rien à envier à celle des Allemands. On y supposait d'abord que c'était le *Bismarck* qui dirigeait la formation de combat. Sur le pont du *Hood*, le maître-timonier criait les distances qui se réduisaient entre les deux vaisseaux. Presque en même temps que Lütjens donnait au *Prinz Eugen* l'ordre de hisser le signal d'ouvrir le feu, Holland sur le *Hood* donnait le même ordre au *Prince of Wales*. Et les distances se réduisaient encore.

« Prêts à ouvrir le feu. Cible navire à gauche. »

C'était donc le *Prinz Eugen*.

À treize milles de distance, l'amiral Holland cria : « *Execute !* » et le maître-timonier cria à son tour : « Baissez pavillon cinq ! » ce qui équivalait au signal de tir. Et l'officier maître-canonnier dit d'un ton presque religieux : « Tirez ! »

Le moment parut se figer un instant. Et puis les canons parlèrent de leur terrible tonnerre.

Sur les vaisseaux allemands, tous les yeux étaient rivés sur les éclairs des bouches à feu anglaises. Ayant vu les boules de feu étinceler sur les tourelles anglaises, l'officier maître-canonnier allemand Jasper s'écria « Nom de D... ! Tu as raison, ce n'est pas un destroyer, c'est un navire de combat ! » Et il dit presque immédiatement : « Passez aux obus antiblindages ! »

À 5 h 53 son homologue du *Bismarck* Adalbert Schneider appuya sur le bouton de mise à feu. « *Feuer !* » Dans son poste de commande hermétique, l'amiral Lütjens vacilla quand partit la salve des huit canons du *Bismarck*. Les obus volaient... Où tomberaient-ils ? Il regarda ceux qui étaient partis du *Hood* tomber près du *Prinz Eugen*. L'impact déplaça des tonnes d'eau écumeuse. Tir trop court de mille mètres. Maladroit. Mais le tir du *Bismarck* et du *Prinz Eugen* fut mortellement précis. La première salve escagassa le *Hood*.

Tout allait de travers pour l'amiral Holland. Il se trouvait dans la pire des situations, affrontant un ennemi formidable avec la moitié de sa puissance de feu alors qu'il lui présentait lui-même une meilleure cible qu'il n'était nécessaire. Pis : l'un des canons du *Prince of Wales* s'était révélé défectueux et fut mis hors d'action. Alors que ses tirs se partageaient entre les deux vaisseaux allemands, le *Bismarck* et le *Prinz Eugen*, eux, concentraient leur puissance de feu sur le *Hood*. Holland supposa que le *Norfolk* et le *Suffolk* entreraient bientôt dans la bataille et allégeraient la pression qu'il subissait, mais il avait oublié de donner à l'amiral Wake-Walker l'ordre d'intervention. Par-dessus le marché, les deux vaisseaux anglais allaient contre le vent et l'écume des étraves inondait les viseurs des tourelles d'avant ; les canonniers étaient donc contraints de se servir de leurs petits télémètres secondaires, qui étaient imprécis.

Les obus volaient, les colonnes d'eau jaillissaient et le capitaine Brinkmann, du *Prinz Eugen*, sauva son navire en donnant l'ordre à l'homme de barre de se diriger vers ces colonnes, sachant que les salves ne tombent pas deux fois de suite au même endroit. Le *Prinz Eugen* tira sa deuxième salve et vingt secondes plus tard des flammes jaillirent du pont des canots du *Hood*.

Les obus du *Prinz Eugen* avaient déclenché sur le *Hood* un incendie dans la réserve des munitions anti-aériennes de 100. Le matelot de seconde classe Tilburn et son équipe de canonniers reçurent l'ordre d'éteindre l'incendie, mais les munitions commencèrent à exploser dans la réserve. Les hommes se jetèrent à terre. Puis un autre obus tomba et tous ces hommes furent tués. La situation étant devenue insoutenable, l'amiral Holland décida de se servir de ses dix-huit canons. Pour cela, il ordonna de changer de trajectoire.

« *Two Blue,* vingt degrés à bâbord. » Les deux navires commencèrent à virer.

Puis l'incroyable advint.

À 6 heures, l'officier maître-canonnier du *Bismarck* nota le changement de direction des deux navires britanniques et ordonna une légère modification dans le repérage des cibles.

« *Zwei Vollsalven.* » Deux salves totales.

Les canons tonnèrent. La première salve était trop courte. Mais la seconde, celle du *Prinz Eugen,* atteignit l'objectif. « *Gegner brennt !* » L'ennemi brûle.

Le premier officier d'artillerie Schneider ordonna une autre correction et dit clairement : « *Vollsalve.* »

À 6 h 01, les canons géants tonnèrent pour la cinquième fois en quatre minutes.

« *Achtung Aufschlag.* » Attention à l'impact.

Le *Hood* fut de nouveau masqué par un rideau de colonnes d'eau. Schneider ne comprit pas. Six colonnes d'eau... Deux étaient sans doute des ratés... mais les autres...

« *Er siiinkt... siiinkt !* » cria-t-il [1].

---

1. D'après le récit du lieutenant-capitaine von Mullenheim-Rechberg, officier de la IVe Artillerie.

Deux obus qui n'étaient pas tombés en mer avaient atteint exactement le centre du *Hood*. Ils avaient traversé les ponts et atteint le magasin des obus hautement explosifs de 380. Une gigantesque boule blanche monta à trois cents mètres de hauteur, suivie par une colonne de flammes jaunes et un nuage de fumée noire évoquant celle d'un volcan en éruption. Des pièces de canons et des fragments de mâts volèrent en l'air. Le plus fameux navire de combat du monde explosa comme un pétard[1].

« Il explose. Le *Hood* est parti ! » cria encore Schneider.

La proue et la poupe pointèrent quelques instants vers le ciel, puis l'orgueil de la Royal Navy fut englouti par les vagues. Le désastre avait duré quarante secondes, mais quarante secondes durant lesquelles pas un obus ne fut tiré. La minute de silence en l'honneur d'un noble navire.

« Pauvres diables », murmura Schneider. Mais ce n'était pas le moment de méditer. Il restait l'autre navire. « *Zielwechsel links !* » Changement de cible à gauche.

Et les huit énormes canons se tournèrent vers le *Prince of Wales*.

Ce dernier était devenu la cible du *Bismarck* et du *Prinz Eugen* à la fois. Mais ses canons avaient enfin accroché le *Bismarck* ; sa sixième salve atteignit le supercuirassé. Simultanément, il fut lui-même atteint par un obus de 380 qui traversa le pont et y tua tout le monde à l'exception du commandant. Les salves du *Bismarck* partaient toutes les vingt secondes, celles du *Prince of Wales* toutes les dix secondes. Les batteries anglaises répliquaient vaillamment et les canonniers observèrent que leurs neuvième et treizième salves avaient atteint le *Bismarck*. À deux contre un, le *Prince of Wales* était quand même débordé. Des problèmes mécaniques avaient réduit deux de ses canons au

1. D'après les observations faites à la fois du *Prince of Wales* et du *Bismarck*.

silence. Il avait été atteint par quatre obus de 380 et trois de 200. Son pont était saccagé. Un obus l'avait touché au-dessous de la ligne de flottaison et quatre cents tonnes d'eau avaient déferlé dans les cales. Au bout de huit minutes et de dix-huit salves, le *Prince of Wales* renonça au combat et fit demi-tour. Il était 6 h 13 et dix-neuf minutes seulement s'étaient écoulées depuis que les deux plus beaux navires de guerre britanniques avaient si fièrement engagé le combat.

Un destroyer britannique accourut sur la scène pour repêcher les survivants du *Hood*. Il trouva des flaques de pétrole, des débris épars et trois hommes : l'aspirant de marine Dundas, le matelot de seconde classe Tilburn et le timonier Briggs. « Il doit y en avoir d'autres, il ne peut pas en rester que trois. Continuez à chercher », ordonna le commandant du destroyer. Ils patrouillèrent dans le secteur mais ne trouvèrent qu'un autre petit vestige, un calot de marin. Tout le reste, deux amiraux, quatre-vingt-dix officiers et mille cinq cents matelots avaient sombré vers leur dernière demeure à des milliers de mètres sous la surface des flots.

Les trois survivants furent transportés sur le destroyer *Elektra* et interrogés. Dundas rapporta qu'il s'était échappé par une fenêtre du pont supérieur quand le navire avait sombré. Briggs était sorti par la porte dégondée de la plate-forme des navigateurs et avait vu que l'amiral Holland ne faisait aucun effort pour quitter son navire perdu. C'était Tilburn qui avait réussi l'évasion la plus difficile. Une antenne de radio s'était enroulée autour de sa botte et il était parvenu à la couper avec un canif pendant qu'il sombrait, puis il avait nagé vers la surface. Là, il n'avait trouvé que le silence alentour.

La bataille des détroits du Danemark était terminée. Le *Bismarck* et le *Prinz Eugen* poursuivirent leur route à toute allure vers le sud. Le capitaine Lindemann et l'amiral Lütjens discutèrent pour savoir s'ils poursuivraient le *Prince of Wales* endommagé afin de l'achever et s'ils rentreraient ensuite au port. Mais Lütjens s'en tint à ses instructions et poursuivit vers le sud-est. Cette décision sauva le *Prince of Wales*, qui avait de graves avaries. Mais elle avait un autre motif : si le *Prinz Eugen* n'avait pas été atteint au cours de la bataille, le *Bismarck* lui n'avait pas eu cette chance. Sur les trois salves qui l'avaient atteint, deux n'avaient causé que des dégâts superficiels, mais la troisième l'avait atteint à la ligne de flottaison. Un gros obus avait traversé deux réservoirs de pétrole sans exploser, avait détruit les valves d'aspiration et privé l'alimentation des chaudières d'un millier de tonnes de carburant.

Et ce fut ce coup plus qu'autre chose qui scella le destin du *Bismarck*. L'amiral Lütjens eut là des raisons de regretter de n'avoir pas fait le plein à Bergen Fjord. Son navire avait besoin d'être mis en radoub pour réparations, et pour cela, il avait le choix entre deux options : retourner au port par les détroits du Danemark, qui devaient à l'heure actuelle grouiller de sous-marins ennemis, ou se diriger vers un port français. Ce fut cette dernière qu'il choisit. Mais ses réserves de carburant lui posaient un problème : au point où il en était, il ne pouvait pas se passer d'un millier de tonnes de pétrole. À moins de réduire fortement son allure, le *Bismarck* se trouverait en panne sèche !

Le choc fut immense en Angleterre. La perte du *Hood* suscita une émotion bien plus profonde que les revers subis en France ou en Afrique du Nord. « L'Angleterre n'est plus maîtresse des mers ! » clamèrent les manchettes. Churchill eut clairement conscience que le *Bismarck* représentait désormais le symbole même de la défaite de son pays. Ce cuirassé était un fléau qu'il fallait annihiler à n'importe quel prix pour regagner la confiance du pays. Churchill donna alors l'ordre catégorique : « Coulez le *Bismarck* ! »

Tous les galonnés que pouvait mobiliser la Royal Navy se penchèrent sur les cartes dans la salle de l'Amirauté. Une fois passé le choc initial, ils entrèrent en surchauffe. Ils ne le savaient pas encore, mais c'était la dernière fois que l'Angleterre manifesterait cette force qui l'avait érigée en maîtresse des mers. Le Premier Lord de la Mer, l'amiral de la flotte sir Dudley Pound, expressément choisi par Churchill parce qu'il l'écoutait docilement, connaissait les pouvoirs de la concentration. En effet, il n'avait jamais failli à la devise de Nelson : « Seuls les grands nombres peuvent annihiler. »

De Halifax, en Nouvelle-Écosse, accourut le croiseur de combat *Revenge*, de l'est du Newfoundland vint le *Ramillies*, du nord-est des Açores vinrent les croiseurs *London* et *Edinburgh*, de la Clyde vinrent le navire de combat *Rodney* et ses destroyers. L'amiral Wake-Walker poursuivait les Allemands avec le *Suffolk* et le *Norfolk*, de même que le *Prince of Wales*, tout endommagé qu'il fût. La force d'interception la plus proche, à quelque trois cent soixante milles au sud, consistait dans les deux croiseurs de combat *King George V* et *Repulse*, ainsi que le porte-avions *Victorious* et cinq croiseurs lourds.

Grâce à l'information transmise par le *Suffolk*, l'amiral Tovey savait qu'il rencontrerait le *Bismarck* le lendemain matin assez tôt, à moins que le supercuirassé allemand accélérât son allure. Et celui-ci était beaucoup plus rapide que ses propres unités d'escadre, même les plus récentes. Il n'y avait donc qu'un moyen de le rattraper : lui dépêcher les avions-torpilleurs du *Victorious*.

Tovey n'avait pas la moindre idée du problème de son ennemi. Le *Bismarck* devait réduire son allure et ne parvenait pas à semer les limiers qui le traquaient. Lütjens décida d'ordonner au croiseur qui l'accompagnait, le *Prinz Eugen*, de s'écarter de lui dans l'Atlantique. Le mot de code pour cette manœuvre était, ironie du sort, *Hood*.

Le capitaine Brinkmann du *Prinz Eugen* venait de monter sur le pont quand un message de quatre lettres scintilla, en provenance du navire amiral : H-O-O-D. Comme une voiture de course, le croiseur lourd passa donc à la vitesse maximale. Parallèlement, le *Bismarck* se retourna vers les limiers. « Voici notre grand frère qui s'en va », dit l'officier d'artillerie Jasper. La dernière image qu'il eut du grand navire de bataille de l'Allemagne fut celle des éclairs orangés et du tonnerre de ses canons principaux.

Lütjens informa alors le quartier général du groupe ouest : « Impossible de se débarrasser des ennemis à cause du radar. Me dirige directement vers Brest à cause de la situation du carburant. »

Le capitaine Bovell, du *Victorious*, avait espéré arriver à cent milles du *Bismarck* à 21 heures, mais l'écart entre les deux navires croissait au contraire. L'attaque projetée devait être exécutée par neuf avions-torpilleurs Swordfish. C'étaient des biplans à cockpit ouvert et aux ailes entoilées, que leurs équipages avaient surnommés « sacs de nœuds », en raison des fils de fer à l'ancienne qui maintenaient leurs structures. Ces appareils semblaient sortis de la Grande Guerre et des acrobaties associées au Baron Rouge, Manfred von Richthofen. Ils volaient et, pis, ils attaquaient à la vitesse dérisoire de cent cinquante kilomètres à l'heure. Chacun avait un équipage de trois hommes, un pilote, un observateur et un mitrailleur à l'arrière, et transportait une torpille unique de 460 sous son ventre. Ces avions battaient donc des ailes comme des canards mouillés au bout de la piste d'envol du porte-avions. Peu après 22 heures, le *Victorious* vira au vent et les avions décollèrent.

Quelques hommes d'équipage de repos étaient sur le pont du *Bismarck*. Après l'excitation que leur avait value le combat avec le *Hood*, la croisière leur paraissait monotone. Ils n'avaient même plus, pour leur tenir compagnie, le caquetage impudent des mouettes qui happaient au vol tout ce qu'on leur jetait et qui parfois venaient se poser sur les bouches des canons. Rieder, le Bavarois, n'était guère accoutumé aux délices que ses camarades plus expérimentés de Hambourg et de Kiel trouvaient aux longs cours. Ce montagnard contemplait l'océan sans fin. Le calme avant la tempête, se dit-il.

Le navire garde-côtes américain *Modoc* était parti de Boston le 12 mai à la recherche des survivants du convoi H.X. 126[1]. Quelques heures plus tôt, ce jour-là, le *Modoc* avait été informé par la radio de la destruction du *Hood*. Pendant des journées entières, son équipage n'avait rien vu qu'une mer démontée, mais en quelques instants, tout changea : dans ses jumelles le matelot de seconde classe Newell aperçut un monstre de navire de combat. C'était le *Bismarck*, qui se pressait vers le sud. Puis les nuages se déchirèrent et les avions les plus absurdes qu'on eût jamais vus, des biplans aux ailes tenues par des fils de fer et avec des roues fixes, comme auraient pu en piloter les frères Wright un demi-siècle auparavant, en surgirent. Et ces engins ridicules se dirigèrent tout droit vers le feu infernal des batteries antiaériennes du *Bismarck*.

C'était le 24 mai et il était 23 h 45. Les gens du *Bismarck* virent aussi arriver ces machines volantes et cinquante canons antiaériens ouvrirent le feu. Dès que les premières torpilles filèrent sur l'eau, des ordres furent donnés de virer immédiatement de bord. La plupart des torpilles ratèrent leur cible, et celle qui heurta le navire au milieu se heurta au blindage d'acier Wotan et écorcha à peine la peinture, mais tua quand même un homme. À bord du supercuirassé, on s'inquiétait bien davantage des dégâts dans la chambre des chaudières numéro deux, totalement inondée, et des réservoirs de

1. Les États-Unis n'allaient se ranger aux côtés des Alliés que 7 mois plus tard, mais leurs sympathies ne faisaient pas mystère.

pétrole d'avant, qui avaient pris encore plus d'eau lors du virage brutal du navire. Il fallut au *Bismarck* une heure avant qu'il pût reprendre sa vitesse de croisière de vingt nœuds.

Atteindre la France en ligne droite et échapper aux limiers qui le poursuivaient, tels étaient les deux objectifs de Lütjens. Et ce fut alors que le groupe naval ouest le prévint que la Force H britannique venait de quitter Gibraltar. Ce qui signifiait qu'il subirait encore plus d'attaques de torpilles de la part de ce vieux cheval de bataille qu'était l'*Ark Royal*[1]. Lütjens se pencha de nouveau sur les cartes. Il pouvait aisément échapper à ce nouveau danger. Il en discuta avec le commandant et ses ingénieurs. Mais leur réponse fut unanime : « Accélérez maintenant et nous serons à court de carburant avant d'avoir atteint la France. »

Lütjens coupa la poire en deux : il ordonna d'accélérer pendant un temps limité. Le *Bismarck* était libre, s'étant enfin débarrassé de ses poursuivants, et il courait dans l'Atlantique alors que tous les navires que la Royal Navy avait pu mobiliser le recherchaient. Mais le retrouver dans l'Atlantique équivalait à retrouver une aiguille dans une botte de foin. Il avait disparu depuis trente et une heures quand un ancien garçon de ferme de Higginsville, Missouri, le repéra donc à bord d'un hydravion Catalina.

Le problème qui se posait désormais à l'Amirauté britannique s'énonçait en chiffres et en heures. L'enseigne Smith et l'officier Briggs avaient aperçu le *Bismarck* à quelque sept cents milles marins des côtes françaises et à trois cents milles de la protection aérienne de la Luftwaffe.

---

1. Selon les bulletins d'information allemands, l'*Ark Royal* a dû coulé 3 fois.

L'on calcula donc qu'à sa vitesse connue de trente nœuds à l'heure, cela donnerait à la Royal Navy dix heures pour le rejoindre, auquel moment sa propre flotte entrerait sous la portée des tirs de l'aviation allemande. Mais la réalité et les mathématiques diffèrent parfois et les amiraux britanniques n'étaient pas au fait des graves difficultés de carburant du supercuirassé allemand, qui l'avaient contraint à réduire sa vitesse de moitié.

Le 26 mai à 16 h 25, Lütjens reçut un câble ainsi libellé : « Mes meilleurs vœux pour votre anniversaire. Signé : Adolf Hitler. »

À 17 h 25, plus intéressé par le carburant que par des chandelles, Lütjens envoya un câble : « Situation carburant urgente. Quand puis-je espérer du carburant ? »

À 18 heures, le temps se gâta et tourna à la tempête. La mer se démonta et des vagues gigantesques couvrirent les ponts de masses d'eau écumeuse.

Et à 21 heures les avions arrivèrent.

À bord du *King George V*, l'amiral Tovey ne pouvait plus continuer cette poursuite infernale ; il devait réduire son allure sous peine de manquer lui aussi de carburant. Il hissa le signal : « Vitesse de la flotte vingt-deux nœuds. » L'escadre britannique avait donc perdu la course contre son adversaire. À 18 h 21, Tovey câbla à l'Amirauté qu'à moins que le *Bismarck* pût être freiné avant minuit, ses deux principales unités, le *King George V* et le *Rodney*, devraient retourner à leur base[1]. Son dernier espoir était que la Force H parvînt à aller assez vite pour intercepter le *Bismarck* et lancer contre lui une

1. Churchill répondit par le truchement de l'Amirauté, adressant un ordre toujours controversé « ... de poursuivre le *Bismarck* jusqu'aux côtes de France, même s'il fallait pour cela qu'on remorquât le *King George V* jusqu'au port... ».

attaque aérienne à partir de l'*Ark Royal*. Il lança donc ses ordres : quel que pût être le coût en hommes et en matériel, tous les avions-torpilleurs disponibles devaient se lancer dans les vents de la tempête. L'amiral Somerville, de la Force H, donna alors l'ordre à l'*Ark Royal* de lancer ses avions-torpilleurs. Avec une visibilité proche de zéro, les « sacs de nœuds » décollèrent donc et, pour commencer, faillirent couler leur propre croiseur, le *Sheffield*, avant de s'aviser de leur erreur.

Ce fut à 19 h 10 que le dernier escadron de quinze Swordfish décolla du pont balayé par la tempête. Le lieutenant-commodore Tim Coode et ses quarante-quatre hommes étaient conscients du fait que le sort du *Bismarck* et, partant, celui de l'Angleterre dépendait de leur adresse. Les conditions de vol étaient si détestables qu'ils pouvaient à peine distinguer l'avant de leurs avions. Ils volèrent dans l'obscurité infinie, violemment secoués par un front météo froid qui descendait jusqu'au niveau de la mer, et ils dépendaient entièrement du *Sheffield* pour les guider jusqu'à leur cible. À la fin, ils perdirent de l'altitude. Les nuages filaient de plus en plus vite, les moteurs hurlaient dans les rafales, le vent faisait résonner les nervures de leurs ailes jusqu'au la aigu, et les aiguilles des altimètres palpitaient follement dans une descente à cailler le sang dans les veines. Les pilotes espéraient arriver enfin à leur proie, mais ils furent néanmoins saisis quand, débouchant des nuages à sept cents pieds d'altitude, ils aperçurent le *Bismarck* qui arrivait droit vers eux. Il était alors 20 h 53.

Les pilotes s'efforcèrent de maintenir leurs manches à balai vers le tribord. Quatre appareils descendirent jusqu'au niveau des vagues, droit dans une grêle dévastatrice de projectiles, semant derrière eux autant de confettis. Les pilotes se rappelèrent la règle des Trois Neufs de leurs instructeurs : maintenir la vitesse à quatre-vingt-dix milles par heure, lâcher la torpille à quatre-vingt-dix pieds et à pas plus de neuf cents mètres de l'objectif. C'était relativement simple à l'entraînement, mais beaucoup moins dans une tempête de l'Atlantique, quand il fallait foncer vers un dragon crachant le feu. Des balles traçantes plongeaient vers eux, dans une trajectoire d'abord droite et s'achevant par une longue courbe gracieuse. Les nerfs des équipages étaient tendus à l'extrême. Ils percevaient de vagues crachotements suivis par les explosions sourdes des ack-acks. Les hélices projetaient la pluie contre leurs pare-brise et leur voilaient la visibilité. La première vague d'avions manqua son objectif, et la deuxième aussi. Puis deux avions arrivèrent, pilotés par le lieutenant Godfrey-Fausset et le sous-lieutenant Kenneth Pattison.

« Position ? » demanda Pattison.

« Un — cinq — zéro — zéro », fut la réponse du navigateur, d'une voix qui restait calme en dépit des vibrations de l'avion. « Un — trois... » Pattison calcula la distance. Ils attaquèrent de tribord et lâchèrent leur torpille à quelque mille mètres et supposèrent qu'ils avaient atteint la cible. Mais ils ne pouvaient pas en être sûrs car lorsque leur canonnier vit bien une lueur d'explosion, ils étaient déjà remontés dans les nuages. Un dernier avion, piloté par Tony Beale, attaqua bravement à cinquante pieds seulement au-dessus du niveau de la mer. Il lâcha son projectile à huit cents mètres et retint son souffle jusqu'à ce que son observateur, Pimlott, eût crié : « Touché ! »

Le lieutenant d'artillerie Herzog, responsable d'un canon antiaérien de 37 millimètres, vit bien deux avions qui se dirigeaient tout droit vers sa position [1]. Ils volaient si bas que leurs trains d'atterrissage fixes touchaient presque la crête des vagues, beaucoup trop bas pour que son canon pût s'abaisser jusqu'à cette hauteur. Tout se passa en quelques secondes, mais le cerveau de l'artilleur enregistra au ralenti chaque phase de la folle manœuvre des pilotes. Les hommes à bord de ces coucous ridicules

1. C'étaient sans doute ceux du lieutenant Godfrey-Fausset et du sous-lieutenant Kenneth Pattison.

ne ressemblaient certainement pas à ceux que décrivait la propagande radio allemande. À coup sûr, ce n'étaient pas là des couards inexpérimentés. Tandis qu'un avion se dirigeait vers le centre du navire, l'autre allait vers la poupe. Leurs torpilles plongèrent dans la mer. Herzog, glacé d'horreur, fixa du regard ces deux sillages blancs qui se dirigeaient vers lui. Puis sa vue fut masquée par un mur d'eau jaillissant au-dessus de la poupe et le *Bismarck* se souleva, comme frappé par un titanesque coup de marteau, et Herzog se trouva projeté contre ses camarades canonniers. Et tandis que le déluge retombait, il vit un avion passer au-dessus de la poupe.

Le navire commença à tourner. L'attaque était terminée, les canons antiaériens s'étaient tus. Mais pourquoi le navire continuait-il à tourner ? Le matelot de seconde classe Eich, chargé du contrôle de direction, consulta ses cadrans, perplexe. Il y avait quelque chose d'anormal, le *Bismarck* continuait à tourner en rond.

Hermann Budich s'entretenait avec son camarade Bühnel quand la torpille avait frappé ; ils avaient été les premiers à savoir ce qui n'allait pas. Budich s'empressa d'envoyer un rapport à son supérieur, le lieutenant en charge des machinistes, Barbo : « Gouvernail de tribord déconnecté, gouvernail de bâbord bloqué à 15°. » Barbo essaya de changer les fusibles de transmission et n'aboutit qu'à déclencher un court-circuit, dont la flamme bleue le projeta au sol. Le reste des effectifs du navire apprit la cause de l'avarie quand les haut-parleurs annoncèrent : « Contrôle des gouvernails hors de service. Tous les plongeurs immédiatement à l'arrière. »

Des deux torpilles qui avaient atteint le *Bismarck*, l'une s'était heurtée sans causer de dommages à la solide ceinture antitorpilles[1], mais l'autre avait atteint le seul

1. On suppose que c'était la torpille lancée par Tony Beale, étant donné qu'elle avait heurté le navire après les observations de Herzog.

point vulnérable du grand cuirassé, la jonction entre le navire et les gouvernails. Le capitaine-lieutenant Junack se trouvait dans le compartiment des turbines quand le navire avait été touché. Il avait été projeté par terre. Il s'était élancé hors de la salle des machines et avait découvert que la torpille avait percé la coque et que l'eau déferlait dans le compartiment de contrôle des gouvernails. Ce qui rendait les réparations impossibles. « Nom de nom », grommela-t-il avant de décrocher l'intercom pour faire son rapport au pont. « Toute éventualité a été prévue, tous les systèmes comportaient une sécurité, mais pas la jonction des gouvernails ! »

De là où il se trouvait, l'officier d'artillerie Herzog dominait la poupe, et il vit le capitaine Lindemann et ses deux ingénieurs en chef étudier les plans pour évaluer les dommages. À la fin, Lindemann avait levé les bras et s'était éloigné. Tous les efforts pour pomper l'eau et mettre en œuvre le gouvernail à main se révélèrent inutiles. Un projet de déblocage à l'explosif du gouvernail bloqué fut abandonné, étant donné que les mécanismes des gouvernails étaient trop proches des hélices et qu'une explosion aurait déséquilibré leur délicate synchronicité. Lütjens aussi en convint[1].

Le commandement naval suprême allemand fut informé de la situation par une série de câbles.

« 21 h 05. Quadrat BE/6192 touché par une torpille à l'arrière. »

« 21 h 15. Torpille a heurté le milieu du navire. »

Et l'amiral Lütjens dut se résigner à expédier enfin le message suivant : « 23 h 40. Navire ingouvernable. Nous nous battrons jusqu'au dernier obus. Longue vie au Führer. »

---

1. Le vice-amiral Eberhard Weichold écrivit à propos de cette décision : « C'est le sort des commandants de première ligne et de la plupart des chefs en mer que leur décision sur le pont soit prise sans la pleine connaissance de la position de l'ennemi, et qu'on ne puisse l'analyser qu'après coup pour savoir si elle correspondait aux contre-mesures de l'adversaire, qui étaient également inconnues. »

La réponse de Hitler fut la dernière à atteindre le *Bismarck* : « 1 h 35. Aux officiers et à l'équipage du navire de combat *Bismarck*. L'Allemagne est à vos côtés. Tout ce qui peut être fait sera fait. Votre sens du devoir sera un symbole pour notre peuple en lutte. Signé : Adolf Hitler. »

En dépit de tous les efforts de son équipage, l'orgueil de la marine allemande dérivait inexorablement vers le nord, comme si une force irrésistible l'attirait droit vers la puissance destructrice de l'entière Royal Navy[1].

Le message que reçut l'amiral Tovey était difficile à comprendre : « Ennemi se dirige à 340 degrés. » Cela signifiait que le *Bismarck* s'éloignait des côtes françaises et se dirigeait vers lui, et c'était suicidaire. Il câbla : « Vérifiez direction rapportée, je répète, vérifiez direction rapportée. » La réponse demeura inchangée : « 340 degrés. » Au nord ? Le Fritz allait au nord ? Quelle mouche avait donc piqué Lütjens ? Personne ne put se rappeler qui avait été le premier à comprendre : la torpille, l'éclair de lumière... Le Fritz était hors de contrôle...

Hitler passa la nuit à la résidence du Berghof et se tint informé de la situation. Le grand amiral Raeder avait appelé Goering pour demander l'intervention de la Luftwaffe. Le Reischsmarshall lui répondit que les navires ennemis étaient hors de portée de ses bombardiers. Raeder fit diffuser à la radio un bref communiqué qui tint le pays éveillé toute la nuit, dans l'attente d'informations : « Le cuirassé *Bismarck* a été atteint à l'ar-

1. La plus grande partie de ce récit est fondée sur les interviews et les rapports des survivants, tels que le lieutenant-capitaine von Mullenheim-Rechberg.

rière par une torpille, dans le golfe de Gascogne[1]. » Ce message laconique présageait de la fin, car Raeder savait qu'il ne restait plus d'espoir de sauver le navire.

La nuit à bord fut terrible. Une pluie aveuglante, une tempête déchaînée et la conscience du fait que le navire et l'équipage ensemble luttaient désormais pour leur survie tinrent les hommes éveillés. Comme si cela ne suffisait pas, il leur fallait se défendre contre les torpilles d'un essaim de destroyers. Ni le *Bismarck* ni les destroyers ne furent endommagés lors de ces attaques. Peu avant l'aube, le lieutenant-capitaine von Mullenheim-Rechberg parcourut le pont. Il lut la fatigue sur le visage de l'amiral, qui ne la trahissait cependant par aucun autre signe. Quant au reste de l'équipage, Mullenheim-Rechberg le trouva léthargique.

Sous le pont, il n'en allait pas autrement. « Nous allons droit en enfer », déclara à haute voix le machiniste, exprimant ce que tout le monde pensait.

« Je ferai un rapport sur toi ! s'écria un membre du Parti et un ardent défenseur du génie de Hitler. Nous n'avons pas à entendre de tels propos. Il reste toujours une chance.

— Oui, et les cochons ont des ailes, espèce de merdeux », répliqua le machiniste en riant.

À ce moment arriva l'ordre du capitaine Lindemann : « Arrêtez toutes les machines. »

Le lieutenant-capitaine Junack s'inquiéta de ce que cet arrêt pût entraîner un échauffement des turbines ; il appela le pont et la voix lasse du capitaine lui répondit : « Faites ce que vous voulez. »

À 8 heures, les alarmes résonnèrent. Officiers et matelots se fourrèrent du coton dans les oreilles. À 8 h 15 le croiseur lourd *Norfolk* apparut à l'horizon, escorté par les navires de combat *Rodney* et *King George V*.

---

1. La tragédie du *Bismarck* fut sans doute l'événement qui fut le plus largement commenté par la radio pendant toute la guerre.

À 8 h 47, les canons anglais tonnèrent. La fumée brune qui s'échappait des bouches des canons de 400 millimètres du *Rodney* le dérobaient à la vue. Le *Bismarck* se tourna à tribord pour mettre ses huit canons en position. Puis il fit feu.

« Temps de trajectoire cinquante-cinq secondes ! » s'écria un officier sur le pont du *Rodney.*

« Tais-toi ! » lui dit le commandant, qui ne voulait pas savoir l'heure de sa mort. Un sifflement assourdissant et une série d'explosions s'ensuivirent, assorties de geysers d'eau. La troisième salve du *Bismarck* avait touché le *Rodney.*

Mais le cuirassé allemand ne pouvait pas résister longtemps à l'attaque triangulaire dont il était l'objet. Les premiers obus commencèrent à faire des dégâts, et mirent hors d'usage le poste de commandement d'avant de l'artillerie. À 9 h 02, un obus d'une tonne tiré par le *Rodney* détruisit les tourelles avant de canons, Anton et Bruno, tuant tous les hommes à l'intérieur. À 9 h 04, le croiseur lourd *Dorsetshire,* qui s'était tenu à l'arrière de l'escadre, passa à l'avant et entra en action. Le *Bismarck* ne visait plus que le *King George V,* mais il ne faisait plus mouche. Quelques instants plus tard, un obus détruisit la troisième de ses tourelles, Dora ; il ne restait plus que la tourelle César qui continuait à tirer. L'officier d'artillerie Riedel surveillait le chargement de deux obus quand le canon de gauche se bloqua. Tous les grands canons avaient donc été réduits au silence. Le commandant de la tourelle de Riedel, un premier lieutenant, ouvrit la porte d'acier et regarda l'extérieur. Il ne vit qu'un pont couvert de morts et de mourants. Le lieutenant hocha sombrement la tête. « Refermez la porte. » Le silence régna un moment dans la tourelle, un silence sépulcral, puis le lieutenant s'adressa aux quarante hommes autour de lui, qui étaient tous blessés ou choqués : « Camarades, nous avons aimé la vie. Maintenant mourons comme des marins braves. »

Un seul de ces hommes se leva pour faire le salut hitlérien. Son *Heil Hitler !* théâtral parut ridicule. Les hommes sortirent tous, un par un. Tous les canons avaient été réduits au silence. Une fumée épaisse et noire sortait des trous creusés par les obus. Un de ceux-ci, lourd d'une tonne, avait traversé le navire jusqu'au réfectoire, transformé en infirmerie d'urgence, et avait tué des centaines de blessés et tout le personnel médical qui s'y trouvait.

À 10 h 15, le commandant britannique ordonna le cessez-le-feu. En dépit de dommages irrémédiables, le *Bismarck* ne coulait pas. L'officier machiniste Blum se trouvait dans les soutes quand lui parvint un ordre : « Préparez les charges de sabordage[1]. » Puis : « Tout le monde sur le pont. » Lui et les autres se bousculèrent dans les coursives envahies par une fumée âcre et grimpèrent sur les échelles. « Avance ! Avance ! Nous allons faire sauter le navire ! » Blum enjamba des monceaux de cadavres avant d'arriver à une porte qui ouvrait sur le pont. Le spectacle le fit vomir. Le sang avait éclaboussé les tourelles des canons comme des giclées de peinture rouge. Une partie de la cheminée avait été arrachée, les énormes canons pointaient vers le ciel et l'un d'eux avait éclaté. Quelques tourelles avaient été arrachées de leurs socles. La fumée des munitions en train de brûler jaillissait des brèches. Blum se fraya un chemin vers l'arrière à travers des corps démembrés et en contournant des trous dans le pont. Il rejoignit enfin une poignée de survivants groupés autour du capitaine-lieutenant Junack, qui leur recommanda de s'abriter derrière une tourelle.

« Nous adresserons un dernier salut à notre *Vater-*

1. Hitler n'apprit le sort du *Bismarck* que par une dépêche Reuters à 13 heures, interceptée par ses services radio. Une discussion s'est engagée longtemps pour déterminer la cause du naufrage du Bismarck, les canons anglais ou les charges de sabordage.

land, déclara-t-il. Restez près de moi... Je vous promets que nous nous retrouverons bientôt sur Reeperbahn[1]. »

Puis ils sautèrent à l'eau. Quelques moments plus tard ils entendirent un grondement à l'intérieur du cuirassé agonisant. Et puis le *Bismarck* sombra.

Blum fut recueilli par le destroyer britannique *Maori*. Riedel et quelque quatre cents autres nagèrent vers le croiseur *Dorsetshire*. Celui-ci recueillit quatre-vingt-cinq marins allemands avant de mettre soudain la vapeur et de filer. En effet, une vigie aurait vu un sous-marin allemand dans les parages. Ce jour-là, aucun *U-Boot* ne se trouvait à moins de trois cents milles de la scène. Le croiseur fendit les flots couverts d'huile au milieu de centaines de corps qui s'accrochaient encore aux débris métalliques du cuirassé. Plusieurs marins britanniques qui assistaient à la scène fondirent en larmes. Ces naufragés étaient sans doute des ennemis, mais ils appartenaient quand même à la communauté internationale des marins.

Presque tous ceux qui ne furent pas recueillis se noyèrent dans les eaux glacées de l'Atlantique. Mais trois survivants, dont l'officier d'artillerie Herzog, qui avaient dérivé plusieurs jours sur un radeau furent recueillis par le sous-marin U-74[2]. Et deux autres furent découverts par le navire marchand *Sachsenwald* : ce furent les seuls témoins du drame qui rentrèrent en Allemagne avant la fin de la guerre.

Ils ne purent jamais raconter leur histoire : le Führer l'avait interdit.

---

1. Quartier chaud de Hambourg. *(N.d.T.)*
2. Ultime ironie du sort, ils furent traduits en cour martiale pour désertion devant l'ennemi, mais ils furent acquittés.

Et si...

... l'amiral Lütjens avait refait le plein du *Bismarck* en Norvège ?

Il aurait battu la Royal Navy de vitesse.

Et si le Catalina Z avait été endommagé au point d'être contraint à un amerrissage forcé et que son équipage avait été capturé ? Quelles auraient été l'attitude de Hitler et la réaction des États-Unis, alors neutres, une fois qu'on aurait découvert que le pilote portait l'uniforme de la marine américaine ?

Eu égard à l'évidente présence d'un militaire d'une puissance non belligérante, les États-Unis, dans un appareil britannique, Hitler, dont on savait le caractère impulsif, aurait pu déclarer la guerre aux États-Unis. Mais comme cet incident avait eu lieu trois semaines avant l'invasion nazie de l'URSS, une telle initiative aurait considérablement changé ses plans.

Et si le *Bismarck* avait viré une seconde plus tôt ou que l'appareil Swordfish avait largué sa torpille une seconde plus tard ?

L'impact étant une question d'un mètre seulement, la torpille serait passée sous la poupe du *Bismarck* sans l'endommager.

Les faits

Le manque de carburant fut la raison principale de l'annihilation du *Bismarck*. Le cuirassé ne pouvait plus recourir à sa vitesse supérieure pour se mettre à l'abri sur les côtes françaises. Le fait que Lütjens ait manqué de se ravitailler dans un fjord norvégien coûta à l'Allemagne son plus beau navire de guerre.

Pour la Grande-Bretagne, ce fut une sorte de triomphe. Pour Hitler, ce fut à coup sûr un revers, mais sans gravité capitale. Sa stratégie maritime, qui consistait à faire le blocus de la Grande-Bretagne jusqu'à sa reddition, était fondée sur un usage illimité des sous-marins. En un certain sens, il avait raison, le navire de guerre était un symbole du passé[1].

Le *Hood* fut la première de ces machines de guerre à sombrer. Le puissant *Prince of Wales* et le *Repulse* lui survécurent sept mois. Le 10 décembre 1941, trois jours après l'attaque de Pearl Harbor par le Japon, les deux navires furent attaqués et coulés par une escadrille de quatre-vingt-quatre avions japonais partis du continent. Leur perte sonna le glas du concept de puissance navale basée sur des bâtiments de combat, cher à Nelson, et annonça un nouvel âge de la guerre navale, où les navires s'attaquaient sans même apercevoir la fumée de leurs cheminées ni leurs mâts.

Cette ère-là commença près d'une île du Pacifique appelée Midway.

Le grain de sable pour le *Bismarck* fut une torpille qui fit mouche à une chance contre mille. Comme Achille et Siegfried, le Léviathan des mers avait son point vulnérable.

---

1. Le navire jumeau du *Bismarck*, le *Tirpitz*, ne participa jamais à aucune grande bataille. Il fut coulé par des avions britanniques dans un fjord norvégien.

12

L'énigme Sorge

Moscou, 6 décembre 1941

> « Il faut garder en mémoire qu'en Union soviétique, toute tentative de reconstitution véridique du passé est considérée comme une faute capitale. »
>
> Colonel A.K. Tokaev,
> *La Trahison d'un idéal*, 1954.

Au début de mai 1941, le colonel-général Kouznetsov, directeur du Centre soviétique des services secrets à Moscou et subordonné direct de Staline, reçut un message codé en provenance de Tokyo. Le texte en était le suivant : « L'Allemagne attaquera la Russie le 20 juin. De cent soixante-dix à cent quatre-vingt-dix divisions allemandes sont massées à la frontière orientale ; elles ont toutes des tanks et elles sont toutes motorisées. L'attaque sera faite sur la totalité du front et le plus gros de l'attaque sera fait en direction de Moscou et de Leningrad. »

Cette information fit l'effet d'une douche froide sur les services secrets soviétiques. Impossible ! Hitler avait signé l'année précédente un pacte de non-agression avec Staline. Ces services adressèrent donc en retour une

Moscou, 6 décembre 1941

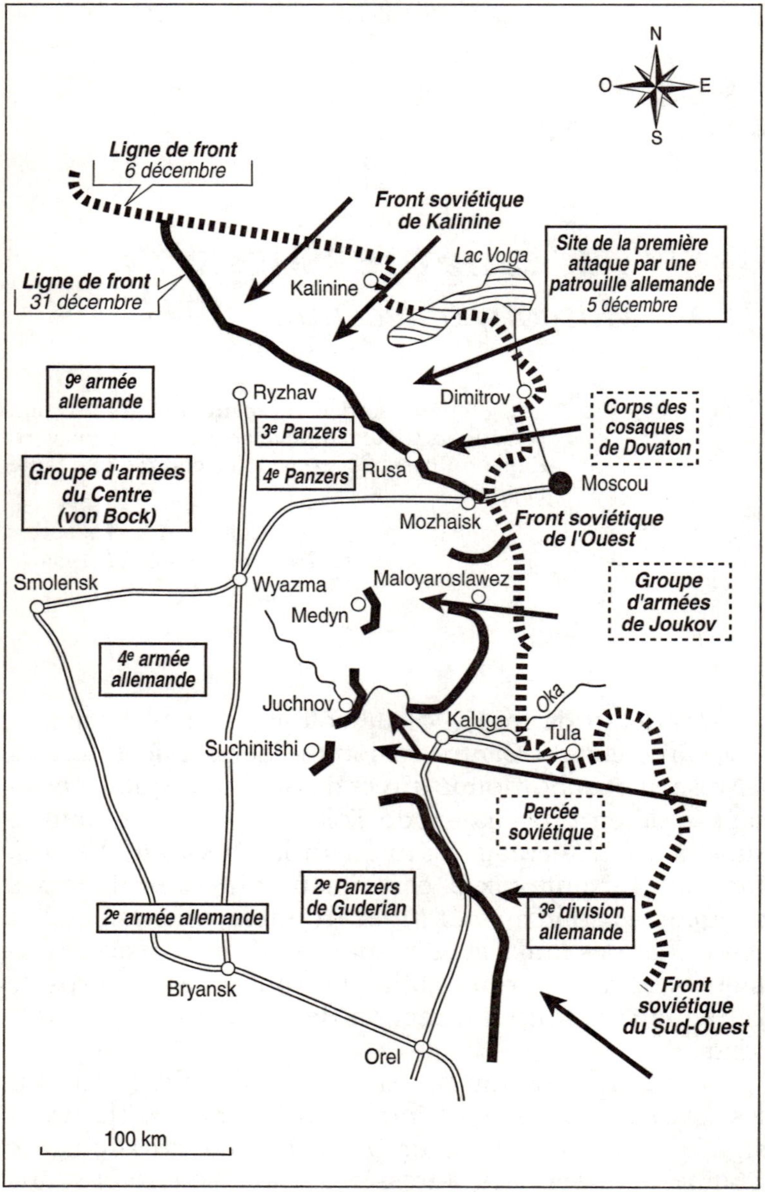

note sèche à leur agent au Japon : « Nous doutons de la véracité de votre message. »

Le 22 juin 1941, l'Allemagne attaqua l'Union soviétique[1].

« La Russie est un pays qui ne peut être défait que par sa propre faiblesse et les conséquences de dissensions internes », écrivit Carl von Clausewitz en 1832, à propos de la désastreuse retraite de Russie de Napoléon. Hitler avait lu Clausewitz. Il tenait Staline pour un maître chanteur intelligent, prudent et cynique, mais il fit une lourde erreur de jugement quand il misa sur un soulèvement du peuple contre le Tyran Rouge.

L'armée allemande entra en Russie le 22 juin 1941. En septembre, le groupe d'armée sud du général Gerd von Runstedt captura la totalité du groupe d'armées du maréchal Simion Boudienny. Les Allemands firent ainsi trois millions de prisonniers[2]. Ce fut la plus grande victoire de Hitler, mais aussi sa plus grave erreur. Alors que Napoléon, son prédécesseur, s'était immédiatement dirigé vers Moscou après la bataille de Borodino, Hitler perdit du temps. Il avait sous-estimé la solidité politique de Staline et la férocité des escadrons de la mort nazis dans les territoires conquis convainquit le régime stalinien que les Ukrainiens ne se soulèveraient pas contre lui.

Le général allemand Halder écrivit ainsi : « Toute la situation démontre clairement que nous avons sous-estimé le colosse russe. [...] Le temps joue en sa faveur, étant donné qu'ils sont proches de leurs propres res-

1. L'ordre du jour de l'Opération Barbarossa de Hitler fut : « Le gros de l'armée russe qui se trouve en Russie occidentale sera détruit dans une série d'opérations audacieuses menées par des offensives de blindés. »

2. Les chiffres officiels allemands furent de 3 006 867 prisonniers, cependant que les Soviétiques admettaient avoir perdu 2 122 000 hommes. Les pertes allemandes s'élevèrent à 743 112 morts, blessés et disparus.

sources alors que nous nous éloignons de plus en plus des nôtres. »

Quand Hitler ordonna l'offensive finale vers Moscou, l'hiver arrivait ; un autre facteur essentiel entrait en jeu : pas comme on pourrait le croire en Russie, mais dans le lointain Japon. Fin octobre, alors que les panzers de Guderian n'étaient qu'à une soixantaine de kilomètres de Moscou et que la capitale russe était sans défenses, deux événements advinrent. Des neiges précoces rendirent les routes détrempées difficilement praticables pour les véhicules à roues et non à chenilles, et un autre télégramme codé arriva de Tokyo.

Sous le commandement général du maréchal von Brautschich, le groupe d'armées nord du maréchal von Leeb avait encerclé Leningrad, le groupe d'armées sud du maréchal von Runstedt avait occupé l'Ukraine et pris Kiev, et le groupe d'armées du centre du général von Bock avançait sur Moscou. Tandis que le reste du monde observait les succès allemands avec une stupeur consternée et que le régime soviétique vacillait, Hitler annonça à son peuple : « L'ennemi a été abattu et ne se relèvera plus jamais. »

Aveuglés par leurs incroyables triomphes, les Allemands commencèrent à se disputer sur leurs objectifs suivants. Le général Heinz Guderian, le génie des tanks, demanda carrément de diriger ses colonnes de blindés vers Moscou ; mais Hitler en décida autrement et perdit ainsi un temps précieux[1].

L'offensive vers Moscou commença enfin le 30 septembre. Les panzers de Guderian enfoncèrent la ligne de Bryansk et prirent Orel. Le 3 octobre, le rouleau compresseur poursuivit au centre et atteignit en quelques jours la ligne Mozhaïsk à Mayolaroslavetz et

1. Napoléon avait livré bataille à Borodino le 7 septembre 1812 et il était entré à Moscou une semaine plus tard. Hitler n'ordonna l'offensive sur Moscou que le jour où Napoléon avait ordonné la retraite de Russie, afin d'échapper à l'hiver russe.

Borodino, à cent vingt kilomètres seulement de Moscou. Une fois abattue la dernière ligne soviétique de défense, la route de Moscou était ouverte aux Allemands. Staline rappela le maréchal Joukov, son plus brillant commandant militaire, de Leningrad assiégée et le chargea de défendre la capitale.

Le nouveau commandant en chef descendit le long de la chaussée de Varsovie vers Mayolaroslavetz pour évaluer par lui-même la situation. Il conçut une décision brutale : il ne sacrifierait pas la vie d'un seul soldat pour défendre les deux cent mille assiégés de Yeremenko et de Koniev ; ceux-là devraient se débrouiller tout seuls. Il installa les forces dont il pouvait disposer dans un grand arc-de-cercle autour de la capitale. Il avait un nouvel allié : le temps. En effet, dès la mi-octobre, il commença à pleuvoir, de Smolensk à Orel et de Vyazma à Kalinine. Les rivières Oga et Ougra se transformèrent en torrents furieux et les routes se recouvrirent d'une boue épaisse. Les panzers à chenilles furent sinon arrêtés, du moins ralentis et la « ruée sur Moscou » se transforma en une « traînée vers l'avant ». Les camions de l'infanterie motorisée avaient de la boue jusqu'aux essieux et les fantassins à pied jusqu'aux mollets.

Le 17 octobre commença l'évacuation de Moscou. Seule la gare de Kazan, qui menait vers Gorki et l'Oural, était encore opérationnelle. La place devant la gare était bondée de réfugiés, tous classés selon une liste des « éléments socialement importants ». Ils restèrent patiemment assis pendant des jours sur leurs valises et leurs ballots, attendant une place sur « le dernier train en partance de l'enfer ». Les citoyens ordinaires, eux, regardaient silencieusement des flottilles de voitures remplies de grands pontes fuir la ville. Tous ceux qui tentaient de s'enfuir sans papiers officiels étaient exécutés sur place par le NKVD. Des milliers de Moscovites furent tirés de chez eux et emmenés dans les environs de la ville pour creuser des tranchées antitanks. Plusieurs y moururent de froid, parce qu'ils ne portaient que les vêtements qu'ils avaient quand on était venu les chercher. Des unités de miliciens sans expérience commandaient ces tranchées. Chaque homme reçut un fusil, cinq balles et l'ordre de rester sur place et de mourir.

Le ciel nocturne au-dessus du Kremlin était zébré des traînées lumineuses du tir antiaérien, un nuage de fumée couvrait le centre de la ville, créé par les bombes des avions allemands. La mort tombait du ciel et les gens étaient dans les rues, car le couvre-feu n'avait plus de sens. À l'hôtel Métropole, l'orchestre jouait et le champagne coulait pour les officiers supérieurs de l'Armée rouge. Dans quelques jours, dans quelques heures peut-être... et les gens disaient à haute voix : « Moscou est perdue à moins d'un miracle. » Pour les petites gens, le ravitaillement de la ville était aggravé par le flux de réfugiés chassés par l'avance des blindés allemands. Une panique s'empara de Moscou, puis du reste du pays. Le gouvernement, les ambassades et le Comité central étaient partis pour Kouïbychev. Staline lui-même avait-il quitté la ville ? Les communiqués officiels assuraient qu'il était présent, les rumeurs disaient le contraire [1].

À la fin d'octobre, le commandant allemand du front du centre, le maréchal von Bock, décréta une pause de deux semaines pour regrouper ses troupes. Hitler avait ordonné l'assaut final pour le 15 novembre. L'attaque fut en elle-même un succès immédiat : les unités de pointe n'étaient plus qu'à vingt-cinq kilomètres du centre de la ville. Puis le temps changea et la pluie céda la place au gel. La neige recouvrit le paysage et les températures tombèrent à moins 30 degrés. Les armées allemandes n'y étaient pas préparées : Hitler avait escompté une prompte victoire et l'on n'avait pas fourni de vêtements d'hiver aux soldats, peut-être pour inciter

1. En tout cas, il n'était pas présent sur le balcon du mausolée de Lénine lors de la parade annuelle du 7 novembre.

les généraux à prendre Moscou au plus vite, peut-être aussi par simple inconséquence. Mais en dépit de la neige et des températures polaires, les panzers avançaient toujours, sur la terre gelée.

Le 19 novembre, Staline convoqua Joukov et lui demanda quels étaient ses besoins pour défendre la ville. « Deux armées et deux cents tanks », répondit le maréchal, sans grande conviction ; il savait que Staline ne les avait pas. Mais à sa surprise, Staline hocha la tête et promit de mettre le restant des armées à sa disposition. D'où viendraient donc ces hommes ? Même son plus intime collaborateur ne connaissait pas l'atout que Staline gardait dans sa manche, un maître espion qui travaillait pour l'intelligence militaire soviétique.

La trahison était devenue la nouvelle arme de la Seconde Guerre mondiale ; elle avait été introduite par la haine des Allemands mêmes pour le régime nazi. Au printemps 1941, alors que l'Allemagne était au pinacle de sa puissance, un pamphlet parut chez la maison d'édition de Lucerne Vita Nova Verlag : *Le Lieu et les conditions pour mener une guerre.* L'auteur était censé être un certain R. A. Hermès, pseudonyme évident qui se référait peut-être au dieu grec des voleurs, ou peut-être à la marque populaire de machines à écrire helvétique. Cette brochure de quatre-vingt-quatorze pages spécifiait les conditions pour des hommes tels que Rudolf Rössler, dit « Lucie », le lieutenant I. R. Harro Schulz-Boysen, dit « Coro », Adam Kuckhoff ou l'*Oberregierungsrat* Avid Harnack. Qu'est-ce que ces gens avaient en commun ? Ils étaient tous membres d'un orchestre, la Rote Kapelle, mais ils ne jouaient pas de musique : ils fournissaient des informations sur les intentions militaires allemandes. La « trahison pour motifs idéologiques » était leur devise, longuement exposée par le texte d'Hermès. En fait, elle offrait aux nouveaux espions une justification pour leur trahison.

De même que « Lucie » et la « Rote Kapelle » étaient

une source fondamentale d'informations pour les Soviétiques après l'été 1942[1], l'honneur d'avoir été l'espion soviétique le plus efficace revint à un journaliste allemand en poste au Japon.

Le Dr Richard Sorge était allemand et correspondant à Tokyo de la *Frankfurter Zeitung*[2]. Cet homme marchait donc sur le fil d'une épée, journaliste allemand généralement respecté et espion des Soviétiques. Sorge était un électron libre, anticonventionnel et plein d'imagination, ne ressemblant guère à l'agent secret classique, qui passe son temps à entrer et sortir de taxis. Un Européen de grande taille ne pouvait d'ailleurs pas passer inaperçu parmi les Japonais. Il lui fallait travailler dans un isolement parfait et il y parvint à merveille, grâce à une méthode si simple qu'elle en était subversive. Il dupa tout le monde. Quand la police secrète japonaise, la Tokko, enquêta en douceur sur lui, elle ne trouva rien. Sorge avait même réussi la prouesse de devenir l'ami le plus intime du chef de la sécurité à l'ambassade d'Allemagne à Tokyo, le célèbre Joseph Meisinger, de la Gestapo.

Sa carrière s'enclencha à la faveur d'un incident bizarre. Le 26 février 1936, un groupe d'officiers japonais soutenus par mille quatre cents soldats occupèrent des bâtiments officiels vitaux à Tokyo, mais furent par la suite incapables d'expliquer le motif de leur putsch. Assaillie par Berlin de demandes d'informations, l'ambassade d'Allemagne se trouva incapable d'expliquer « l'incident de Tokyo ». Ce fut alors que le Dr Sorge entra en scène et offrit de partager ses informations avec le personnel de l'ambassade, en qualité de « correspondant bien informé ». Son rapport enchanta l'Abwehr à

1. Ils révélèrent le secret de l'Opération *Zitadelle*, la bataille de tanks devant Koursk.

2. Il était né à Bakou de parents allemands et s'était inscrit au Parti bolchevique dans sa jeunesse.

Berlin et dès lors, le Dr Sorge devint un homme de confiance. Ce qui fit de lui sans aucun doute le plus grand des agents doubles, ce fut le fait que son grand ami Eugen Ott, lieutenant-colonel, ancien attaché militaire promu major-général, devint ambassadeur d'Allemagne à Tokyo.

Le séduisant Dr Sorge avait deux faiblesses. L'une, la passion des motos rapides, faillit lui coûter la vie et l'autre, la passion des femmes, la lui coûta. Le 13 mai 1938, il était passablement saoul quand il enfourcha sa Zunden noire et termina son parcours dans un mur. Il échappa d'un cheveu à la mort. Ce qui témoigne de son exceptionnelle présence d'esprit est que tandis qu'on le dirigeait vers la salle d'opération, il se rappela qu'il avait en poche un document très compromettant ; il refusa alors d'être opéré avant d'avoir laissé « dans les mains de son meilleur ami un message final pour ses êtres les plus chers », son opérateur radio, Max Clausen. « Vide mes poches », souffla-t-il à Clausen et l'opérateur subtilisa donc le précieux papier.

Max Clausen était un membre clef du réseau d'espionnage de Sorge. Cet ingénieux mécanicien avait trouvé un moyen d'envoyer à Moscou des messages qui prouvaient son identité : chaque mot, selon un code préétabli, comportait une infime faute d'orthographe ; c'était aussi simple qu'imbattable. À plusieurs reprises, Clausen se servit même de sa maîtresse, Anna Wallenius, une anticommuniste fieffée, pour transporter ses messages sur microfilms. Mais Clausen était aussi soupe-au-lait. Au printemps 1941, quand Sorge avait adressé à Moscou son avertissement sur l'attaque allemande imminente et que Moscou en avait douté, Clausen avait explosé : « Ces enfoirés ! Comment osent-ils ignorer mon message ? »

Puis un jour d'octobre 1941, Sorge donna à Clausen une feuille de papier et lui enjoignit : « Code-le et prends la fuite par tous les moyens possibles. Bonne chance. » Sorge savait, en effet, qu'il était de la plus grande urgence d'expédier ce message, non seulement parce qu'il fallait informer Moscou, mais aussi parce que la Tokko était cette fois-ci à ses trousses ; la veille elle avait arrêté sa maîtresse Ishii Hanako, et trouvé sur elle une forte somme en dollars dont elle n'avait pu justifier la provenance. Pour le beau Dr Sorge, la comédie était finie. Le 18 octobre, lui et Clausen furent arrêtés[1] ; ils n'enverraient plus de messages, mais le dernier de ceux-ci avait décidé de l'issue de la bataille de Moscou. Car l'effet du message de Sorge sur la stratégie de Staline fut incalculable.

Quand, en mai 1941, Sorge avait averti Staline que l'Allemagne attaquerait l'URSS, le généralissime ne l'avait pas cru. Mais cette fois-ci, il en allait autrement. La situation était désespérée. « Dans le contexte de la guerre russo-allemande, quelle décision le gouvernement japonais a-t-il prise à l'égard de notre pays ? » avait demandé Staline à Sorge en urgence. Celui-ci avait mis son réseau en action et son meilleur informateur fut, à son insu, le propre ambassadeur d'Allemagne au Japon. Ott s'évertuait à convaincre les Japonais, alliés du IIIe Reich, d'attaquer l'URSS à partir de leurs bases de Mandchourie. L'un des informateurs de Sorge, Ozaki Hotsumi, se fit donc engager par la Compagnie des chemins de fer de la Mandchourie du Sud ; les directeurs de celle-ci avaient ordonné de préparer des wagons pour le transport de la très puissante armée japonaise du Kuantung, à destination de la frontière soviétique. Après avoir soigneusement étudié les horaires de trains de cette compagnie, Hotsumi ne releva toutefois aucun indice d'activité militaire. Quelques semaines plus tard, un haut fonctionnaire de la compagnie déclara à Hotsumi, en se rendant à une réunion importante : « J'ai été convoqué à Tokyo et prié de tout annuler, parce qu'il

1. Clausen passa la guerre dans les geôles japonaises et vécut le reste de sa vie en Allemagne de l'Est, avec sa compagne Anna Wallenius.

semble que l'armée du Kuantung ne veuille pas entrer en guerre avec l'URSS. »

La confirmation finale pour Sorge lui fut fournie lors d'un dîner à l'ambassade d'Allemagne. Dans un moment de confiance, Ott lui fit part de sa déception quant à la volonté des Japonais d'attaquer l'URSS pour aider l'Allemagne : « Ces Japonais ne veulent pas en entendre parler. Leurs plans se limitent strictement au contrôle maritime du Pacifique. »

Ce fut ainsi qu'à l'occasion de son quarante-sixième anniversaire, en octobre 1941, Sorge demanda à Clausen d'expédier un message chiffré à un centre de Moscou, qui le transmit immédiatement à Staline. Le message rapportait que les Japonais ne se considéraient pas liés par les termes de l'Acte Tripartite, c'est-à-dire le traité de l'Axe Berlin-Rome-Tokyo, signé en septembre 1940 : « Le Japon ne dénoncera en aucun cas son pacte de non-agression avec l'Union soviétique [...]. Ses plans stratégiques ne s'intéressent qu'à l'avancée japonaise dans le Pacifique sud, rien de plus. L'Extrême-Orient soviétique peut être considéré à l'abri d'une attaque japonaise, du moins jusqu'à la fin de l'hiver. Cela ne peut faire de doute... »

En effet, le Japon et l'URSS avaient conclu en avril 1941 un pacte de neutralité, et l'attaque de Hitler contre l'URSS surprit autant les Japonais que les Soviétiques. Et ce fut pourquoi, à leur tour, les Japonais ne prévinrent jamais Berlin de leurs plans d'attaque des États-Unis.

Staline ne désirait rien tant que de croire au message de Sorge, mais il se méfiait néanmoins de ses services secrets. Il hésita donc. Puis début novembre, un autre message lui confirma l'information de Sorge indépendamment de ce dernier ; il émanait d'un autre apparatchik de haut vol, le super-espion Kim Philby.

L'Intelligence service britannique interceptait pendant la guerre tous les messages à destination de Berlin et Philby, qui appartenait à cet organisme, et les transmettait fidèlement à Moscou. Quand il fut enfin découvert et qu'il se fût enfui à Moscou, il s'y laissa interviewer, en 1963 : « Quelle est selon vous, lui demanda-t-on, l'information la plus précieuse que vous ayez transmise à Moscou ?

— Le télégramme de l'ambassadeur Ott, répondit-il, ce même Ott qui était un ami de Sorge. Il y annonçait que les Japonais entreprendraient sous peu une action dans le sud. Cela signifiait que les opérations militaires contre l'URSS avaient été annulées.

— Mais Sorge ne l'avait-il pas déjà révélé ?

— Là est la question. Staline ne se fiait pas à ses services de renseignement. Certes, il eût voulu croire à la neutralité japonaise, et mon information fut confirmée indépendamment par Sorge[1]. »

En fait, c'était le contraire qui s'était produit, le message de Sorge étant arrivé à Moscou un mois plus tôt. Et le message d'un Allemand changea le cours de la guerre en défaveur de Hitler et de l'Allemagne.

Tandis que les Allemands triomphants étaient déjà aux portes de Moscou, le tyran soupçonneux et paranoïaque qu'était Staline prit un risque énorme. Il engagea l'avenir de son pays aussi bien que le sien sur la foi d'un message chiffré. Il faut dire qu'il n'avait pas d'autre choix. Et il donna l'ordre suivant : « L'armée d'Extrême-Orient, toutes les troupes de Sibérie et des républiques d'Asie centrale, les unités des camps d'entraînement du Kazakhstan et d'Ouzbékistan doivent être dépêchées à Moscou le plus rapidement possible, en utilisant toutes les locomotives et tous les wagons disponibles, et sans tenir compte de la sécurité le long des voies ferrées. »

Staline dégarnissait donc ses frontières d'Asie de

1. D'après Genrikh Borovik, *Les Dossiers Philby*.

toutes ses troupes. La plus grande opération ferroviaire de tous les temps embraya. Des trains sortirent de toutes les gares d'Asie, crachant leurs nuages de vapeur dans le blizzard. Comme des affluents qui se dirigent vers un grand fleuve, les voies ferrées des frontières de la Chine et de la Mongolie, de Sibérie, du Caucase, de la Russie centrale convergèrent vers la voie principale du Transsibérien. Des masses de convois se dirigèrent tous vers l'ouest et parfois se suivant de si près que les conducteurs des uns réglaient leur allure sur les feux rouges du convoi devant eux. Cinquante, soixante, parfois cent trains par jour ne connaissaient qu'une seule destination, Moscou. Ils amenaient des canons, des tanks et des hommes, toujours plus d'hommes. Quatre-vingts divisions. Un million de soldats débarquèrent donc, des formations d'élite bien entraînées, bien équipées et rompues aux durs hivers sibériens. Ils portaient des uniformes blancs, des fusils blancs et montaient des tanks blancs, les tout nouveaux T-34, bien plus puissants que ceux dont disposaient les Allemands.

Le 3 décembre, l'avance allemande fut arrêtée dans les faubourgs de Moscou, en partie à cause du froid et en partie à cause de l'épuisement. Le grand Clausewitz avait écrit que le sommet d'une bataille est « le point où l'attaquant, ayant subi de grandes pertes, doit passer de l'offensive à la défensive ». Ce fut bien le cas pour les armées allemandes au cours du terrible hiver 1941.

Le 5 décembre 1941, la 9e armée allemande a atteint un arrêt de tramway au nord de Moscou, à une trentaine de kilomètres du centre de la ville. La veille, une patrouille de Grenadiers du 62e bataillon de Pionniers allemands est entrée dans la banlieue moscovite de Chimki, à seize kilomètres seulement du Kremlin. Là, les panzers ont coupé le canal Moscou-Volga à Dimitrov, et des unités de la 1re division de panzers ont atteint Kousjaevo. Au sud de la ville, la 4e armée de von Kluge et la 2e armée de panzers de Guderian ont dépassé Toula ; elles ne sont qu'à moins de cinquante kilomètres de Moscou, mais se trouvent à court de munitions et d'essence. Et d'énergie. Le froid est terrible. Tout gèle. Les soldats doivent couper leur pain à la hache, les fusils ne servent à rien, et l'huile s'est solidifiée dans les mitrailleuses et les moteurs de tanks. La température tombe jusqu'à moins quarante, et certaines nuits à moins cinquante. La seule façon de tirer les canons est à l'aide de chevaux.

« Nous avons pris six chevaux pour traîner notre obusier. Sur les six, deux sont tombés raides morts de froid et d'épuisement. Les quatre autres sont trop faibles pour tirer le canon dans la neige épaisse. Nous nous sommes emmitouflés dans tout ce que nous avons pu trouver dans les maisons et nous avons même arraché les vestes fourrées et les bottes de feutre aux soldats morts. Nous ne pouvons pas nous déshabiller, sans quoi nous gèlerions en quelques minutes. Nos vêtements sont infestés de puces et les pous grouillent sur ma tête. J'ai fourré mes bottes de paille. Dans ma compagnie d'artillerie, il n'y a pas un seul gars qui ne souffre de doigts ou d'orteils gelés. Nous reprocherez-vous d'avoir atteint le terme de nos efforts ? » Tels étaient les mots qu'écrivit le caporal Werner Burmeister, du 208e bataillon d'artillerie.

Il fait encore noir. Le thermomètre est tombé à moins vingt-cinq. L'adjudant Paul Wenders et une patrouille d'éclaireurs du 87e régiment d'infanterie avancent lentement dans la neige vers la rivière Jachroma. Ils font partie d'unités de la 36e division qui ont franchi les lignes russes au sud de Kalinine et de Rogatchevo. Au nord s'étend un grand lac gelé, qui est le barrage sur la Volga ; les Russes l'appellent la mer de Moscou. Devant eux s'élève un hameau de maisons de bois. Ils en sont à une trentaine de mètres quand ils entendent le sifflement d'obus. « *Deckung ! Stalin Orgeln !* » crie Wenders. « Mettez-vous à couvert ! Des orgues de Staline ! »

Ils se jettent derrière un puits recouvert d'une couche épaisse de glace bleuâtre. Le sol tremble sous leurs pieds. Les premières explosions font jaillir des fontaines de neige et un autre fracas retentit immédiatement après, derrière eux. Leur unité se trouve au centre d'une zone criblée d'impacts. Quand le bruit s'arrête et que les soldats osent lever enfin les yeux, un spectacle incroyable s'offre à eux. De la forêt sortent des vagues de soldats en uniformes russes, des milliers et encore des milliers. Le *Feldwebel* Wenders tourne frénétiquement la manivelle de son téléphone de campagne. « Des Russes ! » s'écrie-t-il dans le combiné. La ligne grésille. « Des milliers. »

Une voix métallique lui répond : « Calmez-vous, *Feldwebel* Wenders, il ne reste plus tellement de Russes.

— Merde. Venez en juger par vous-même. »

L'artillerie allemande tonne. Beaucoup de Soviétiques tombent, mais pas un seul ne bat en retraite. Ils avancent dans la neige épaisse, traversent la rivière gelée et passent sur une patrouille d'éclaireurs allemands qui gisent au sol comme des insectes écrasés.

Ce 5 décembre est un vendredi. Cette attaque est le prélude d'une tragédie qui va frapper la totalité de l'armée allemande. Les fortunes de la guerre viennent de changer de camp, l'Histoire s'en souviendra[1].

Sur la foi d'une information d'espion, Staline a donc dégarni la Sibérie de presque toutes ses forces armées.

---

1. L'état des forces en présence avant la contre-offensive soviétique est le suivant :

Unités soviétiques commandées par le maréchal Joukov : 10e (Golikov), 50e (Boldine), 49e (Sakharine), 43e (Goloubiev), 33e (Jemfremov), 5e (Goworov), 16e (Rokossowski), 20e (Vlassov), 1er (Kousnetsov), 30e (Lielioushenko), et 1er régiment de la cavalerie de la Garde (Belov).

Unités allemandes — 78 divisions — commandées par le général von Bock : 2e groupe de panzers (Guderian), 2e armée (von Weichs), 4e armée (von Kluge), 4e groupe de panzers (Hoepner), 9e (Strauss), 3e groupe de panzers (Reinhardt).

Il a concentré sur Moscou les 1res, 10e et 20e armées [1]. Joukov lance trois armées et un corps de cavalerie contre les forces de Guderian pour leur couper la retraite et annihiler les panzers. Dans la nuit du 6 au 7 décembre, Guderian ordonne la retraite et celle-ci tourne au cauchemar : les dents des chenilles des tanks patinent sur les routes gelées, les unités d'infanterie sont pourchassées par des patrouilles sibériennes à skis, dont les uniformes blancs surgissent soudain dans la neige comme des fantômes. Ces Sibériens tirent, font sauter des ponts et puis disparaissent dans la blancheur infinie de l'hiver russe. Les tanks de Guderian se battent vaillamment et réussissent quelques contre-offensives. Le nombre de morts s'accroît de part et d'autre. Les Soviétiques tombent sous les balles allemandes et les Allemands, dans le froid soviétique.

La 14e compagnie antitanks de l'*Oberleutnant* Braemer tient une position au sud de Stalinorsk. Avant l'aube du 11, le caporal Dohrendorf arrive à bout de souffle au poste de commandement de la compagnie : « *Herr Oberleutnant*, une vaste formation de skieurs se trouve à notre droite. Je pense que ce sont des Russes. »

Braemer ajuste des jumelles de nuit et il les voit, lui aussi, apparaître et disparaître en vagues sous la clarté de la lune. « Mon vieux, vous avez raison ! Ce sont bien des Russes ! Alerte ! » Braemer et Dohrendorf ont été les premiers témoins d'une grande percée soviétique. Les Allemands lancent des fusées de reconnaissance. Le paysage s'éclaire de lueurs spectrales bleues. La forêt grouille de troupes de skieurs. Pour la 14e compagnie antitanks, l'effet est comparable à la rupture d'un barrage ; des vagues de Soviétiques vont submerger leur compagnie isolée. Des silhouettes fantastiques, sporadi-

1. Le haut commandement soviétique avait lancé dans la bataille de nouvelles unités, alors que les Allemands ne disposaient que de 9 unités de réserve.

quement éclairées par les fusées, bondissent hors de la forêt. Un combat confus et terrible s'ensuit, où les Allemands se battent par groupes de dix ou de vingt, pratiquement sans défense contre la marée des Soviétiques. Ils tirent jusqu'à ce que les canons de leurs fusils tournent au rouge, s'enrayent ou explosent. Les sifflements déchirants des katiouchas d'une position de fusées soviétique emplissent l'air. La neige fond en sifflant...

Le général Martinek rassemble sa 267e division d'infanterie, épuisée, et tente de bloquer l'avance soviétique. Mais en vain, car les skieurs de l'Armée rouge contournent les panzers en passant par les forêts abondantes dans la région et s'infiltrent jusqu'aux arrières allemands.

Au milieu de la nuit, une unité allemande a atteint une rivière proche de Panino. C'est une compagnie d'infanterie décimée, ayant appartenu à un régiment de grenadiers qui n'existe plus depuis belle lurette comme force de combat effective. Il y a deux semaines que ces hommes se battent avec un cinquième de rations. On leur a donné l'ordre de tenir un pont vital. Le lieutenant Burkhardt et les soldats de la 2e compagnie du 3e régiment de fusiliers doivent retarder l'ennemi et protéger le pont à l'intention des unités en retraite à venir. Burkhardt est à bout de forces. Une croix de fer pend sur sa poitrine. Elle ne lui sert à rien, il préférerait une paire de grosses chaussettes. Avec sa tête emmaillotée dans un foulard de laine, il ressemble à une momie. Ce froid !

Burkhardt donne l'ordre de brûler le village afin de raser le terrain. Les soldats arrachent des toits des paquets de paille qu'ils enflamment et rejettent ensuite sur ces toits. Le village se change bientôt en brasier et les hommes se chauffent autour des maisons. Des ombres traversent en courant la place du village et sont abattues. Peut-être n'étaient-ce que des fermiers, mais peut-être aussi étaient-ce des partisans, en tout cas les

Allemands ont appris à ne pas prendre de risques. Durant la nuit, quelques soldats isolés rejoignent la compagnie.

« Où est votre unité ? demande Burkhardt.

— Quelle unité, mon lieutenant ? Notre bataillon n'existe plus. »

Les hommes de Burckhardt partagent ce qu'ils ont avec les nouveaux venus, un morceau de pain noir, une cigarette, quelques balles. À l'aube, le village n'est plus que cendres fumantes, au-delà duquel règne un silence infini. Soudain un nuage blanc s'élève de la neige et des hommes en sortent, puis d'autres, et encore d'autres. Les Soviétiques déferlent par hordes infinies, s'étendant jusqu'à l'horizon. Il y a là tout un régiment d'Ouzbeks, fraîchement arrivés de Sibérie. Ils sont soutenus par quatre tanks. Les canons antitanks, les mortiers et les mitrailleuses entrent en action Burkhardt ordonne à ses deux canons antitanks de 37 de concentrer leurs tirs sur les tanks. Les artilleurs tirent à vue. Leurs canons chauffent au rouge, la peinture fond dessus, les blocs de culasse, eux, chauffent à blanc.

« Merde !... Regarde ! s'écrie un artilleur en montrant un des monstres d'acier qui arrivent. Les obus rebondissent comme des balles contre les tanks soviétiques.

— T-34, déclare froidement Burkhardt. Nous ne pouvons pas faire grand-chose. Nous avons besoin d'aide. »

La 1re compagnie, toute proche, a un canon de 88 à long tube. Trois coups et trois tanks soviétiques sautent en flammes. Une tourelle s'ouvre, des silhouettes enflammées s'en échappent et se roulent au sol pour éteindre leurs uniformes rembourrés qui brûlent, mais elles s'immobilisent bientôt, criblées de balles.

Quatre Panzers allemands avancent en grondant dans les rues du village et traversent le pont de bois. Leurs mitrailleuses fauchent les masses de soldats soviétiques qui s'avancent vers eux. Les soldats en uniformes blancs qui s'élancent sur les tanks allemands sont balayés comme des feuilles dans le vent. Un T-34 tire sur les Panzers et manque son coup.

« Ce sont des bleus ! ironise le lieutenant Lhose de la 1re compagnie. Le dernier des T-34 explose.

— Mais ils apprendront vite », réplique Burkhardt. Les panzers allemands avancent en tirant dans toutes les directions. Ils avancent au travers des troupes soviétiques à skis comme des requins au travers d'un banc de sardines. Ils dispersent les unités soviétiques, qui s'égaillent dans la nature. Puis l'artillerie soviétique repère ses cibles. La première salve d'une batterie de katiouchas et ses obus pétrissent ensemble neige et terre gelée. Le lieutenant Burkhardt voit ses hommes sauter dans l'air glacé, atteints par les obus. Il est temps de se replier. Un sergent-sapeur et ses hommes se tiennent près des solives du pont, ficelant des cordeaux et attachant des charges explosives.

« Très bien, allons-y, nous n'allons pas rester ici toute la journée. »

Une explosion ébranle l'air et le pont se désintègre dans un nuage noir. La compagnie de Lhose a perdu un camion et un homme. Le lieutenant Burkhardt est mort. Un bataillon soviétique a été décimé.

Des engagements tels que celui-là sont banals. La retraite et le gel ont durci le soldat allemand. D'autres tombent, mais les autres se battent comme de beaux diables pour percer les lignes soviétiques. Ils savent que s'ils étaient faits prisonniers, ce serait la mort presque certaine. Ils se battent et ils meurent avec le désespoir des damnés [1].

1. « Nous ne pouvions emmener avec nous les camarades qui étaient tombés. Ils gisaient avec des chevaux morts tout le long de notre route », écrivit un soldat de la 4e division d'infanterie autrichienne.

Un corps d'avant-garde soviétique est dirigée par le fameux corps de Cosaques du major-général Dovator. Celui-ci est un chef de cavalerie réputé. Il se sert de sa cavalerie comme Guderian de ses tanks : vite et bien. « Commandez de l'avant » a toujours été sa devise. Ses exploits ont fait l'objet de dépêches spéciales.

Le 19, une grande bataille a lieu près de Polashkhino. La rivière Rousa est tenue par des unités de la 252e division Eichenblatt d'infanterie allemande. Des ordres stricts leur ont été donnés : « Économisez les munitions. Ne tirez pas, laissez Ivan s'approcher. » Leurs postes de mitrailleuses sont tellement espacés qu'ils peuvent tendre un rideau de fer sur toute la vaste rivière.

Le général Dovator commande à un régiment de Cosaques d'attaquer. Ses cavaliers vêtus de blanc surgissent de la forêt. La première vague s'avance vers le bord de la rivière avant que les Allemands aient ouvert le feu. Bientôt la neige immaculée est jonchée de tas sanglants d'hommes et d'animaux. La première attaque a lamentablement échoué. Midi, un pâle soleil éclaire le paysage et le vent balaie la neige sur la rivière gelée.

Dovator s'en va à cheval rejoindre sa 20e division de cavalerie dans une forêt pleine de camions, de motocyclettes, d'artillerie et d'hommes, surtout d'hommes.

« Colonel Tawlichev, vous et votre régiment traversez la rivière. Je serai à vos côtés à cheval. »

Des escadrons de cavalerie sortent du rideau de la forêt et l'artillerie soviétique pilonne le village de Polashkhino. Les balles traçantes des mitrailleuses allemandes volent vers les cavaliers soviétiques, les obus de mortiers font jaillir des geysers de neige sale. La plupart des cavaliers sont désarçonnés et continuent d'avancer à pied, se cachant derrière des monticules. Ils atteignent la rive de la Rousa et tout le premier rang est fauché par le feu allemand. Le reste glisse sur la rivière gelée, avant d'être également fauché par l'infanterie allemande, cachée derrière le mur d'enceinte du village. Les Cosaques sont pris dans un piège meurtrier.

« Il faut que j'arrache mes hommes à la glace ! » s'écrie Dovator, dégainant son revolver et s'élançant en avant. « *Za rodinou !* » Pour la mère patrie.

Il galope sur la glace et est immédiatement abattu par une rafale de mitrailleuse. Il reste droit un moment avant de s'effondrer. Sa toque de Cosaque marquée de l'étoile rouge dérive sur la glace. Le colonel Tawlichev s'élance pour protéger son général, mais il est abattu par la même mitrailleuse. Puis c'est le tour de son aide de camp. Puis du commissaire politique Karassov, qui s'écrie : « Chiens ! » et s'en va au secours de son général tombé et le suit dans la mort. À la fin, le lieutenant Koulikov et le sergent Sokirkov parviennent à se couler sur la glace en s'abritant derrière les cadavres de leurs camarades et récupèrent le cadavre du général qu'ils déposent sous un auvent de pêcheurs.

Pendant le reste de la journée et une partie de la nuit, les artilleurs du régiment d'infanterie de Schweidnitz résistent aux attaques furieuses des vagues successives de Cosaques venus venger la mort de leur héros.

Mais le mouvement soviétique prend forme. L'avance se divise en deux, traverse les lignes allemandes comme un gigantesque python et va toujours de l'avant. Cette percée n'est pas effectuée par un régiment ni une division, mais par une armée entière. Les poches de résistance allemande éclatent et leurs soldats sont broyés dans la neige.

Quand les canons de la massive artillerie soviétique ont localisé et pulvérisé ses divisions de panzers, Guderian rassemble les régiments qui ont survécu au massacre. Il mène les fractions de son armée de panzers dans un dernier effort pour endiguer la marée rouge. Les Soviétiques attaquent avec vingt-deux divisions fraîches et Guderian doit se replier en se traînant sur quatre-vingts kilomètres. Avec une armée de panzers sans panzers et un corps de ravitaillement sans ravitaillement, il obéit quand même aux ordres du Führer et lance encore un assaut désespéré contre les spectres soviétiques dans une tempête de neige. C'est de là pure folie, mais la situation tactique de toutes les forces allemandes qui se battent encore aux environs de Moscou est elle-même pure folie. Les forces de Joukov ont percé les lignes allemandes de Kalinine au nord jusqu'à Toula et Kalouga au sud, et elles se préparent à encercler tous les Allemands près de Moscou. Lentement, mais sûrement, les Allemands doivent céder devant « les hordes mongoles d'un Gengis Khan mécanisé ».

À la fin de décembre 1941, Guderian écrit dans son journal : « L'offensive sur Moscou a échoué. Nous avons subi une grave défaite. »

Il ne savait pas combien c'était grave.

Et si...

... Hitler n'avait pas retardé d'un mois l'Opération Barbarossa ?

Ses forces auraient atteint Moscou avant l'hiver.

Et si Staline n'avait pas reçu le crucial télégramme de Sorge et ne lui avait pas accordé foi ?

Il n'aurait jamais osé dégarnir ses frontières orientales et n'aurait jamais mobilisé un million d'hommes de Sibérie pour défendre Moscou.

Les faits

Le maréchal von Bock dut en informer Hitler : « L'attaque sur Moscou a été infructueuse et l'opération va maintenant aboutir à un autre Verdun, une brutale lutte de corps à corps et d'usure. »

Hitler décida qu'en tout cas, il ne se produirait pas de défaillance nerveuse. « La Wehrmacht ne se retire pas ! Elle est victorieuse ou bien elle meurt sur place ! » Il retira au maréchal trop mesuré le commandement du centre des groupes d'armées. Il limogea le chef du groupe d'armées du sud, le général von Runstedt. Et quand, le lendemain, le commandant suprême, le maréchal von Brautschich, osa parler de « retraite stratégique », Hitler le limogea aussi bien et prit sa place. Il commença par convoquer le général Guderian au grand quartier général. La suggestion de ce dernier fut de raccourcir le front, afin de rassembler ses forces et de lancer une attaque si soudaine et si violente que l'attaque ennemie s'en trouverait démantelée.

« Nous ne pouvons pas, argua-t-il, tenir chaque pouce carré de terrain. Nous devrions nous replier et les attaquer une fois que leur front se serait éparpillé.

— Je ne peux pas vous permettre de vous replier, tonna Hitler. Je vous donne l'ordre de vous accrocher et de vous battre[1]. »

Guderian avait raison : ses blindés ne pouvaient triompher dans des régions marécageuses et fortement boisées, ni face au nouveau tank T-34 soviétique. De nouvelles divisions soviétiques arrivaient sans cesse de l'Extrême-Orient pour renforcer le centre du front, et Hitler fut contraint de renoncer à son offensive sur Moscou[2]. Il rejeta la faute sur le temps, mais si ce prétexte tenait, il n'avait alors que lui-même à blâmer. Il avait mal choisi ses objectifs et le retard qui s'en était suivi au début de l'automne lui coûta cher. Le haut commandement allemand avait tout prévu, mais pas le plus fameux de tous les alliés soviétiques, le général Hiver.

Un bref communiqué du haut commandement en date du 17 décembre annonça : « Conformément au

1. Les critiques de Staline n'ont pas détaillé toutes ses erreurs militaires, mais ceux de Hitler ont détaillé les siennes.

2. Le 8 décembre, le *Weisung* n° 39 de Hitler donna l'ordre d'arrêter l'offensive sur Moscou.

plan de notre armée de passer des opérations offensives à la consolidation de la ligne du front pendant les mois d'hiver, le Führer a ordonné à nos forces de procéder aux aménagements nécessaires et de rétrécir la ligne du front[1]. »

Vorwärts, Kameraden, wir müssen zurück, « En avant vers l'arrière, camarades », devint la nouvelle devise du soldat allemand. Dans toute l'Allemagne, l'euphorie suscitée par les victoires faciles du début de l'automne céda à la conscience de l'échec : la stratégie du Blitzkrieg avait fait chou blanc devant Moscou, et l'Allemagne s'était engagée dans une longue lutte contre le colosse russe.

À la fin de 1941, les armées d'invasion allemandes y avaient perdu plus du quart de leurs tanks, avions, chevaux et hommes. Le total des morts était effroyable : sept cent cinquante mille.

Pour la première fois, le mythe de l'invincibilité allemande était mis à mal.

L'homme qui avait permis tout cela avait donc été arrêté à Tokyo après son dernier et vital message à Staline. Son réseau d'espionnage fut démantelé. L'ambassadeur d'Allemagne, Ott, commença par adresser une protestation officielle au ministre japonais des Affaires étrangères, mais quand les Japonais lui révélèrent la vérité, il s'en trouva « gravement consterné ». Quelle était la vérité ? Une enquête détaillée aurait du mal à exposer l'ampleur monumentale de sa trahison. La vanité de Sorge était telle qu'il se refusait à croire que Staline le laisserait exécuter. Mais le Kremlin ne fit rien pour sauver son super-espion et alla même jusqu'à nier

1. Le général Halder déclara : « La situation démontre que nous avons sous-estimé le colosse russe, qui s'est préparé à la guerre avec l'impitoyable détermination caractéristique des États totalitaires. »

son existence. Après des années d'incarcération solitaire et un procès secret, Richard Sorge, journaliste allemand devenu espion soviétique, fut pendu, le 7 novembre 1944[1].

Durant la période stalinienne, son nom fut supprimé, afin que rien ne vînt ternir le prestige de Staline comme sauveur unique de la Mère patrie ; personne en URSS n'était au courant de son incroyable exploit. Ailleurs non plus, on ne parlait pas de lui, car les Japonais tenaient hautement secrets les résultats de leur enquête. Il fallut attendre que Kim Philby se fût enfui à Moscou pour que l'énigme Sorge, celle du « plus grand espion de tous les temps », fût révélée au monde[2]. Depuis lors, un timbre soviétique à son effigie a été émis et un navire russe porte aussi son nom.

Post-scriptum : Hitler n'eut pas pu choisir plus mal le moment de son attaque. En quelques jours, le panorama de la guerre fut bouleversé : le 7 décembre 1941, des avions japonais coulèrent cinq des huit navires de combat américains ancrés à Pearl Harbor et détruisirent la plus grande partie de l'escadre aérienne américaine aux Philipines. Trois jours plus tard, d'autres avions japonais coulèrent les navires de guerre britanniques *Prince of Wales*, celui-là même qui avait livré bataille au *Bismarck*, et *Repulse*.

On ne saura jamais ce qui incita Hitler à prendre précipitamment l'initiative suivante : le 11 décembre 1941, il perdit toute chance de gagner la guerre contre l'URSS, car il déclara la guerre aux États-Unis.

---

1. Juste avant sa mort, Philby déclara : « Bien sûr, ce qui est arrivé à Sorge n'aurait pas pu m'arriver. Mais je vous dirai quand même franchement que je n'aurais pas voulu être à sa place. » (Borovik, *Les Dossiers Philby*.)

2. Philby confirma que l'information de Sorge fut bien la clef de la victoire finale des Soviétiques.

Mais cela, même Sorge ne le savait pas[1].

Le grain de sable à Moscou fut le retard de l'attaque allemande et l'information cruciale donnée par un maître de l'espionnage.

1. Lors de son entretien avec Philby, Borovik lui demanda : « Mais Sorge n'était donc pas averti de l'attaque sur Pearl Harbor ? »

Philby : « Les Japonais n'avaient pas prévenu l'ambassadeur Ott de leur attaque imminente contre les États-Unis à Pearl Harbor afin de ne pas alarmer Hitler. Celui-ci savait, en effet, que si les Japonais attaquaient les États-Unis, ces derniers n'attaqueraient pas l'URSS. » (In *Les Dossiers Philby*.)

13

La mort d'un homme

Vietnam, 31 janvier 1968

« Si vous les tenez par les couilles, leurs cœurs et leurs esprits suivront ! »

Déclaré à l'auteur au Vietnam,
en décembre 1967.

La nuit était chaude et moite comme les précédentes. La moitié de la ville, ceux qui n'avaient rien à célébrer, dormait. L'autre moitié se préparait à lancer des feux d'artifice pour appeler l'année nouvelle et faire peur aux mauvais esprits de l'année écoulée. La conjuration fut exubérante : à minuit précis, des chapelets de pétards et des feux d'artifice tournoyants explosèrent, pareils à des lucioles en furie. Des dragons de papier se dandinèrent dans le vacarme des cymbales, et des fusées éclairèrent le ciel au-dessus de la rivière. C'était à Saïgon en 1968.

Une douzaine d'hommes se joignit aux fêtards. Sortis d'un garage, ils montèrent dans deux voitures qui les attendaient. Les deux véhicules se frayèrent lentement un chemin parmi la foule, vers un quartier plus calme. Là, ils s'engagèrent sur le boulevard Thong Nhut et s'arrêtèrent devant la nouvelle ambassade des États-Unis.

Le contingent de police vietnamienne censé garder l'ambassade avait abandonné ses postes pour se joindre à la foule en fête. Seuls deux *marines* américains gardaient les grilles d'entrée. Quand ils virent les deux voitures, l'un d'eux cria : « Stationnement interdit. Circulez... » et le reste de ses mots fut coupé par une rafale d'armes automatiques. Mortellement blessé, il tomba tandis que son collègue, qui avait réussi à fermer les grilles, hurlait dans un micro : « À l'aide ! Ils arrivent. » Puis la radio devint muette.

L'année du Singe avait commencé depuis deux heures et quarante-huit minutes.

Les premières victimes d'un bain de sang qui allait déchirer jusqu'à leur pays dans les semaines et les mois à suivre, causer la chute d'un président américain et contraindre la plus puissante nation de la planète à des pourparlers de paix furent deux *marines* américains sur un territoire diplomatique.

Le Têt, la nouvelle année lunaire vietnamienne, se distingue par sa violence. Tout au long de l'Histoire, cette fête en principe pacifique a été le moment de l'année qui compte le plus de trahisons et d'attaques surprise. Mais qui se soucie des parallèles historiques !

Durant le Têt de 1789, le prince Quang Trung battit les seigneurs chinois de la guerre à Hanoï. Au Têt de 1944, le général Nguyen Giap lança ses forces contre les Français. Et au Têt de 1960, des unités de Vietcongs attaquèrent Tay Ninh au cours de la première grande bataille de la seconde guerre d'Indochine.

Une fois de plus, une série d'événements isolés, mal compris ou dédaignés avait annoncé un dénouement violent. Le 17 novembre 1967, le Front national de libération avait déclaré un cessez-le-feu pendant les sept jours de la nouvelle année lunaire. Le 1er janvier 1968, un éditorial du journal *Nhan Dan* du parti du Nord-Vietnam en appela aux troupes : « Que toute la nation aille désormais de l'avant pour écraser l'agresseur américain. »

Le 2 janvier, une patrouille vietcong fut interceptée près du périmètre de la base de Khe San. Dans la fusillade qui s'ensuivit, un commandant de régiment de l'armée du Nord-Vietnam et son équipe furent tués. Mais pourquoi donc cet officier supérieur s'était-il aventuré si près du périmètre d'une base américaine ?

Le 5 janvier, des unités du 4e régiment d'infanterie américaine près de Pleiku mirent la main sur un document intitulé « Ordre urgent de combat numéro un ». Quatre régiments de l'armée du Nord-Vietnam furent nommément identifiés dans les forêts denses à la jonction des frontières du Laos, du Cambodge et du Vietnam. Tout au long du mois de janvier, la CIA analysa des indices qui indiquaient un changement dans la stratégie communiste. L'avertissement le plus éloquent se trouvait sans doute dans un pamphlet du général Vo Nguyen Giap intitulé « La guerre de libération nationale au Vietnam : l'art militaire ». Il y était écrit : « Les forces militaires ennemies comportent *le potentiel humain, les moyens de la guerre et les bases de l'arrière*. Tout en annihilant les forces humaines de l'ennemi, nous devons détruire ses moyens militaires et ses bases de l'arrière, surtout les plus importantes[1]. »

La prédiction de la CIA, référencée sous le nom de code « Le Grand Pari », fut négligée par le commandement militaire américain. Entre-temps, l'équipe du Pentagone-Est (pour le Vietnam) couvrit une vaste carte d'état-major d'épingles, de drapeaux et de flèches et parvint à la conclusion que les forces régulières du Nord-Vietnam se préparaient à attaquer à travers la zone démilitarisée (DMZ) le long du 17e parallèle. On ne prit

1. Au cours de son séjour au Vietnam, l'auteur obtint une photocopie de ce pamphlet. Les italiques sont du général Giap.

jamais vraiment en considération une attaque contre le Sud, avec ses grandes villes, ses centres militaires stratégiques, ses grandes installations aériennes, ses dépôts logistiques, son siège du gouvernement et ses représentations diplomatiques, bref ce que l'ennemi crucial, le général Giap, appelait les importantes bases de l'arrière.

À partir de la mi-janvier, Saïgon se préparait à une éclatante célébration du nouvel an. Des milliers de gens affluaient en ville, pour visiter des parents, pour rentrer dans leurs familles, pour apporter des marchandises. Des voitures chargées de cadeaux, des autobus chargés jusqu'à ras bord de paniers et de caisses passaient les postes de contrôle sous-équipés. Or, toutes les caisses n'étaient pas remplies de fleurs et tous les paniers ne contenaient pas du riz. On y trouvait aussi un assortiment de fusils d'assaut, des grenades pour lance-grenades et du plastic.

Le 23 janvier 1968, des étudiants de l'université de Saïgon entonnèrent des slogans anti-américains et célébrèrent la victoire du prince Quang Trung contre un agresseur étranger en 1789. Le même soir, Radio Hanoï annonça que la nouvelle année serait « le moment joyeux de la victoire finale ». Pour cette raison-là, le Têt serait célébré un jour plus tôt, le 29 janvier 1968. Le sens véritable de ce message ambigu passa inaperçu.

Voici comment tout cela commença.

Nguyen Van Sau, un commandant local du Vietcong, rencontra une escouade de vingt sapeurs du bataillon viet C-10 juste avant minuit, au 59 de la rue Phan Thanh Gian. C'était un garage qui appartenait à une sympathisante du Vietcong, Mme Nguyen Thi Phe, et situé près des terrains de l'ambassade américaine à Saïgon. Van Sau distribua des armes et décrivit sommairement la cible. Il ne fut pas question d'un chemin de fuite ni du genre d'action qui serait entreprise. La responsabilité de ces derniers points fut laissée aux deux commandants de l'escouade, Bay Tuyen et Ut Nho.

À 2 h 45, une camionnette Peugeot et un taxi s'engagèrent dans la rue Mac Dinh Chi et tournèrent sur le boulevard Thong Nhut. Quand ils arrivèrent devant les grilles de l'ambassade, les hommes du taxi lâchèrent une rafale de balles sur les deux *marines* de garde, le SP4 Charles Daniel, vingt-trois ans, de Durham, Caroline du Nord, et le PFC William E. Sebast, vingt ans, d'Albany, New York. Sebast tomba sur le coup et Daniel verrouilla la grille.

À 2 h 49, une charge de plastic de sept kilos cinq creusa un trou d'environ un mètre de diamètre dans le mur d'enceinte de l'ambassade. Daniel cria au téléphone : « Ils arrivent ! Au secours ! » Avant de mourir, il tira sur les assaillants et tua les deux premiers Viets se faufilant par la brèche, qui se trouvèrent être Bay Tuyen et Ut Nho, les deux commandants de l'escouade d'assaut. Dès lors, les assaillants se trouvèrent sans directives.

Le sergent Jamie Thomas et le SP4 Owen Mebust, qui patrouillaient à l'extérieur de l'ambassade dans leur Jeep de la police militaire, entendirent l'appel désespéré de Daniel. Ils s'élancèrent sur les lieux, mais furent fauchés par une rafale d'arme automatique. On comptait alors quatre morts parmi les Américains.

Le sergent des *marines*, Ronald Harper, courut au bâtiment de la chancellerie et rejoignit le caporal Zahuranic un instant avant qu'une fusée fracassât la lourde porte et blessât le sergent.

Le colonel George D. Jacobson dormait dans une villa sur le territoire diplomatique, qu'il partageait avec le sergent Robert L. Josephson. La seule arme qu'ils avaient dans la maison était une grenade à main M-26.

Le sergent Rudy Soto, vingt-cinq ans, de Selma, Californie, était de garde sur le toit de la chancellerie. Quand son fusil s'enraya il tira avec son revolver P-38 sur les ombres qui filaient vers la chancellerie. À l'intérieur de ce bâtiment se trouvaient trois hommes du chiffre et deux fonctionnaires des communications de l'armée. Ils n'avaient à eux cinq qu'un seul revolver. Un autre *marine* légèrement armé, le sergent James C. Marshal, vingt et un ans, de Monroeville, Alabama, courut sur le toit, où on le retrouva plus tard mort. Il était la cinquième victime américaine[1].

L'Associated Press fut la première à réagir. Le chef du bureau de Saïgon, Robert Tuckmann, contemplait le ciel nocturne de la fenêtre de sa chambre à coucher, à quelques pâtés de maisons de l'ambassade, quand il entendit les explosions. Les détonations sèches étaient très différentes de celles des joyeux feux d'artifice. Il suffit d'un appel téléphonique et quelques moments plus tard, les télétypes crépitaient d'un continent à l'autre, c'est-à-dire de l'Asie à l'Amérique : quinze secondes suffirent. À 3 h 15, heure de Saïgon, c'est-à-dire le milieu de l'après-midi à New York, le message fit irruption au travers des États-Unis :

LE VIETCONG A ATTAQUÉ SAIGON AUJOURD'HUI. SELON LES PREMIERS RAPPORTS, DES FUSÉES OU DES TIRS DE MORTIER ONT FRAPPÉ LE PALAIS DE L'INDÉPENDANCE, D'AUTRES BÂTIMENTS DU GOUVERNEMENT ET L'AMBASSADE DES ÉTATS-UNIS.

Une autre dépêche arriva presque aussitôt.

SUITE ATTAQUE

SAIGON (AP) — SIMULTANÉMENT, LES COMMANDOS D'UNE ESCOUADE-SUICIDE DE GUÉRILLA SE SONT INFILTRÉS DANS LA CAPITALE ET TROIS AU MOINS SE SERAIENT INTRODUITS SUR LES TERRAINS DE LA NOUVELLE AMBASSADE AMÉRICAINE, PRÈS DU CENTRE DE LA VILLE.

Ce ne fut qu'à 4 h 20, une bonne heure et demie après que le Vietcong eut pénétré sur les terrains de l'ambassade, que le général Westmoreland réagit et

1. Il fut probablement atteint par une balle américaine durant la bataille pour dégager le territoire de l'ambassade.

donna l'ordre au 716e bataillon de police militaire de dégager le territoire de l'ambassade. Le lieutenant responsable refusa d'engager l'action dans l'obscurité. Il déclara sèchement : « Personne ne peut entrer et personne ne peut sortir. »

Et une autre heure s'écoula avant qu'un policier new-yorkais, Robert Furey, découvrît la brèche ouverte dans le mur d'enceinte. Quand il s'y faufila, un Viet blessé se fit sauter avec une grenade.

En raison de la confusion générale, le nombre exact des agresseurs et leurs armements restaient inconnus. Les heures suivantes se passèrent à tirailler çà et là depuis les toits de l'ambassade.

Mais les commandos suicide vietcongs souffraient de la même confusion. Leurs deux chefs morts les ayant laissés sans objectif ni mission clairement définis, ils ne pouvaient rien faire d'autre que d'essayer de s'enfuir et de franchir la ligne de feu qui entourait les terrains alentours.

Le colonel Jacobson trouva enfin un Colt 45 et quand un Vietcong, ayant gravi l'escalier, déboucha dans sa chambre à coucher, il l'abattit à bout portant. Finalement, une jeep défonça les grilles d'entrée de l'ambassade, suivie par une horde de journalistes et de cameramen de télévision. Les cadavres jonchaient le sol et la plupart des Vietcongs étaient morts, mourants ou tapis. Kate Webb, de l'UPI, qualifia la scène de « boucherie au Paradis ».

Ce fut à 9 h 15, soit six heures et demie après l'appel au secours de Daniel, que l'ambassade américaine fut déclarée sûre. Sanglé dans un uniforme tout frais amidonné, le général Westmoreland affronta un cercle de journalistes : « Quelques dommages superficiels ont été infligés aux bâtiments et les dix-neuf Vietcongs qui sont entrés ont été tués[1]. Les troupes

1. Ce qui était faux : sur les 19 morts, il y avait 4 membres du personnel de l'ambassade. On découvrit plus tard que l'un des chauffeurs de l'ambas-

américaines ont pris l'offensive et poursuivent vigoureusement l'ennemi... »

Les journalistes n'en croyaient pas leurs oreilles : c'était là l'affront le plus humiliant que les États-Unis eussent souffert dans cette guerre et voilà que le général américain, dans les ruines de ce qui représentait la présence américaine au Vietnam, déclarait que tout allait très bien ! Tandis que la presse internationale parcourait le territoire de l'ambassade pour compter les cadavres des amis et des ennemis, des informations parvenaient à Saïgon, en provenance des grands centres urbains du Sud-Vietnam : de violents combats avaient éclaté. Les communistes avaient attaqué. L'offensive du Têt était en cours.

Sur le front militaire, les nouvelles n'étaient guère meilleures. La surprise avait été totale. Le Sud-Vietnam avait affaire à une offensive de grande échelle, de l'extérieur et de l'intérieur.

Le territoire des quartiers généraux de Bien Hoa avait été également attaqué et des avions brûlaient sur les pistes de la base aérienne. Tout un régiment de Vietcongs s'était embusqué alentour. La base aérienne de Tan Son Nhut était isolée du reste de la ville et subissait le feu de plusieurs bataillons de Vietcongs. À Saïgon même, en ville, de violents combats se déroulaient autour du Palais de l'Indépendance et de la station de radio.

En fait, le « Cercle de Saïgon », le périmètre de défense érigé pour défendre la ville et ses installations vitales, avait cessé d'exister. Un escouade du génie vietcong avait amassé des munitions dans un dépôt souterrain à l'extérieur du Centre d'opérations tactiques de Long Binh et, quand elle l'avait fait exploser, elle avait

---

sade, Nguyen Van De, avait été membre actif du Vietcong et qu'il avait dirigé l'attaque contre l'ambassade.

fait sauter du même coup toutes les lignes électriques et téléphoniques. La guerre du Vietnam se mena bientôt avec des radios à batteries et des chandelles. L'officier commandant la zone militaire de Saïgon, le lieutenant-général Frederick Weyand, courait de carte en carte muni d'une torche électrique. Trente-cinq bataillons de troupes ennemies avaient été identifiés avec certitude, dont onze dans la seule région de Saïgon.

La peur et le chaos s'emparèrent de la ville. Des obus sifflaient par-dessus les toits et l'artillerie tirait le long des boulevards bordés d'arbres, sur des bicyclettes, des maisons et des humains. La fumée masquait les réalités de la guerre, les cadavres ne se comptaient plus et étaient encore moins enterrés. Des canalisations explosées, des bus en flammes, des câbles électriques qui grésillaient partout en se tordant comme des serpents... Chaque mètre carré de la ville était couvert de verre brisé. Plus un signe de vie : Saïgon ressemblait à une planète aride couverte de caves profondes et de tombeaux légers.

À l'hôtel Caravelle, la confusion incontrôlable qui régnait parmi les correspondants de presse hagards et les équipes de télévision bousculées frisait la panique totale. Tout ce monde avait été sur les dents depuis l'attaque de l'ambassade des États-Unis, et là, chacun essayait de transmettre ses dépêches, mais les lignes de télex étaient ou bien surchargées ou bien mortes. Les chefs de bureau tentaient d'expédier des équipes dans les provinces, mais les laissez-passer avaient été supprimés. Des balles traçantes filaient par-dessus le bar Rex, pour une fois déserté. Ceux des correspondants qui n'avaient pas besoin de documents visuels pour rédiger un rapport s'étaient terrés dans un centre militaire ou un autre ; c'étaient de là que leurs communiqués partaient et parfois justifiaient leur retraite stratégique.

SAIGON (AJOUT LEADER) — D'AUTRES INFORMATIONS PARVIENNENT SUR DES COMBATS VIOLENTS DANS TOUTES LES GRANDES

VILLES DE PROVINCE. ON CITE EN PARTICULIER (DU NORD AU SUD) QUANG TRI — HUE — DANANG — QUI NHON — NHA TRANG — DALAT — BIEN HOA — SAIGON — MY THO — BEN TRE — VINHLONG — CAN THO — CA MAU.

Un fait s'imposait douloureusement ; les belligérants accusaient des pertes catastrophiques en vies humaines. Mais alors que le Vietcong et ses camarades du Nord-Vietnam attaquaient des cibles militaires, peut-être parce qu'ils étaient eux-mêmes à court de munitions, ou bien parce qu'ils avaient été mieux entraînés politiquement, les forces du monde libre, avec leurs inépuisables réserves d'obus, de bombes et de balles, tiraient sans discrimination sur tout ce qui bougeait et bombardaient tout ce qui ne bougeait pas, allongeant de la sorte la liste grandissante des victimes. Il devenait également clair qu'une fois que cette apocalypse aurait pris fin, quelqu'un sur la scène politique devrait justifier ce massacre, ces cadavres en décomposition et visibles de tous sur les routes de campagne et les boulevards urbains. Quelle que fût l'issue militaire de la bataille, le Vietcong aurait au moins gagné quelque chose : une victoire de propagande.

« Qu'est-ce qui se passe ? » s'écria indigné Walter Cronkite, le célèbre présentateur de la chaîne de télévision CBS au centre de radiodiffusion de New York. Il arracha une page au télex crépitant. « Je croyais que nous étions en train de gagner cette guerre. » Les directeurs de télévision dans « le monde réel » se rongeaient d'angoisse tout en adressant des messages comminatoires à leurs envoyés spéciaux, à quinze mille kilomètres de là, du moins quand ils pouvaient atteindre leurs bureaux de Saïgon, ce qui n'était pas garanti. Dans les plaines enneigées du Middle West et dans la douce Californie, annonceurs de savon en paillettes du Delaware et courtiers de Wall Street, tous les Américains demandaient avidement des nouvelles du front. Un vieil acteur de cinéma donna une conférence de presse pour annoncer qu'il affrétait un avion afin d'aller à Saïgon « offrir son support moral », mais quelqu'un dans l'assistance, un ancien combattant du Vietnam, le traita d'andouille.

Les principales chaînes de télévision tenaient des jets privés prêts à décoller, mais les pilotes de ces charters ne parvenaient pas à trouver un seul terrain d'aviation au Vietnam qui ne fût pas exposé à des bombardements. Les directeurs de ces chaînes faisaient le siège des fonctionnaires du Pentagone pour organiser des vols spéciaux sur les appareils sanitaires de l'armée, à partir de la base militaire de l'US Air Force de Yokota, près de Tokyo. Cela impliquait qu'il faudrait organiser des transports de films dans des aéroports perdus, au travers de routes dévastées par des tirs fréquents d'armes automatiques et dans des régions souvent encerclées par l'ennemi. Mais avant même que le film parvienne à cet aéroport, il fallait encore qu'il eût été impressionné par un cameraman, debout dans la panique et la confusion et indifférent aux balles dirigées vers sa tête, son cœur, ses reins ; et que cet homme eût donc immortalisé le carnage sur la pellicule. Une chose était néanmoins sûre : ce cameraman n'aurait pas besoin de chercher loin pour trouver des images : quelle que fût la direction où il dirigerait son objectif, mille drames se jouaient à tout moment.

L'offensive du Têt arrivait alors à son troisième jour. Si la bataille de Saïgon était déjà terrible, celle de Hué était bien pire. Hué, l'ancienne capitale du Vietnam, jouissait de la réputation méritée d'une cité splendide. Le palais de la Paix Parfaite y était entouré de résidences admirables et de rivières aux méandres paisibles et fleuries de lotus. Jusqu'alors, cette ville avait échappé aux horreurs de la guerre fratricide.

Un cameraman de télévision était parvenu à s'assurer un siège sur l'un des vols sanitaires. Lors des manœuvres d'approche avant l'atterrissage, au-dessus des montagnes du Paravent Impérial, il aperçut clairement les incendies qui faisaient rage au travers de la ville. Quand l'atterrissage fût achevé et tandis que l'équipage embarquait les blessés alignés sur le tarmac, le pilote déclara au cameraman : « Mon vieux, je suis vraiment content de ne pas être là. Tu ferais bien de faire vraiment attention ! »

Près de la piste d'atterrissage, il fit signe au chauffeur d'un camion de munitions ; c'était apparemment un homme pieux.

« Hommes d'images, déclara-t-il, toi te senti' bien su' Ave Ma'ias ?

— Ave Marias ? demanda le photographe confondu. Pourquoi ?

— Pasque c'est su' quoi t'es assis. » Ce fut alors que le photographe s'avisa qu'il était assis sur une caissette de grenades. Qu'une balle traçante vînt à frapper la caissette et l'on ne retrouverait même pas assez de ses restes pour emplir un pot de confiture.

« Quand j'ai signé pou' mon second tou', j'ai pas demandé ça, dit le conducteur en indiquant du pouce la caissette. C'est con jouer 'oulette 'usse. Espé'ons qu'ils ti'ent pas su' cette boîte de me'de. » Le conducteur embraya et récita une autre prière. Il se faufilait à travers les carcasses de voitures calcinées, les charognes et les cadavres d'humains. On s'était battu sur cette route. Le photographe devenait nerveux ; il savait que cette trêve ne durerait pas et de fait, elle ne dura pas. Devant eux coulait le Huang Giang, la Rivière des Parfums. Près du pont Nguyen Hoang se tenaient deux tanks des marines qui tirèrent droit dans les murs de la Forteresse Impériale, de l'autre côté de la rivière. En réplique à ce tir, une mitrailleuse lourde se mit à aboyer. Ses balles rebondirent sur le blindage épais des tanks et ricochèrent sur l'église Jeanne d'Arc ou bien s'éparpillèrent dans l'air comme des lucioles énervées. La situation ne ressemblait guère aux bulletins des services de relations publiques de l'armée : « Tout est rentré dans l'ordre... »

Le photographe s'élança vers le cercle sportif. Whoosh ! Une fusée B-40 siffla au-dessus de sa tête, il se jeta dans un fossé et maudit sa témérité. Courir vers une berge exposée, vraiment ! Pendant un instant, il osa lever la tête au-dessus du fossé d'irrigation. Il vit un drapeau rouge avec une étoile jaune flotter au mât de la citadelle de Hué et comprit à quel point la situation était désespérée.

Il était à quelque soixante-dix mètres du mur de la citadelle, et l'armée du Nord-Vietnam tirait d'en haut sur tout ce qui bougeait au bas des remparts. Des tirs d'armes légères balayaient la rue Le Loi, ponctuant l'asphalte de petits ricochets, comme des gouttes de pluie, et le photographe eut l'impression qu'il était la cible préférée des tireurs. Il n'osait plus lever la tête ; il plaça simplement la caméra sur la route, en direction d'un tank des marines près du pont, et poussa sur le piston du déclencheur quelques instants avant qu'une fusée touchât la tourelle du tank, arrosant de shrapnels les malheureux marines qui s'étaient réfugiés derrière. Deux d'entre eux furent tués et un jeune soldat y perdit un pied. Il poussait des cris, pointant du doigt vers un tas sanglant au milieu de la route. Le photographe était certain que le tank avait été mortellement touché, mais soudain le blindé fit marche arrière tout en faisant pivoter la tourelle. Un coup de son canon ouvrit un large trou dans le mur de la citadelle et trois corps furent catapultés en l'air, achevant leur trajectoire dans la rivière, où ils sombrèrent.

Une explosion indiqua au photographe que les mortiers ennemis ajustaient leur tir. Il se tapit encore plus bas dans le fossé. Un casque américain apparut derrière un mur et un soldat cria un ordre, mais le photographe n'entendit rien, l'explosion l'avait assourdi. « Baisse-toi, baisse-toi... » Et le marine accompagnait son ordre de gestes de la main. Whoosh ! Whoosh ! Deux fusées sans recul atteignirent une maison. Trois Américains quittèrent l'abri d'une maison, traînant un bazooka de 3,5 inches. Ils l'orientèrent vers la tour de la citadelle et tirèrent. La tour ne sembla pas en avoir souffert et une fois que la poussière se fut dissipée, elle cracha du feu. Le photographe leva un instant la tête au-dessus du fossé. Un bruit métallique sec : une balle heurta le mur tout près de lui.

Un groupe de quatre marines releva le défi et projeta une pluie meurtrière sur la rive d'en face. Une mitrailleuse aboya derechef et deux d'entre eux tombèrent. Les survivants plongèrent à plat ventre sur la route et atterrirent près du photographe, dans « son » fossé, car il avait maintenant le sentiment que c'était sa propriété personnelle. L'un des marines éleva un lanceur de grenades M-79 à hauteur de sa joue et tira vers les étincelles qui pleuvaient du haut de la forteresse. Une explosion, un nuage de fumée noire, la mitrailleuse avait été réduite au silence. Une fois que le nuage noir se fut dissipé, un trou apparut et le photographe distingua un personnage vêtu de vert olive, qui se tenait la tête et criait. Une rafale de M-16 l'abattit. Un canon lourd motorisé tonna derrière les trois hommes, des balles traçantes sifflèrent au-dessus de leurs têtes et rebondirent sur les murs de granit. « Baisse la tête, baisse... Ces enfoirés vont nous avoir... hé Gonzalez, au lieu de rester là à saigner, prends la foutue radio... Nom de nom, un cameraman... Tu fais un film à la gloire des marines ? Fous le camp d'ici, qu'est-ce que tu crois que c'est ? Un foutu film de Hollywood sur les Bérets verts ?...

— *Sarge*, je n'arrive à avoir personne... le monde entier est nase, c'est peut-être à cause de ces salauds... Je n'ai aucune idée de qui parle, cette langue, putain... FERME TA FOUTUE SALE GUEULE... cria l'opérateur dans son micro. « Rien... écoute seulement ce bruit, *sarge*...

— M'emmerde pas avec tes conneries, Gonzalez, essaie de nouveau, nous devons... »

Ses mots furent coupés par une rafale d'AK-47. Il tomba la tête en arrière, la bouche ouverte, une plaie béante là où avait été son casque.

Pour le photographe, il était temps de déménager. Des geysers de boue jaillissaient sur la route en face de lui. Il bondit au pas de course et se jeta par un trou béant dans une maison et atterrit dans l'obscurité. Whamm ! Une fusée pulvérisa un mur et le recouvrit d'une avalanche de gravats de béton et de briques. Il se retrouva par terre, près de deux Vietnamiennes tapies et terrorisées dans un coin. À sa vue, elles firent le signe de la croix. Pendant un moment, il resta assis, sonné, se frottant un genou contusionné dans son plongeon à travers le trou. Puis sa nature professionnelle reprit le dessus et il changea les bobines de film. Il était grand temps de sortir de là ; les deux bobines déjà tirées suffiraient à prouver que l'ennemi était solidement retranché dans la Citadelle de Hué.

Les femmes restaient figées. Le photographe traversa courbé une petite cour et fila le long du *huton*, protégé par une rangée de maisons basses. Une fois qu'il se fut éloigné du front de la rivière, les risques diminuèrent. Longeant les murs protecteurs, il arriva en une vingtaine de minutes à la pagode Tu Dam, sur le canal Phu Cam. Cet édifice religieux avait été transformé en infirmerie pour les blessés civils. La vaste cour à l'ombre du dôme bosselé par les impacts s'était changée en un panorama de la souffrance humaine. Le plus pénible, c'étaient les nombreux enfants qui erraient parmi les blessés, à la recherche de parents qui gisaient, probablement morts, sur les routes ou dans les champs autour de la ville. La tragédie n'était pas dans les corps démembrés, mais dans les familles démantelées. Pour un photographe, c'était l'image ultime des horreurs de la guerre. Il était à la moitié de sa bobine quand sa caméra s'enraya, peut-être une incitation divine à mettre fin à ce voyeurisme du malheur. Il sauta sur un camion qui passait et qui transportait une douzaine de marines blessés. Leurs visages exsangues, livides, fut sa dernière impression de Hué. La guerre faucheuse moissonnait partout [1].

Les Viets tenaient la vedette à la télévision américaine. Le président apparut sur les petits écrans et son discours fut retransmis par la radio des forces armées : « Mes amis américains, commença donc Lyndon Johnson avec son fort accent texan, l'attaque du Vietcong a été brisée et ils ont été vaincus... » Pour le soldat qui se trouvait sur les lieux, il sembla en revanche que personne n'eût osé dire au président que des milliers de Viets et de soldats de l'armée régulière du Nord-Vietnam infestaient Saïgon, Can Tho, Ban Me, Thuot, Da Nang, Hué.

Le vendredi 1er février ne fut guère faste pour le président des États-Unis. La veille, les deux géants de la télévision, NBC et CBS, avaient projeté les images de l'attaque sur l'ambassade des États-Unis à Saïgon. Et voici qu'une photographie s'étalait sur cinq colonnes à la une du *New York Times* et du *Washington Post* ! Un bridé, un « bon », un des nôtres, en uniforme, tirant à bout portant dans le crâne d'un autre Vietnamien en shorts noirs et chemise à carreaux...

Le photographe Eddie Adams, de l'Associated Press, et le cameraman Vo Suu, de la NBC, se trouvaient près de la pagode An Quang quand ils aperçurent deux marines vietnamiens menant un prisonnier en shorts noirs et en chemise à carreaux, les mains attachées dans le dos. Vo Suu enclencha le son de sa caméra. Le brigadier général Nguyen Ngoa Loan, le chef de la police du Sud-Vietnam, éloigna les deux marines et avança vers le prisonnier, qui se tenait à quelques pas de lui, les yeux

1. Ces lignes sont un récit vécu par l'auteur.

baissés. Et soudain, sans dire un mot, Loan dégaîna son pistolet. Il étendit le bras si droit que le canon du pistolet touchait presque la tête du prisonnier et quand son index appuya sur la gâchette, Eddie Adams appuya sur le déclencheur.

Juste de l'autre côté de la rue, alors que le général Westmoreland informait la presse mondiale réunie des grandes victoires de ses troupes, l'Associated Press transmit l'instantané à New York par son circuit radiophoto. De là, cette photo tragique d'Eddie Adams fit le tour du monde et la une de tous les journaux du monde[1].

Il suffit parfois d'un claquement de doigts de l'Histoire et le monde s'écroule dans le fracas et les flammes. Sans doute tranche-t-elle impartialement entre vainqueurs et vaincus, mais quand il s'agit d'écrire l'Histoire, l'impartialité n'existe pas. Chaque camp aligne ses chroniques et ses propres versions de sa gloire. Il était certain pour l'Histoire que la première nuit de l'année du Singe serait le commencement de l'offensive du Têt.

L'Histoire devait cependant enregistrer le fait que les vainqueurs de cette bataille furent les vaincus.

Et si...

... l'armée américaine n'avait pas autorisé la presse à rapporter librement les nouvelles de la guerre ?

Il est douteux que les chefs militaires et politiques des États-Unis auraient pu éviter beaucoup plus long-

1. Plusieurs prix, y compris le célèbre prix Pulitzer, furent décernés à Adams. Le film de Vo Suu arriva à la NBC, New York, 10 minutes avant d'être projeté. Quelqu'un était passé devant la caméra juste alors que le coup de feu était tiré, mais aucun des 20 millions de téléspectateurs n'eut l'impression de n'avoir pas assisté au meurtre. L'un des directeurs de la NBC, Northshield, avait coupé les 17 dernières secondes, celles qui montraient l'agonie du prisonnier. L'écran resta noir pendant 3 secondes.

temps la réaction hostile de leur pays à une guerre impopulaire.

Les faits

À la fin de l'offensive du Têt, commencée avec l'attaque sur l'ambassade des États-Unis, on compta 81 736 morts dans le pays, des soldats sud-vietnamiens, nord-vietnamiens, vietcongs, américains et, comme dans toutes les guerres, beaucoup de civils.

Il serait absurde de prétendre que les forces américaines n'auraient pas pu triompher de la guérilla du Vietcong. Les soldats américains avaient bien vaincu les Japonais dans les jungles de Bornéo, de Guadalcanal et d'Okinawa, et quelle autre armée avait donc été aussi bien entraînée à se battre dans une jungle que l'armée impériale japonaise ? Mais le Vietnam était différent : là, les forces américaines se battaient contre l'opinion mondiale.

Si le Vietnam peut être considéré comme la première, et on l'espère la dernière, « guerre de télévision », le Têt fut la première « bataille télévisée », dans la série des grands moments de l'histoire de l'humanité qui furent transmis par satellite dans les foyers américains [1]. Au fur et à mesure que les communiqués et les images arrivaient sur les écrans, une dépression glaciale tombait sur Washington. Durant un entretien informel avec les principaux éditorialistes et propriétaires de journaux des États-Unis, le secrétaire d'État Dean Rusk exhala sa colère à l'égard des correspondances de guerre et de la photo d'Adams en particulier : « En fin de compte, de quel côté êtes-vous ? »

Mais la presse ne créait pas les images, c'étaient les combattants qui le faisaient. Les militaires avaient à plu-

---

1. Tels que le premier pas sur la lune ou l'attaque de terroristes durant les jeux Olympiques de Munich.

sieurs reprises accusé la presse d'être subversive, alors que celle-ci préférait se qualifier de critique engagé. Car la liberté de la presse est un droit sacro-saint dans la démocratie des États-unis. « Il est sain d'avoir un rapport antagoniste et critique entre les médias et le gouvernement, car cela contribue à garantir que les uns et les autres font du bon travail. [...] Le rôle des médias a été correctement défini : ce n'est ni celui d'un chien de manchon, ni d'un chien d'attaque, mais plutôt d'un chien de garde[1]. »

La victoire militaire incontestée des Américains lors de l'offensive du Têt avait offert au Pentagone une lueur d'espoir. Du moins pour eux. Toutefois, les événements évoluèrent mal. La télévision montra que le Sud-Vietnam était gouverné par des maffieux politiques, des généraux corrompus, des démagogues au petit pied et des policiers brutaux, tous assoiffés de sang et d'argent. Elle montra aussi que les Vietnamiens ordinaires en souffraient et que le Vietcong et ses maîtres du Nord-Vietnam exploitaient magistralement leur misère. Mais, plus important que tout, l'Américain moyen, assailli par des correspondances de presse intensives, voyait avec consternation le moral de ses troupes s'effrondrer à l'étranger, cependant que l'agitation s'étendait dans son propre pays[2].

La guerre du Vietnam fut une guerre que la grande machine verte, comme on surnommait l'armée américaine, ne pouvait pas perdre et que les États-Unis ne pouvaient pas gagner. L'offensive du Têt fut une charnière. Les correspondances télévisées injectées quotidiennement dans des millions de foyers galvanisèrent l'opinion américaine contre une escalade militaire.

---

1. Le major-général Winant Sidle, chef du Comité Sidle du département américain de la Défense, à propos du rôle de la presse au cours d'opérations militaires futures.

2. Aux États-Unis, la période des émeutes estudiantines, des autodafés de livrets militaires et de l'agitation dans les ghettos noirs succéda à celle de l'offensive du Têt au Vietnam.

Ce fut une photo représentant la mort d'un homme en shorts noirs et en chemise à carreaux à un coin de rue, à Saïgon, qui dessilla les yeux de bien des Américains : ils se battaient pour de mauvaises raisons et du mauvais côté, dans un pays où ils n'avaient rien à faire.

Le grain de sable dans la guerre du Vietnam fut une photo parmi bien d'autres, preuve matérielle de la liberté de la presse américaine. Dès lors, les généraux américains durent se battre contre l'opinion mondiale au lieu du seul Vietcong et les soldats américains sacrifièrent leurs vies sans aucun bénéfice.

14

Et la muraille s'écroula

Berlin, 9 novembre 1989

« La Grande Muraille de Chine avait été érigée comme une barrière contre les barbares des steppes. Elle fut une des nombreuses tentatives pour arrêter aussi le temps. Mais comme nous le savons aujourd'hui, elle fut inefficace. On ne peut tout simplement pas arrêter le temps. »

Max Frisch, *La Muraille de Chine*.

Pendant près de deux générations, ce mur qui divisait l'Europe s'était dressé comme un symbole de la tyrannie, le Rideau de Fer. C'était à Berlin que s'en trouvait la section la plus connue, une affreuse barrière de béton et de barbelés qui divisait la ville en deux et déchirait le cœur d'une nation. Cette cicatrice couronnée de miradors stigmatisait un empire xénophobe qui avait été contraint d'enfermer son peuple pour l'empêcher de s'enfuir [1]. Pendant des décennies, il remplit sa fonction avec une efficacité brutale. Des gens se jetèrent par-dessus, d'autres creusèrent des tunnels par en dessous, volè-

1. Lors de sa construction, en 1961, deux millions sept cent mille Allemands de l'Est s'étaient réfugiés en Allemagne de l'Ouest.

rent des avions ou le défoncèrent avec des camions pour le franchir. Certains y parvinrent, d'autres pas.

Sur toute sa longueur, des croix tombales se multiplièrent : Rudolf Urban, 17.9.1961, Bernd Lünser, 4.10.1961, Ernst Mund, 4.9.1962... Le cas le plus célèbre fut celui d'un poseur de briques de dix-huit ans, Peter Fechter, qui fut abandonné sur place pendant des heures, saignant à mort, tandis que les journalistes occidentaux le photographiaient à travers les barbelés et que la sinistre *Volkspolizei* assistait sans rien faire à son agonie[1].

Le Mur, ou, comme les Berlinois l'appelaient plutôt, LE Mur, avait été construit pour résister cent ans. Il avait duré bien moins longtemps quand il s'écroula d'un coup.

Le communisme était comparable à Samson, qui fut enseveli sous les ruines du temple qu'il avait secoué. Les chefs du Parti qui l'avait érigé avaient, en effet, abattu la structure idéologique de ce Parti. Eux aussi furent ensevelis dessous.

Et pourtant, ce fut par accident qu'il tomba.

Peu après le 13 août 1961, le jour où des brigades de labeur de Berlin-Est alignèrent des rangées de briques pour murer la moitié de Berlin, un jeune président américain vint regarder ce mur, *Die Mauer*. Il fut horrifié par ce qu'il vit. L'après-midi même, au balcon du parlement de Schöneberg, il devait s'adresser aux Berlinois. Ses rédacteurs avaient travaillé dur à son discours. Mais quand il eut vu cette monstruosité couronnée de barbelés, le président déchira leur discours. Il le savait, ce texte serait hors de propos ; il fallait improviser. Quand il apparut sur le balcon, devant la foule ras-

1. C'était le 17 août 1962, entre Charlottenstrasse et Markgraffenstrasse. Lors de ses funérailles, 5 photographes anglais et américains furent arrêtés.

semblée sur la place, il pointa le doigt vers le mur au-delà.

« Qu'ils viennent donc à Berlin. » Et il trouva les mots qui rendaient le mieux hommage aux souffrances de la ville et de ses habitants ; il trouva une phrase si profonde qu'elle restera dans les mémoires plus que toute autre de sa courte mais remarquable vie. John Fitzgerald Kennedy regarda la foule et déclara calmement : « *Ich bin auch ein Berliner.* » « Je suis aussi un Berlinois. »

À l'automne 1989, l'Allemagne de l'Est était un pays tiraillé dans plusieurs directions et toutes semblaient mener à l'abîme. Les maîtres du pays ne pouvaient plus nier le fait que leur pays changeait irrévocablement. Les tensions internes étaient évidentes et l'humeur du pays, jadis somnolente et déprimée, était devenue fiévreuse et passionnée. Tous les membres du Politbüro comprenaient que le Parti était incapable d'empêcher l'inévitable.

Vingt-deux ans après qu'un dictateur eut exigé qu'aucun pays des glacis soviétiques ne quittât le pacte de Varsovie, la doctrine Brejnev était morte et enterrée. Cela fut confirmé par Nikolaï Shishline, porte-parole du comité central du PC d'URSS. Un correspondant de télévision américaine lui demanda si cela valait aussi pour l'Allemagne de l'Est et il répondit : « Je suis sûr que la situation doit être corrigée. Donnez-nous un peu plus de temps. » La réponse fut largement diffusée, y compris en Allemagne de l'Est, où elle suscita un vaste mouvement populaire. Semaine après semaine, des centaines de milliers de gens descendirent dans les rues pour manifester avec énergie. Le nouveau chef de l'État est-allemand, Egon Krenz, qui avait été désigné et non élu, affronta un problème insoluble. Ses collègues de l'âge de pierre communiste avaient été mis à la retraite. Erich Honecker était parti et même Erich Mielke, le chef de l'odieuse Stasi[1], avait été contraint de se retirer.

Dans les premiers jours de novembre 1989, un membre du parti libéral-démocrate, Manfred Gerlach, avait demandé la démission du gouvernement et la dissolution de tout le Parlement, le *Volksrat*, ce qui eût été inimaginable un mois seulement auparavant.

Puis un matin, à Leipzig, un musicien célèbre, le chef d'orchestre Kurt Masur, de la non moins célèbre Gewandhaus Philharmonie, osa déclarer à quelques centaines d'auditeurs : « Ça ne peut pas continuer comme ça ! » Le 2 octobre, cinquante mille personnes défilèrent dans les rues. Une semaine plus tard, ce furent cent cinquante mille. À Berlin-Est, un demi-million de travailleurs défilèrent en criant : « Le pouvoir est dans la rue. » Ce fut alors que, le 23 octobre, l'homme de fer de l'Allemagne de l'Est, Honecker, fut prié de se retirer.

Un quarteron de communistes obstinés continua à beugler son allégeance et l'antienne éculée : « Nous sommes le Parti. » Leurs protestations furent noyées par les clameurs des millions de gens qui, de Halle à Erfurt et de Gera à Karl-Marx-Stadt, leur répliquaient : « Nous sommes le peuple ! » Le 26 octobre, le chef de la police de Berlin-Est, le lieutenant-général Friedhelm Rausch, annula toutes les permissions pour les unités de la police des frontières, la *Grenzpolizei* : on craignait que, lors d'une manifestation, les Berlinois n'allassent escalader le Mur[2].

En 1989, à Berlin, Noël tomba le 9 novembre et, pour être précis, à 18 h 57. Cela commença à la télévi-

---

1. La *Staatssicherheitsdienst* employait 85 000 agents. Ses dossiers comportaient des informations détaillées sur 6 millions de citoyens, incluant des indiscrétions telles que le fait qu'un champion de patinage olympique avait, un certain soir, fait l'amour avec un membre de l'équipe entre 8 h 03 et 8 h 09.

2. Mais des milliers d'Allemands de l'Est « en vacances » escaladèrent, eux, les grilles des ambassades ouest-allemandes de Prague et de Budapest pour demander l'asile politique.

sion ; une conférence de presse du comité central du Parti socialiste de l'unité allemande ou SED fut diffusée en direct par la télévision d'État d'Allemagne de l'Est. Le camarade Günther Schabowski exalta les grandes réalisations du socialisme, dans une de ces tirades qui font bâiller les auditeurs. Puis un journaliste lui demanda : « Monsieur Schabowski, quand est-ce que vos concitoyens auront le droit de voyager librement ? »

Même aujourd'hui, il est difficile d'établir si la réponse fut spontanée ou préparée. Le plus probable est que Schabowski s'était laissé gagner par la détérioration accélérée de la situation. Bref, personne dans la salle ni au monde ne s'attendait à la réponse qui suivit :

« Ils peuvent aller là où ils veulent et personne ne les arrêtera[1]. »

Pendant un moment, l'audience demeura stupéfaite. Puis un charivari éclata dans le studio. Les questions fusèrent, l'orateur s'efforça, la main levée, de calmer les journalistes. Peut-être venait-il de s'aviser que ses mots équivalaient à de la dynamite politique et qu'il lui fallait les nuancer. Il ajouta : « Cette directive ne concerne en aucun cas la frontière fortifiée de la République démocratique. Toutefois, les autorités des frontières délivreront des visas à tous ceux qui veulent sortir, pour quelques heures, pour quelques jours ou pour toujours. »

Otto Bahr, l'architecte de l'Ostpolitik de l'Allemagne de l'Ouest, suivait l'émission à la télévision. Il n'en crut pas ses oreilles et téléphona à un ami pour le vérifier. Il courut alors chez Willy Brandt, l'un des doyens des hommes d'État allemands. Ils tombèrent dans les bras l'un de l'autre. Au même moment, à Bonn, le président du Parlement demanda aux députés de se lever et de chanter l'hymne national.

---

1. Le président américain George Bush aurait demandé : « Et pourquoi ne le savions-nous pas ? »

Pour les premiers intéressés, les habitants de Berlin-Est, rompus à la duperie, la réaction mit un peu plus longtemps à se manifester. Mais vers 10 heures ce soir-là, une foule commença à s'amasser aux différents points de passage de l'Est à l'Ouest. Les premiers arrivés présentèrent leurs cartes d'identité bleues aux portes de fer et demandèrent aux gardes de service de les laisser passer. Pendant une heure, les policiers restèrent de marbre ; leur système leur avait appris à obéir. Ils avaient eux aussi vu l'émission télévisée, mais ils n'avaient reçu aucune instruction correspondante. Entre-temps, les nouvelles couraient dans la ville et, à l'Ouest comme à l'Est, des milliers de gens s'amassaient devant le mur. Ils criaient tous :

« *Tor auf ! Tor Auf !* » Ouvrez la porte.

Du côté ouest, un jeune audacieux escalada le mur couvert de graffiti, suivi par une douzaine, puis une centaine d'autres. Ils poussèrent des vivats et agitèrent des drapeaux. Saisis par l'agitation au-dessus de leurs têtes, les gardes ne savaient que faire. Ils n'avaient toujours pas reçu d'instructions. Soudain la situation leur échappa : l'un d'entre eux ayant ouvert une porte latérale pour parlementer avec la foule et la calmer, il fut écarté d'office et la première douzaine de gens s'engouffra vers l'Ouest à travers ce passage étroit. Ils furent suivis par une marée humaine irrésistible.

La Volkspolizei fut prise de court par ce passage en masse de la frontière ; impuissante, ne sachant ni ce qui se passait ni ce qu'il fallait faire, elle ne pouvait empêcher de s'échapper une vapeur comprimée trente-huit ans et qui fuyait par un trou dans la cocotte de l'État-policier. D'abord écartés par la mêlée, les Vopos se trouvèrent bientôt entraînés par elle. La percée était faite et les gardes dans les tours de guet avisèrent les autres miradors, croyant probablement que des ordres avaient été donnés. Les autres points de passage ouvrirent aussi leurs portes, de la porte de Brandebourg au pont de l'Oberbaum, des points de passage de la Heinrich Heine Strasse à ceux de la Bornholmer Strasse.

Le monde se renversa cette nuit-là pour les Berlinois. Un point de passage étant demeuré fermé, un major de la police cria à ses subordonnés : « *Mensch, lass doch die Leute raus !* » Laissez le peuple passer !

La rue qui menait au point de passage d'Invalidenstrasse devint le rendez-vous de milliers de Trabis, ces autos-miracles [1] fabriqués à l'Est, pleines de gens criant, riant ou chantant.

Un seul soldat eût-il levé son fusil et tiré dans la foule que l'Histoire en eût changé. Mais la redoutable police des frontières ne put que patrouiller sur les murs en criant à l'adresse de la foule enivrée qui agitait des bouteilles au sommet. Un camion équipé d'un haut-parleur circula : « Habitants de Berlin-Ouest, écartez-vous du mur. » La situation s'était réduite à un face à face Veuve Clicquot-Kalachnikov. Et les détonations qui ponctuaient la fête n'étaient pas celles d'armes automatiques, mais de bouchons de champagne et de *Seckt* mousseux. Pas un seul coup de feu ne fut tiré. Ce fut la seule grande bataille de l'Histoire où ne coula pas une goutte de sang.

« Enfin, nous avons poussé la porte ! » L'Est et l'Ouest trinquèrent ensemble et offrirent des fleurs à la morose police des frontières. La foule au sommet du Mur fut bientôt si dense que les gens de l'Est tombaient sur ceux de l'Ouest ou basculaient vers l'ancienne « zone de mort », tellement encombrée qu'aucun des fêtards n'atteignait même le sol.

Un vieillard habitant Bornholmer Strasse se joignit à la fête. Il avait tout juste jeté un paletot sur son pyjama.

---

1. Les Trabant, surnommées Trabis, étaient appelées voitures-miracles parce que c'était un miracle qu'elles pussent avancer.

« Ma femme était descendue promener le chien et elle est remontée en courant et criant : “Hé, Heinrich, descends vite, ils vont tous à l'Ouest.” Je lui ai répondu : “Ne dis pas de bêtises.” Mais elle a insisté : “Non, c'est pour de vrai.” »

Ursula Kramer fut l'une des premières à passer. Un *Wessie*, c'est-à-dire un habitant de l'Ouest, l'aspergea de champagne, comme si elle avait remporté un grand prix, en l'honneur de la victoire. Elle l'embrassa, les larmes aux yeux.

Uti Hoff, une étudiante de Heidelberg qui se trouvait à Berlin pour la première fois, faillit être étouffée dans la ruée qui la plaqua contre le Mur, puis des mains secourables la hissèrent au sommet. Ce fut là qu'elle rencontra Jochen Kuligowski, un ouvrier fraiseur dans une usine métallurgique de l'Est. Ils s'étreignirent, incrédules, et neuf mois plus tard, appelèrent leur premier enfant Charlie, en mémoire du fameux Checkpoint Charlie.

À 22 h 30, ce qui était quand même tard, Walter Momper, le maire de Berlin, fut prié de faire une déclaration à la radio Sender Freies Berlin et répondit : « Je n'ai pas la moindre idée de ce qui se passe. » On lui glissa une note manuscrite, rédigée par le chef de sa police : « D'énormes foules passent à travers le Mur, la situation aux points de surveillance à la frontière est totalement hors de contrôle. » Il déclara alors : « Mes amis, ma place est ailleurs. » Il quitta sur-le-champ le studio et se rendit au Mur. Ce ne fut pas facile pour son chauffeur de se frayer un passage dans la mêlée qui klaxonnait et s'arrosait de champagne sur le Kurfürstendamm, mais enfin ils atteignirent le point de contrôle d'Invalidenstrasse, d'où le maire put observer de près la foule qui déferlait par les portes du Mur et même par-dessus le Mur.

Au quartier général de la police, le commissaire Rainer Bornstein, responsable du secteur de la porte de

Brandebourg, fut incapable de s'exprimer : « J'ai perdu la voix il y a une heure », chuchota-t-il à un journaliste. « En tant que police, nous ne pouvons rien faire. »

Non loin de là, un convoi du métro aérien ou *S-Bahn* traversa le pont sur la Spree, ses wagons bondés de gens qui s'écrasaient le nez contre les vitres. Et sans s'arrêter, cette fois, le train passa le point de contrôle de la Friedrichstrasse.

Harry Gilmore, le fonctionnaire américain responsable du secteur américain de la ville, appela son homologue britannique : « Comment ça se passe chez vous, Michael ?

— Tout s'est absolument démantibulé dans notre secteur », répondit Michael Burton.

Sur le pont Glienicker, où pendant trente ans s'étaient effectués les échanges d'espions, la police des frontières de Berlin-Est accélérait le trafic des longues colonnes de Berlinois de l'Est en voiture. « *Aufschliessen ! Aufschliessen !* » Pressez, pressez ! Le conducteur d'un taxi Trabi, à moitié suffoqué par la fumée bleue que dégageait l'échappement de sa merveille de mécanique à deux temps, s'écria, les larmes aux yeux : « Je me prends la tête ! Je ne peux pas le croire ! Imaginez, ce soir, je descendrai en voiture le Kurfürstendamm ! »

Une femme âgée arriva à la *Gedächtniskirche*[1] où elle tomba à genoux et murmura : « Je te remercie, Seigneur. C'était mon rêve de toujours. Je ne pensais jamais venir ici avant de mourir. »

Les serveuses du café Moskva, sur la Karl-Marx Allee, passèrent en groupe à l'Ouest pour se faire servir du café et des gâteaux au Kaffee Kranzler. Elles offrirent de payer avec leurs marks de l'Est en aluminium et le patron leur dit : « C'est pour la maison, mangez autant de gâteaux que vous voulez. »

---

1. La *Gedächtniskirche*, ancienne église Kaiser-Wilhelm, rebaptisée « église du souvenir », fut à demi détruite pendant la Seconde Guerre mondiale, et conservée telle quelle après la libération de la ville, en souvenir de ses épreuves.

Deux gamins se postèrent près de Checkpoint Charlie avec un écriteau qui annonçait : « Bienvenue ! Pas de droits d'entrée aujourd'hui ! » Cela déclencha un embouteillage, les gens de l'Ouest criant qu'ils voulaient passer dans le flux qui déferlait en sens inverse. Mais la ville entière s'était métamorphosée en capharnaüm. Un officier de police courut alerter le maire : « Il y a des fous à la porte de Brandebourg qui ont commencé à abattre le Mur à coups de marteau. »

De fait, les premiers démolisseurs ou *Mauerspechte* étaient déjà à l'œuvre avec pics, pioches, ciseaux et marteaux. Utta Hoeppner était arrivée équipée de son propre marteau. Elle tapa pendant une heure, puis montra triomphalement aux photographes son morceau de brique décoré de graffiti, tandis que son ami Friedl dansait une gigue sur le Mur. Ce fut le plus bel exemple de victoire des jeans sur les uniformes militaires.

La crête du Mur fut bientôt illuminée de chandelles et des milliers de petites flammes dansèrent dans la brise, telles un serpent joyeux qui clamait au monde : « Berlin est libre. » Quelques fidèles allèrent manifester leur loyauté devant le siège du Parti à Berlin-Est. L'heure était symbolique : minuit cinq.

Aucun de ceux qui vécurent l'événement ne l'oubliera. De même que deux cents ans plus tôt exactement, les Parisiens avaient abattu la forteresse qui symbolisait l'oppression, la Bastille, les Berlinois avaient déchargé leur colère contre l'affreux Mur.

Ce Mur avait été construit par un régime tyrannique et l'Occident y avait beaucoup contribué en déclarant que Berlin n'était pas une ville allemande, mais une pierre d'achoppement entre les Grandes Puissances. Pendant des années, des présidents divers avaient défilé devant, agitant le poing et faisant des déclarations qui n'avaient qu'une vertu : montrer les limites de leur puissance à l'ère nucléaire. Maintenant que le Mur était tombé, les nations d'Europe pouvaient espérer bâtir un ordre mondial moins menaçant.

Et quand le Mur tomba, l'ère du communisme tomba avec lui.

Et si...

... les garde-frontières allemands avaient attendu des ordres spécifiques de donner des visas ?

D'après les récits de ceux qui furent présents, il est douteux qu'ils eussent pu empêcher la foule de prendre le Mur d'assaut. S'ils s'y étaient risqués, ils auraient déclenché un massacre. Et c'était précisément ce que redoutaient les chefs du Parti allemand et leurs maîtres à Moscou.

Les faits

Le 10 novembre, le député est-allemand Horst Siedermann résuma la situation brièvement devant le Parlement : « C'est comme si tout à coup quarante ans de socialisme s'étaient dérobés sous nos pieds. »

Le 21 décembre, un communiqué officiel laconique annonça : « L'ouverture de la porte de Brandebourg aura lieu demain à 15 heures. La cérémonie, essentielle à la réunification de l'Allemagne, sera présidée par le chancelier Helmut Kohl, le président de la République démocratique allemande Modrow et le maire de Berlin Walter Momper. »

Le 9 mars, l'Allemagne de l'Est tint ses premières élections libres.

Le 12 septembre, les quatre Puissances alliées de la Seconde Guerre mondiale abrogèrent officiellement leurs droits d'occupation de Berlin.

Le 3 octobre 1990, la Cloche de la Liberté sonna à l'hôtel de ville de Berlin et le drapeau de la République

Allemande Unifiée flotta sur le bâtiment presque séculaire du Reichstag. Ce jour-là, les emblèmes communistes de l'Allemagne de l'Est prirent le chemin du Musée de l'histoire allemande et la République Démocratique Allemande, vestige du défunt empire stalinien, cessa d'exister. L'Allemagne était réunifiée.

La nouvelle Allemagne se forgea dans les écoles, les usines et les grandes rues. Et surtout dans l'esprit des gens. Les psychismes d'un peuple double durent s'adapter à une situation nouvelle. Les Allemands qui avaient supporté cinquante-sept ans l'un des régimes les plus répressifs du monde et ceux qui avaient bâti une grande puissance industrielle étaient séparés par un monde. Ils devaient affronter les problèmes de la réunification et de la reconstruction. Cette nouvelle Allemagne avait besoin de réalisme, pas de l'euphorie exaltée que lui inspirerait son nouveau rôle en Europe et pas non plus du pessimisme que pouvait alimenter le coût énorme de la tâche. Les Allemands savaient qu'avec la volonté et le courage, ils pourraient relever le défi.

La déclaration imprudente ou équivoque de Günther Schabowski lors d'une conférence de presse fut le grain de sable qui souleva la foule est-allemande et provoqua la chute du Mur de Berlin.

15

Le Facteur Zéro

Le golfe Persique, 17 janvier 1991

« C'est la première fois dans l'Histoire qu'une armée de terre a été détruite par la force aérienne. »

Général Merril McPeak,
chef d'état-major de l'US Air Force, 1991.

« Si vous pouvez me garantir le succès total, alors vous commencerez la guerre pour nous », déclara le général Norman Schwarzkopf, chef suprême des forces de coalition dans le golfe Persique et chef de l'opération Tempête du désert, au commandant de la 1re escadre aérienne spéciale, le colonel Gray. Par cette simple phrase, le colonel se trouva chargé d'une mission délicate : détruire les deux principaux radars de surveillance contrôlant le corridor aérien d'accès à Bagdad. Gray disposait pour cela de deux unités de six hélicoptères d'attaque chacune[1]. Les installations des radars avaient été identifiées grâce à des photographies aériennes à haute définition, prises par des U-2 américains partis de la base de Taïf, et elles avaient été localisées à vingt-

1. 2 Sikorsky MH 53 E Pave Low chargés de guider 4 Apaches Hughes AH64.

Guerre du Golfe, 25 février 1991

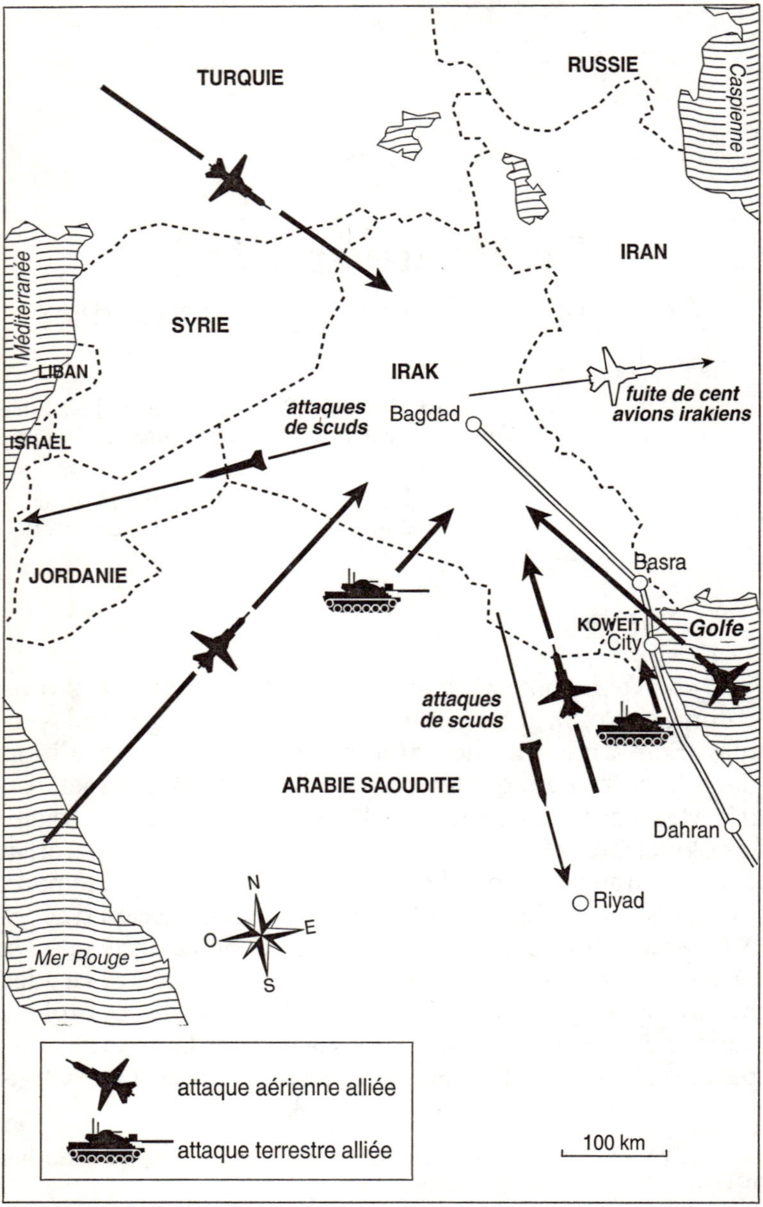

deux et trente-six kilomètres respectivement à l'intérieur du territoire irakien. L'attaque exigeait une coordination précise, afin qu'une station radar ne pût pas prévenir l'autre.

Cette attaque fut lancée durant la nuit sans lune du 17 janvier 1991. Les unités d'hélicoptères arrivèrent en volant bas sur les dunes, sous le faisceau des radars, guidées vers leurs cibles par quatre satellites Navstar, dont le système GPS (pour *Global Positioning System*) définissait la position exacte des deux unités à dix mètres près. À la distance de six kilomètres, la cible devait s'allumer sur l'écran. Pour la confirmation finale de leurs cibles spécifiques, les équipages portaient des casques de vision nocturne (à infra-rouges) qui représentaient le paysage comme s'il baignait sous le clair de lune. À trois kilomètres des cibles, les Apaches ouvrirent le feu. Trente missiles Hellfire, cent fusées et quelques trois mille projectiles de 30 millimètres de leurs mini-canons firent sauter les antennes radar, les mâts radio et les installations électroniques, ensevelissant leurs opérateurs sous les décombres. Il était 2 h 38.

Pendant ce temps, les équipes terrestres d'opérations spéciales des SEALS de l'US Navy, la Force Delta, les rangers américains et les SAS britanniques étaient héliportés à l'intérieur de l'Irak pour neutraliser d'autres installations vitales. Ils attaquèrent à pied, réduisirent au silence des postes de commandement et coupèrent les lignes de communication. Ils réalisèrent dans une série de combats isolés le genre d'exploits dont on fait les films épiques. Puis ils installèrent leurs propres systèmes de communications et de guidage : des antennes escamotables de réception de satellites et des transpondeurs miniaturisés fonctionnant sur des piles argent-cadmium. De petits enregistreurs stockaient l'information à la vitesse habituelle et puis les retransmettaient par micro-émissions, « en bouffées ». Ces dernières étaient captées au quartier général opérationnel, décryptées et défilées en clair. Après avoir réussi leur mission de pénétration, les unités terrestres furent recueillies par une autre escadre d'hélicoptères et rapatriées dans des sites déterminés [1].

Au-dessus d'eux, dans le ciel nocturne, des vagues successives d'appareils chargés de contre-attaques électroniques parcouraient l'espace aérien irakien. Leur balayage électronique interrompit les communications terrestres dans tout le pays. La première vague d'appareils de la coalition traversa donc sans encombres l'espace aérien irakien. Objectif : Bagdad. L'Opération *Desert Storm* avait une heure d'âge.

La guerre était pratiquement finie.

Tout avait commencé ainsi : le matin du 2 août 1990, la première dépêche qui tomba sur les bureaux des médias stupéfia le monde : « Le Koweit envahi ! » Un directeur de compagnie pétrolière qui prenait son petit déjeuner sur son balcon à Koweit City adressa un bref message téléphonique : « ... Je vois des flottilles d'hélicoptères... Des tanks qui s'avancent vers nous... Des explosions et un nuage de fumée noire autour du palais Seif... » Et la ligne fut coupée.

Les chenilles des blindés irakiens avancèrent sur l'autoroute à six voies qui menait à Koweit City, puis divergèrent pour prendre position le long de la frontière entre le Koweit et l'Arabie Saoudite. En envahissant aussi brutalement le royaume du Koweit, Saddam Hussein terrifia ses voisins et administra une onde de choc au marché pétrolier mondial. Le monde industrialisé sentit passer le vent du boulet. Une grande partie des réserves mondiales de pétrole était, en effet, en jeu. Et une autre crise pétrolière menaçait. Dans la nouvelle après-guerre froide, c'était une menace pour les intérêts

1. Quelque 5 000 spécialistes participèrent à cette opération.

stratégiques des États-Unis et un défi à leur détermination politique[1].

Bagdad baignait dans l'euphorie. « Saddam, nous te donnerons notre sang », chantaient les écoliers. Le portrait du dictateur s'affichait partout, en images géantes aux carrefours et sur les murs des gratte-ciel, et dans des cadres dorés dans les cafés et les boutiques de barbiers. Quand un journaliste étranger lui demanda le sentiment que lui inspirait cette adulation, Hussein répondit : « C'est mon peuple qui fait cela, pas moi. » Pour ce peuple, en effet, il était la réincarnation de Saladin[2]. Hussein nourrissait la grandiose vision d'un vaste empire islamique unifié. Or les puissances occidentales et leurs fournisseurs arabes de pétrole, qui leur avaient garanti cent cinquante ans d'approvisionnement à bon prix, ne pouvaient pas l'admettre.

La lutte entre l'islam radical et les élites dirigeantes du monde musulman avait conduit à la guerre Iran-Irak des années quatre-vingt. Grâce à sa victoire contre les mollahs de Téhéran[3], la nation irakienne était devenue l'amie de l'Occident et la bénéficiaire d'une politique d'apaisement. L'Occident voyait en Saddam Hussein un sunnite capable d'empêcher les ayatollahs chiites iraniens de contaminer de leur intégrisme les riches pays pétroliers de la Péninsule arabique[4].

Les États-Unis consentirent rapidement à l'Irak un

---

1. Le président américain George Bush considérait la guerre comme une mesure destinée à instaurer un nouvel ordre mondial et un nouveau code international de bonne conduite.

2. Le sultan irakien qui défit les croisés à Hattin en 1187 et reconquit Jérusalem.

3. Les racines du conflit entre l'Iran et l'Irak remontaient aux temps de l'Empire ottoman. Saddam Hussein espérait, à la faveur des remous causés par la Révolution islamique iranienne, reconquérir l'autre moitié du Shatt el-Arab, c'est-à-dire de la région qui porte le nom de cette rivière. Quand le Koweit internationalisa le conflit avec sa flotte de pétroliers, les États-Unis dépêchèrent trente-deux navires de guerre dans le golfe Persique. La pression internationale ainsi manifestée scella la défaite de l'Iran.

4. Le courant chiite et le courant sunnite de l'islam sont traditionnellement antagonistes depuis la fin du VIIe siècle.

prêt pour son développement agricole. Hussein s'en servit toutefois pour acheter du matériel de fabrication d'armes nucléaires. De surcroît, il consacra la plus grande partie de ses revenus pétroliers à un réarmement d'une ampleur alarmante. Cela inquiéta Israël et contraria la politique occidentale de maintien d'un équilibre au Moyen-Orient ; selon cette politique, aucun pays, en effet, ne devait détenir une puissance capable de réduire ses voisins en sujétion ni de compromettre les intérêts pétroliers occidentaux. L'opinion mondiale ne révisa ses positions à l'égard de Hussein que lorsque ses télévisions diffusèrent les images d'un massacre de Kurdes par les Irakiens à Halabiyya, le 16 mars 1988. Les États-Unis coupèrent alors leurs crédits à l'Irak et celui-ci se trouva en crise.

Sa guerre contre l'Iran avait coûté cher à l'Irak en vies humaines et en argent. Ses créanciers traditionnels et les bénéficiaires directs de la victoire irakienne, en l'occurrence les royaumes pétroliers arabes, lui refusèrent d'autres crédits. Saddam conçut alors une revanche : s'emparer de l'un de ces royaumes. Le plus proche était le Koweit. L'ambassadeur américain Glaspie lui adressa un message comminatoire ; Hussein le prit pour un message conciliatoire du président américain Bush[1]. Après ce pataquès, l'opération de Hussein contre le Koweit ne fut plus qu'une succession de bourdes et de contradictions, corsées par les prévisions follement optimistes des services de renseignements irakiens.

Pendant des années, le Moyen-Orient avait été une poudrière, et la prolifération d'armes de haute technologie n'atténuait pas la situation[2]. L'Irak disposait ainsi d'un potentiel d'armes chimiques, de bombes à gaz

1. À 4 h 45 le 2 août, le président Bush avait gelé par décret tous les avoirs du Koweit aux États-Unis. À Londres, Mme Thatcher en avait fait de même pour les avoirs du Koweit en Grande-Bretagne, ce qui priva l'Irak d'un énorme trésor de guerre.

2. C'est devenu le marché le plus prospère pour les marchands d'armes.

toxiques, et de missiles balistiques capables de les transporter[1]. Il possédait aussi six mille tanks, six cents avions modernes et un million de soldats endurcis, alors que les forces du gendarme d'après la guerre froide, c'est-à-dire les États-Unis, étaient dispersées de l'Extrême-Orient à l'Europe occidentale. Le jour où les Irakiens occupèrent le Koweit, le 2 août 1990, et où le Conseil de Sécurité vota la résolution 660 qui condamnait l'invasion, une question se posa aux experts militaires de Washington. Elle était d'ordre mathématique : était-il possible de livrer combat à l'Irak avec les forces disponibles ? La réponse militaire fut oui. Les hommes politiques comprirent qu'il fallait également conférer sa légitimité à la guerre en présentant un front multiple et uni. Le secrétaire d'État James Baker entreprit alors une tournée mondiale. Une coalition fut mise sur pied. Certaines nations offrirent des soldats, d'autres des navires et des avions et d'autres encore déclinèrent de participer à la guerre[2].

Une autre question se posa ensuite ; était-il possible de réaliser cette opération sans souffrir de pertes excessives ? La réponse fut de nouveau positive. Le secret résidait dans la suppression des structures de commande de l'ennemi grâce à une stratégie militaire révolutionnaire. Pour cela, il fallait atteindre le contrôle absolu de l'espace aérien grâce à une attaque sur trois niveaux : l'élimination des structures de commande locales de niveau inférieur, par des hélicoptères et des équipes spéciales, puis la condamnation de l'espace aérien moyen par des escadrons de E-2 Hawkeyes de

1. En 1981, des bombardiers israéliens avaient détruit le réacteur atomique Osirak de l'Irak, mais les Irakiens avaient ensuite construit un nouveau centre de production près de Tarmiya, dont ils espéraient obtenir dans les 30 mois 15 kg d'uranium stratégique hautement enrichi.

2. Le Japon contribua pour 9 milliards de dollars à l'effort de guerre et l'Allemagne, pour 5,5 milliards. Toutefois le chancelier Helmut Kohl déclara au Bundestag : « Il n'existe pas pour nous de petit coin tranquille dans la politique mondiale. Il nous faut prendre nos responsabilités, que cela nous plaise ou non. »

l'US Navy et d'E-3 AWACS et Joint Stars de l'US Air Force, enfin l'observation du théâtre des opérations à haute altitude, le niveau supérieur, soit 36 000 mètres, par un certain nombre de satellites géostationnaires dont KH 11 Big Bird.

Ce type de stratégie n'avait jamais encore été mis à l'épreuve et personne n'en pouvait prédire le résultat. Le général Schwarzkopf[1] reçut l'ordre d'appliquer un programme en deux étapes, d'abord *Desert Shield*, « Bouclier du désert », qui consistait à tenir et consolider, puis *Desert Storm*, qui consistait en l'attaque même.

Tout le long de la côte orientale du golfe Persique, dans les ports de Doha, Abou Dhabi, Bahrein et Joubeil, des cargos débarquèrent des canons, des avions, des camions, des munitions, des vivres et bien plus. Un demi-million d'hommes des troupes de la coalition, des Scouts du sultan Quabous d'Oman aux paras de la Légion étrangère, suivirent l'autoroute de la Tapline en Arabie Saoudite pour rejoindre leurs positions. Des bases aériennes furent hâtivement construites par de vastes équipes d'ouvriers ; on les appelait des « squelettes » parce qu'elles n'étaient constituées que de l'essentiel : une piste, un camion de communications et de contrôle aériens, quelques camions-citernes et une rangée de baraques climatisées pour le confort du personnel et des pilotes. Il fallait également citer le plus important : des escadrons d'intercepteurs F-15C Eagle et F-16 Fighting Falcons de l'US Air Force. D'autres bases semblables abritèrent provisoirement des Tornados britanniques et des Mirages français. Et tout cela au milieu d'une immensité brûlante.

---

1. Nommé chef suprême de la force de coalition grâce au Goldwater-Nichols Act de 1986.

Saddam Hussein commit une lourde erreur : il se méprit sur la détermination de l'Occident à agir. Il s'imagina à tort, comme on le vit, que pour l'Américain ou l'Européen moyens, le pétrole ne constituerait vraiment pas une raison de lancer leur pays dans une croisade morale. Il fut sans doute surpris par la violence avec laquelle l'Amérique entreprit la destruction de son pays. Il le comprit enfin le 9 janvier 1991, à Genève, quand le secrétaire d'État James Baker présenta à son homologue irakien Tarek Aziz un ultimatum aux termes tellement offensants que le ministre quitta la salle de réunion dès qu'il en eut pris connaissance. L'on rapporte que Baker aurait, en substance, averti Aziz que si l'Irak se servait d'une arme hors la loi, telle que des gaz toxiques, les États-Unis enverraient une bombe thermonucléaire sur Bagdad. Mais ce qu'il ne dit pas à Aziz était que le navire de combat *Wisconsin*, déjà ancré dans le golfe Persique, transportait trois missiles de croisière Tomahawk à ogive nucléaire.

Saddam Hussein allait donc tâter de sa « Mère de toutes les guerres ».

La première attaque aérienne sur Bagdad fut fixée aux premières heures avant l'aube du 17 janvier, quelques minutes après que les hélicoptères eurent éliminé le système d'alerte préliminaire et que des avions spécialement équipés eurent bloqué les réseaux de téléphone et d'autres communications par le brouillage électronique. Les AWACS de l'US Air Force étaient chargés de couvrir l'espace aérien irakien et de guetter des intercepteurs, selon l'adage qui veut que « des pilotes informés tuent plus et vivent plus longtemps ».

La complexité des opérations défiait l'imagination. Jadis, dans la Seconde Guerre mondiale, un pilote de la Luftwaffe pouvait passer des commandes d'un Messerschmitt à celles d'un Focke-Wulfe et même d'un Spitfire, mais les hommes de la nouvelle force aérienne n'étaient pas interchangeables, et chaque type d'appareil exigeait des équipages spécifiques et hautement qualifiés.

Une activité frénétique avait régné la veille sur les bases aériennes qui entouraient l'ennemi : de Diego Garcia, dans l'océan Indien, au Caire, et d'Incirlik, en Turquie, aux six groupes de porte-avions dans la mer Rouge et le golfe Persique[1], deux mille quatre cent trente avions de tous types furent préparés pour l'intervention[2]. De la base aérienne de Barksdale s'envola une escadrille de B-52 équipés de missiles Cruise[3]. Ils étaient précédés en haute altitude par des U2R et le mystérieux TR1[4]. Les E/A 6B et les F/A 18 Hornets et les F4G Wild Weasel étaient chargés de lancer des missiles HARM *(High-speed Anti-Radiation Missile)* de détection d'émissions vers les antennes radar, cependant que les communications irakiennes seraient brouillées par des Ravens de l'US Air Force et des Prowlers de l'US Navy spécialement équipés.

Les Tornados britanniques étaient chargés de lancer les JP 233 Runway Buster, des bombes capables de creuser des cratères dans les pistes d'aérodrome en béton armé.

Ces appareils, qui devaient voler très bas, allaient subir le plus de dommages des canons antiaériens Triple-A irakiens. Toute cette armada aérienne devait être ravitaillée en vol par une bonne soixantaine d'avions-citernes. Les navires de guerre *Missouri* et *Wisconsin* ainsi que le transporteur de missiles *San Jacinto*

---

1. Le *Saratoga*, le *Kennedy*, le *Theodore Roosevelt*, l'*America*, le *Midway* et le *Ranger*.

2. 700 d'entre eux appartenaient aux pays alliés.

3. Ce raid constituait une démonstration mondiale de la capacité de l'US Air Force d'effectuer une attaque sur n'importe quel point du globe. En fait, des missiles de croisière Tomahawk lancés par l'US Navy ancrée dans le golfe Persique auraient aussi bien fait l'affaire.

4. On ne possède toujours aucune information sur la base de départ de cet appareil ultra-secret, qui comporte un système de transmission de données très perfectionné, grâce auquel le commandement à terre dispose en temps réel d'images du théâtre des opérations.

se tenaient prêts à lancer des missiles de croisière Tomahawk, dirigés par le guidage laser de deux avions-éclaireurs. Mais le plus dangereux de tous serait le bombardier F 117 A Stealth, la plus récente merveille de la technologie : il échappait aux ondes radar et transportait une arme de haute précision, la bombe GBU 27 de quatre cent cinquante kilos, à guidage laser, capable de frappes « chirurgicales » sur des objectifs présélectionnés.

« Bon, au travail », déclara le général Schwarzkopf. C'était au quartier général suprême de la coalition, dans le bâtiment du ministère de l'Air saoudien, à 2 h 15, le 17 janvier 1991.

Les avions commencèrent à décoller de leurs bases en Arabie Saoudite. Leurs feux de postcombustion ne furent bientôt plus que des points rouges dans la nuit. Les événements qui suivirent pendant les vingt minutes suivantes rendraient anodins des films tels que *Star Wars* ou *Top Gun*. Des ombres pareilles à des chauves-souris géantes glissèrent au-dessus de la capitale irakienne. Ces avions ne furent jamais détectés par les intercepteurs, ni les canons antiaériens irakiens. Leurs pilotes n'avaient pas besoin de la lune pour localiser leurs cibles, comme dans la Seconde Guerre mondiale : leurs écrans de vision nocturne leur permettaient d'y voir aussi clair qu'en plein jour. Isolés dans leurs capsules spatiales futuristes, ils gardaient le regard rivé sur des tubes cathodiques verts ; ils fixaient leurs faisceaux sur les objectifs indiqués et l'ordinateur faisait le travail. « Prise d'objectif ! » C'était l'ordre initial pour un lancer de bombe.

« Objectif fixé. » C'était la réponse standard.

« Circuits d'auto-lancement activés. » Ça coûtait cher, mais c'était infaillible.

La première vague qui survola Bagdad à 3 heures était composée de trente bombardiers F 117 A Stealth.

La première bombe frappa le central téléphonique. Une série d'éclairs illumina la ville. « Objectif fixé. » Trente-quatre centres nerveux vitaux avaient été assignés aux F 117 A, dont treize dans Bagdad même et ses parages. Tous les trente-quatre furent atteints par les premières frappes.

Les avions étaient repartis avant même que les Irakiens les eussent vu venir[1]. Les artilleurs antiaériens qui avaient survécu à la première dévastation des bombardiers Stealth évoquèrent l'attaque d'un *shabah*, c'est-à-dire d'un spectre. La police secrète les arrêta vite fait et les mit à l'ombre, sous l'accusation de propager des rumeurs.

Les gens furent brutalement tirés de leur sommeil, les sirènes hurlèrent et les canons tonnèrent. Ce fut le pandémonium et la confusion.

« Il se passe quelque chose dehors..., s'écria une voix effrayée sur CNN. C'est étrange, on dirait des feux d'artifice... Ils survolent l'hôtel... On entend les bombes... »

Le délire s'était emparé de la capitale plongée dans les ténèbres. Les obus traçants dessinaient des arabesques de couleur dans le ciel. Les angles des immeubles modernes se détachaient en noir sur les clartés soudaines que projetaient les flammes des grands canons. Comme une tempête démoniaque, un orchestre démentiel éclata, canons tonnant, bombes explosant, mitrailleuses crépitant et hurlement des fusées qui approchaient. Une pointe de feu, un chuintement titanesque et une autre cible volait en éclats. Tels furent les effets d'une première vague de cinquante-deux missiles de croisière[2]. Les caméras sises dans le nez de

1. Selon certains témoignages, l'attaque aurait commencé à 2 h 44, mais il se pourrait que les appareils aperçus aient été des leurres.

2. Seuls 2 d'entre eux furent interceptés par l'artillerie antiaérienne et allèrent s'écraser, l'un sur 2 maisons et l'autre dans une décharge.

ces engins identifiaient la cible, la comparaient à la banque de données mémorisées et fonçaient dessus.

Ces missiles et les bombes à guidage laser annihilèrent la plupart des postes de défense centraux et des principales batteries de missiles antiaériens, cependant qu'arrivaient les vagues suivantes d'avions de la coalition. Quelques cinquante cibles essentielles furent détruites cette nuit-là, pendant que les caméras de CNN diffusaient dans le monde entier les images fantastiques des obus traçants embrasant le ciel au-dessus de Bagdad. Les images étaient spectaculaires, mais le barrage antiaérien de ces obus était totalement inefficace ; en effet, il ne visa jamais les F 117 A furtifs, mais une flottille d'appareils sans pilotes, les Chukar Northrop. Pour les artilleurs irakiens, ces derniers avaient exactement la même signature radar que n'importe quel avion piloté et pendant qu'ils dupaient ces derniers, les vrais bombardiers filaient vers l'horizon.

Pas un seul des journalistes de la presse occidentale basés à Bagdad et qui rendaient compte de l'attaque depuis leurs balcons de l'hôtel Al-Rashid ne s'avisa que, sous ses pieds, se terrait l'homme que visait la coalition, le *Raïss*, dans un abri antisismique et antiatomique. Ce bunker, réalisé par une firme suédoise sur la base des recherches californiennes antisismiques, aussi bien que l'hôtel luxueux aux salles de bains de marbre blanc et aux robinets dorés avaient été construits quelques années auparavant dans le but unique de se servir des Occidentaux comme de boucliers humains contre des bombardements aériens.

Quand les premières lueurs orangées de l'aube apparurent à l'horizon et que les habitants de Bagdad sortirent de leurs abris après leur première, mais non leur dernière, nuit de terreur, ils purent constater les dégâts. Les bombes avaient fait leur œuvre ; les défenses antiaériennes étaient pulvérisées. Des jeeps militaires filaient dans les rues pour transmettre les ordres, étant donné que les téléphones ne fonctionnaient plus. Les avions de la coalition avaient affirmé leur suprématie sur l'espace aérien de l'ennemi, paralysé ses structures de commande, détruit ses réseaux de communication, démoli ses centrales énergétiques et ses ponts principaux.

Sur le centre opérationnel d'un aéroport près de Riyad, capitale de l'Arabie Saoudite, les pilotes qui venaient d'achever leur mission étaient dirigés vers une salle des cartes où un officier, le torchon dans une main et le crayon gras dans l'autre, dessinait les diagrammes de la guerre sur une carte plastifiée. Il marqua les nouvelles cibles, les batteries antiaériennes repérées, les sites probables de lanceurs de missiles et les concentrations de tanks ennemis, ainsi que la liste des cibles déjà détruites et des appareils alliés perdus. La salle évoquait un bar bondé à l'heure du déjeuner. En dépit de la climatisation intensive, la chaleur y était aussi oppressante qu'à l'extérieur, dans le désert.

« Monsieur annonça l'officier des communications à son commandant, le vol Papa Zoulou ne signale pas d'action d'artillerie au sol chez l'ennemi.

— Joli coup. Un sourire sarcastique se peignit sur le visage du commandant. Vous voulez donc m'informer que la guerre est finie ?

— Espérons », dit son officier, et les pilotes se donnèrent des claques dans le dos.

Peu après l'aube, de nouvelles vagues d'avions décollèrent. Les Harrier de l'US Marine Corps détruisirent des terrains d'aviation près de Basra. Les F 111 E arrivèrent d'Incirlik pour détruire les aérodromes près de Mossoul, d'Erbil, de Kirkouk et de Tikrit. Les B-52, chacun capable de transporter trente tonnes de bombes, attaquèrent les unités au sol de la division d'élite Tawakalna. Les F 15-E Eagle d'attaque au sol se servirent de leur arsenal de pointe de HUD *(Head-Up Display)* pour pointer leurs canons Vulcan à six tubes rotatifs vers les convois de camions et les formations de tanks. L'armée de l'air irakienne lança cinquante intercepteurs, dont deux Mig-29 furent abattus, au prix de la perte d'un appareil de la coalition. On ne peut que s'émerveiller : avec tous ces avions supersoniques en l'air, il n'y eut pas une seule collision aérienne, ce qui démontre le professionnalisme des pilotes.

Cela révélait un autre aspect de cette guerre aérienne : la mise en œuvre continue du potentiel aérien demandait plus que du matériel de pointe et de bons pilotes ; elle demandait des équipages très compétents pour assurer la maintenance parfaite d'équipements compliqués. À cet égard-là, la coalition fut magnifique. Pendant qu'un appareil de retour à la base était ravitaillé, réarmé et rééquipé, son pilote faisait un petit somme. Il savait que son équipe remettrait parfaitement son appareil en état avant qu'il fût envoyé dans une autre mission.

L'un des objectifs principaux de la coalition fut la destruction des missiles Scud de fabrication russe. Ce ne furent pas moins de cent soixante avions qui, dès le premier jour, furent dévolus à cette fin. Toutefois, les pilotes ne furent pas très heureux dans cette mission, étant donné que ces fusées sans grande complexité pouvaient être lancées à partir de rampes mobiles et facilement dissimulées dans des palmeraies et sous des bâches[1]. Le 28 janvier, un de ces Scuds atteignit Tel-Aviv et les Américains eurent grand-peine à empêcher Israël de répliquer et durent, pour l'obtenir, promettre une aide financière appréciable. Cette rétorsion aurait, en effet, compromis la coalition, car ses membres islamiques s'en seraient retirés[2]. Pour contrer la menace de

---

1. Un total de 88 Scuds irakiens tombèrent dans des territoires alliés, 46 en Arabie Saoudite et 42 en Israël. Celui qui fit le plus de dégâts fut celui qui tomba sur une base américaine à Dahran et causa 28 morts.

2. On comptait dans les forces de la coalition islamique des unités d'Arabie Saoudite, de Syrie, d'Égypte, du Koweit, du Bengale, du Maroc, du Sénégal, du Niger, du Soudan, d'Oman, de Bahrein et du Quatar.

ces missiles, les Américains déployèrent deux mille quarante-huit fusées antimissiles, du type Patriot. Mais l'efficacité de ces derniers ne fut pas convaincante, bien qu'ils permirent de convaincre Israël de rester neutre.

La destruction à distance signifie qu'on attaque l'ennemi sans s'exposer à un conflit meurtrier. Une fois que la suprématie aérienne a été établie, des vagues ininterrompues de bombardements de précision et de masse doivent annihiler les forces terrestres ennemies sous un déluge de bombes, de missiles et autres projectiles. Ce fut un tel déluge qui se produisit pendant les six semaines suivantes. Des unités irakiennes furent épouvantées et prirent la fuite. Ces bombardements étaient seulement destinés à annihiler les forces irakiennes, mais également à paralyser l'économie irakienne et à forcer Saddam Hussein à une reddition rapide. « La victoire de la coalition est certaine, écrivit l'hebdomadaire *Time* dans son numéro du 11 février, mais le pilonnement des forces aériennes est maintenu à un niveau minimal, afin d'éviter cette effusion de sang que Saddam aspire si ardemment à provoquer. »

Pendant que quatre-vingt-quinze mille tonnes de bombes pleuvaient sur l'Irak, les chaînes de télévision passaient à la vitesse supérieure et, faute de pouvoir fournir une information réelle à leurs téléspectateurs, tiraient des placards leur brigade de généraux en retraite et autres grands experts ; pour l'édification d'autres grands experts, ces stratèges de fauteuil se lancèrent dans des explications qui laissaient le citoyen ordinaire aussi pantois qu'auparavant. La plupart d'entre eux, faut-il le dire, étaient eux-mêmes dépassés par un scénario digne de *Star Wars*.

Les téléspectateurs s'installaient donc devant leurs téléviseurs, dans l'attente des « dernières nouvelles de nos correspondants de guerre spéciaux sur le front ». Toutefois, les journalistes américains comme « les autres » étaient rarement autorisés à se rendre sur le front et quand cela advenait, ils étaient choisis en fonction de l'importance des organes qu'ils représentaient et emmenés dans des promenades guidées[1]. Les autres étaient cantonnés à Riyad. Des gradés leur expliquaient dans des salles climatisées comment fonctionnaient les nouvelles bombes à guidage laser et comment les missiles et les tanks irakiens étaient détruits par vagues. La preuve de la stupéfiante efficacité de ces nouvelles bombes était fournie sur des circuits de télévision par les vidéos enregistrées sur les avions d'attaque. À leur tour, ces images — les seules disponibles — étaient retransmises par satellite et inondaient les télévisions dans les pays de la coalition[2]. Eva Svensson, une ménagère de Göteborg, en Suède, écrivit ainsi : « Pour la première fois de ma vie, je participe à une guerre. Grâce à la formidable couverture de CNN, je me sens réellement en jeu[3]. »

Toutes les bombes ne tombaient pas sur des objectifs militaires. À 4 h 30, le 13 février, une bombe à guidage laser fut lancée contre l'abri n° 25 à Amiriyya, banlieue de Bagdad. Les pilotes s'étaient conformés à des informations erronées selon lesquelles cet abri contenait un centre de commandement militaire, alors qu'il servait en fait à abriter des populations civiles, mille cinq cents Irakiens et surtout les enfants d'Amiriyya[4]. Le constructeur de cet abri avait fait des économies de béton et rempli le double plafond de protection de gravier. La première bombe pénétra une couverture de quatre mètres d'épaisseur et explosa à l'intérieur du rez-de-chaussée. Une seconde bombe suivit le même

1. L'auteur fut ainsi emmené dans une visite guidée des sites de Patriot sur la frontière turque.

2. Il convient de dire que Saddam Hussein essaya d'approcher CNN à des fins de propagande, mais en vain ; il poussa le cynisme au point de s'exhiber à la télévision avec son « invité », un petit garçon blond dont il caressait la tête... Cette manipulation de l'information dans les deux camps joua un rôle politique décisif.

3. *Time*, 11 février 1991.

4. « C'est pourquoi il y a moins d'enfants aujourd'hui dans les rues d'Amiriyya », écrivit Paul Lewis dans l'*International Herald Tribune* du 13 mai 1991.

faisceau laser et pénétra jusqu'à la cave. Techniquement, c'était une prouesse que de faire passer une bombe à travers le trou percé par une bombe précédente. À la suite de cette attaque, immédiatement rapportée par CNN, les commandants américains exprimèrent publiquement leurs regrets. Un incident semblable se produisit à Faloujah, un village à l'ouest de Bagdad, où les Tornados britanniques visèrent un pont et bombardèrent un marché de village. À Samawah, deux ponts sur l'Euphrate furent détruits, mais des bombes tombèrent également sur un village voisin et tuèrent quatre cent dix-sept personnes. Quand une équipe de cameramen arriva sur la scène, elle fut insultée par les villageois : « Vous commencez par nous bombarder et tuer nos familles, puis vous venez nous photographier comme des animaux dans un zoo. »

La tentative de Saddam Hussein de remporter une victoire politique, puis d'attirer l'Occident dans une guerre de tranchées sanglante, avait fait chou blanc. Ses forces supérieures en tanks et en hommes n'entrèrent jamais en action[1]. Les attaques-suicides redoutées contre des cibles vulnérables n'eurent jamais lieu. L'armée de l'air irakienne fut abattue ou bien ses avions s'enfuirent en Iran. Les prouesses déployées par les ingénieurs irakiens dans la construction de fortifications pour des troupes de tranchées ne servirent à rien : les B-52 s'en occupèrent. La guerre verticale contraignit lentement mais sûrement l'Irak à la défaite.

« Les plus grands jours de ma vie ont été le premier et le deuxième de la campagne de bombardement. C'est alors que j'ai compris que nous les avions dominés, déclara le général à quatre étoiles Norman Schwarzkopf. Un commandant de corps d'armée est venu à notre quartier général pour m'annoncer qu'il

1. Des troupes irakiennes attaquèrent bien Khafji, à 10 kilomètres à l'intérieur de l'Arabie Saoudite, mais elles furent repoussées après avoir subi de fortes pertes.

avait déjà fait trois mille deux cents prisonniers irakiens. "Et il y en a d'autres qui arrivent chaque minute", dit-il. "Et combien de victimes parmi nos alliés ?" lui demandai-je. "Un blessé." C'étaient vraiment là de bonnes nouvelles [1]. »

La nature fondamentale de la guerre avait été changée par ce conflit.

La bataille terrestre se déroula comme prévu.

Une fois que le contrôle de l'espace aérien ennemi fut garanti, et alors que les forces terrestres de Saddam Hussein étaient démoralisées par le bombardement massif incessant, les forces terrestres de la coalition entreprirent leur marche finale. L'attaque dura cent heures. Du côté de la coalition, elle mit en œuvre deux cent cinquante-huit mille hommes, cinquante-huit mille sept cents véhicules et mille six cent vingt avions ; en face, on comptait quarante-trois divisions irakiennes, cinq cent quarante-cinq mille hommes et quatre mille deux cent quatre-vingts tanks [2]. Mais pas de couverture aérienne.

Le 24 février, dans les traînées de fumée huileuse et noire des explosions d'obus et les geysers de sable, l'artillerie lourde mobile de la coalition concentra son feu sur les défenses irakiennes. Une bordée d'A-10 anti-tanks passa en grondant au-dessus des têtes. Puis les colonnes blindées se mirent en mouvement, soutenues par des nuées d'hélicoptères Apache et Blackhawk. Elles n'affrontèrent aucune résistance. Leur plus grand obstacle résida dans les cratères creusés par des semaines de bombardements aériens. Des vagues de tanks M1 Abrams américains, Challenger britanniques et des AMX français, extrêmement mobiles, avancèrent par-

1. Au cours des « Conversations avec David Frost » à la NBC.

2. Tels furent du moins les chiffres disponibles au 15 janvier 1991. Selon le général Schwarzkopf, vingt et une divisions avaient été éliminées.

dessus des tranchées remplies de cadavres en décomposition, pas des victimes des bombardements du matin, mais du terrible bombardement intensif des B-52. Au-delà de ce désert piqué de cratères, les colonnes trouvèrent des canons fracassés et des tanks enfouis dans le sable. Quelques carcasses de tanks incendiés jonchaient le sable comme des épaves ; plusieurs d'entre eux gisaient sur le toit, renversés par la force d'explosions proches, et ressemblaient à des hannetons sur le dos. Quelques soldats irakiens hagards sortirent de trous dans le sol. Au-delà encore, c'était le grand désert.

Des unités de blindés rapides partirent de l'avant et coupèrent les arrières de l'armée irakienne qui se dirigeait vers l'autoroute Basra-Bagdad. Des unités françaises de la Division[1] Daguet s'emparèrent de l'aérodrome d'El-Salman et, vingt-quatre heures plus tard, elles avaient pénétré de deux cents kilomètres en territoire irakien. Entre-temps, soutenue par les énormes canons des navires de combat *Missouri* et *Wisconsin*, une force de la coalition composée de divisions américaines et islamiques se dirigeait tout droit vers Koweit City[2]. Le bombardement intensif de soixante-huit B-52 avait déjà détruit les positions fortifiées irakiennes et grâce à l'effet sismique de ses lâchers, soit quelque deux mille tonnes d'explosifs puissants d'un seul coup, il avait aussi fait exploser les milliers de mines antitanks.

Celles des unités irakiennes qui résistèrent eurent affaire à trois unités de la 1re division motorisée américaine, dont les tanks spécialement conçus comportaient à l'avant, comme des bulldozers, une large pelleteuse qui enterra l'infanterie irakienne dans ses tranchées, la plupart des soldats encore vivants. « Nous en avons probablement tué plusieurs milliers, du moins à ma

---

1. La 6e division blindée française, soutenue par le 82e aéroporté américain.

2. Au soir du premier jour, les forces alliées avaient atteint Mina Abdallah, à une trentaine de kilomètres à peine de Koweit City.

Le Facteur Zéro de Napoléon à la Guerre du Golfe

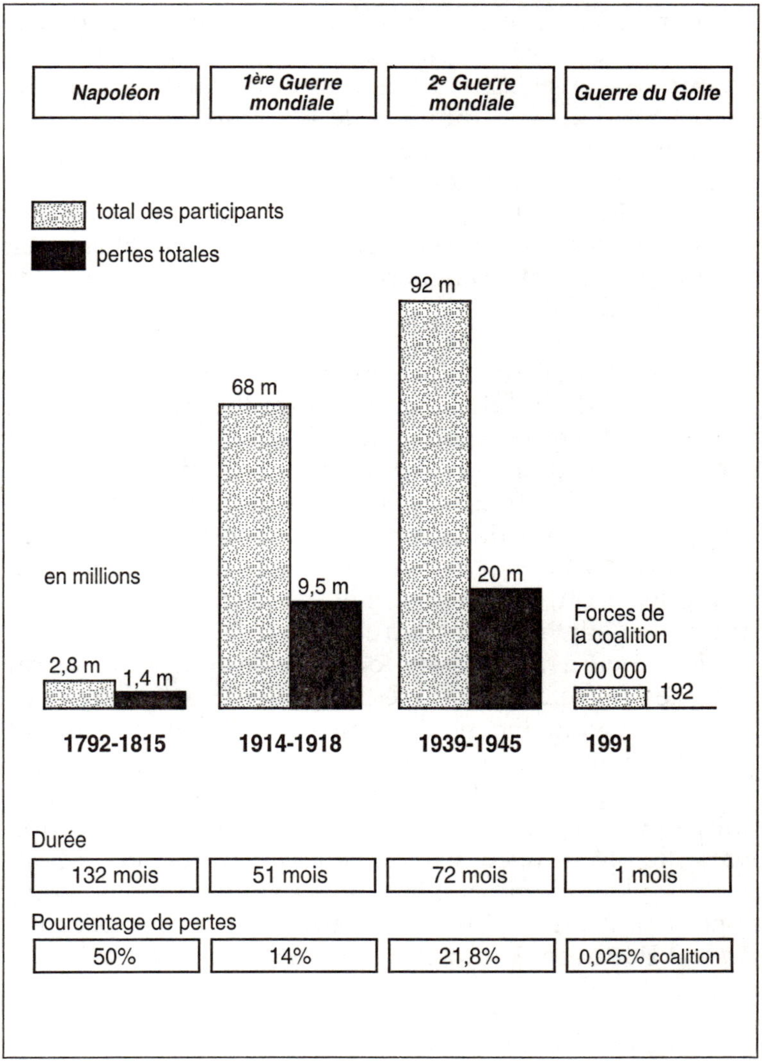

connaissance », admit le colonel Anthony Moreno, qui dirigeait un des groupes d'attaque[1].

Face à une panoplie d'armements de pointe, l'armée irakienne n'avait aucune chance. De nombreux soldats tentèrent de s'enfuir par l'autoroute à six voies qui menait de Koweit City à la frontière irakienne, mais ils tombèrent dans les tumultes de la panique : des incendies faisaient partout rage et tout le monde criait, car après le fracas des bombes, le silence n'était plus supportable. Puis soudain s'éleva ce nuage de poussière aveuglante et tout le monde crut qu'il allait exploser. La déroute tourna au massacre et l'autoroute fut appelée « La route de l'Enfer ».

Quand les forces de la coalition arrivèrent sur place, l'air était chargé de fumée noire et de poussière. Une puanteur s'exhalait de la terre. Des milliers de véhicules, pris sous une grêle de bombes à fragmentation, gisaient là calcinés et détruits ; des corps carbonisés sortaient des tourelles de tanks et des débris humains jonchaient le sol, témoignant du nombre de vies qu'avait coûté ce piège mortel. Pour reprendre les mots d'un officier britannique, « on n'avait jamais vu depuis Hiroshima autant de cadavres par mètre carré »[2].

Le soleil avait disparu derrière le nuage suffocant de fumée noire des centaines de puits de pétrole que les Irakiens avaient incendiés pour couvrir leur retraite et qui brûlaient encore. Des moteurs de camions tournaient, les phares allumés, ce qui ajoutait à la nature sinistre du spectacle. Pourquoi une telle destruction avait-elle été infligée à une armée en fuite ? Pour faire un exemple et punir une nation arrogante, ou bien était-ce pour prouver le pouvoir dévastateur d'une superpuissance ? Pourquoi ? on peut se le demander. Il était inu-

---

1. Le 12 septembre 1991, un porte-parole du Pentagone, Pete Williams, déclara : « Ceux qui ont été tués étaient ceux qui avaient décidé de rester dans leurs tranchées pour se battre. »

2. Jean-Paul Mari, « Témoignage sur une guerre propre », *Le Nouvel Observateur*, 14-20 mars 1991.

tile de demander comment, on le savait bien ; à l'aide d'une arme terrifiante, récente mais jamais encore utilisée, la bombe à dépression ; un cylindre jeté du ciel et contenant quatre cents kilos de méthane comprimé. Celui-ci formait rapidement un nuage gazeux et une fois enflammé, il créait une zone de chaleur intense. Dans un rayon de trois cents mètres, toute vie était étouffée. L'effet de cette arme était le même que celui d'une bombe thermonucléaire d'un demi-kilotonne, mais sans les retombées de la radioactivité qui eût rendu dangereuse la poursuite des unités. C'était là une manière rapide et bon marché de terminer une guerre[1].

Enterrés vivants par des tanks-bulldozers, hachés menus par les bombes à fragmentation, calcinés par des explosifs à base de carburant, les soldats irakiens vacillèrent. L'armée irakienne subit des pertes effroyables et Saddam Hussein se vit forcé d'ordonner lui-même le retrait du Koweit. Mais pour la population irakienne, le pire était encore à venir[2].

Les pertes militaires irakiennes s'élevèrent à cent mille hommes[3].

Les forces de la coalition accusèrent un total de cent quatre-vingt-douze morts, dont trente-deux tombés sous le « feu allié » et deux morts en désamorçant une

---

1. Le porte-parole du Pentagone Pete Williams déclara aux journalistes que cette arme n'était pas contraire à la convention de Genève.

2. On estima à l'UNICEF que 170 000 enfants irakiens moururent des conséquences des bombardements, par suite de la destruction des réseaux alimentaires et de la famine causée par l'embargo. Le *Jordan Times* du 25 mai 1991 publia une déclaration du prince Aga Khan : « Les hôpitaux sont devenus des foyers d'infection, privés de médicaments, de vivres et même d'eau et d'électricité. Près de Basra, 98 % des patients sont des enfants souffrant de diarrhée. » Et *Le Monde* du 26 octobre estima qu'on pouvait estimer que le chiffre de 68 000 enfants morts par suite de l'embargo était réaliste.

3. Chiffre communiqué par le général Schwarzkopf devant une commission du Congrès. Il faut souligner que jusqu'à la guerre du Vietnam, « les pertes estimées de l'ennemi » n'avaient jamais été une telle obsession des armées américaines. Greenpeace pour sa part estime le total des morts causées par le bombardement aérien, morts civiles comprises, à 200 000.

bombe. En termes militaires, cela s'appelle le Facteur Zéro.

Le désert n'est pas un endroit où l'on peut se cacher. Ainsi en était-il du temps de Saladin, ainsi en est-il aujourd'hui. Et une fois que le combat a pris fin, les sables recouvrent les débris du champ de bataille et les chevaliers morts. Ou bien les carcasses de tanks calcinés et les os blanchis de leurs équipages.

Et si...

... Saddam Hussein s'était retiré du Koweit avant le 17 janvier ?

L'Occident et le demi-million d'hommes de la coalition seraient apparus comme des traîneurs de sabre.

Les faits

Le cessez-le-feu fut proclamé à 8 heures le 28 février 1991.

Au terme de cent heures d'attaque terrestre et avec les tanks de la coalition aux portes de Bagdad, le tyran de Bagdad apparut soudain à l'Occident comme indispensable au maintien de l'équilibre régional. Politiquement, il devint donc commode de le maintenir en place et de lui concéder une armée suffisamment forte pour tenir en échec les Iraniens. Une telle attitude peut paraître cynique, mais elle illustre parfaitement bien l'adage « Mieux vaut un diable qu'on connaît qu'un démon qu'on ne connaît pas ». La décision convint aux Turcs, qui se débattaient avec leur problème kurde (« Que Saddam Hussein leur règle leur compte et en porte le blâme »), et elle convint également à l'Arabie Saoudite et aux émirats du Golfe, constamment sous la menace de l'intégrisme islamique patronné par l'Iran.

La grande peur de l'Occident ne se matérialisa pas ; le dictateur irakien répugna à se servir de son arme la plus terrible, le *Taboun* mis au point par des chimistes allemands à la fin de la Seconde Guerre mondiale et vendu en secret à l'Irak par des hommes d'affaires sans scrupules. Lancé par missile ou par obus d'artillerie, il est fatal ; tout être vivant qui entre en contact avec la plus infime gouttelette de ce gaz liquide commence à saliver et ses pupilles se contractent, puis sa peau revêt une couleur grisâtre. La mort survient instantanément. Une fois lâché, il peut se répandre dans le monde entier. Si Saddam Hussein en avait ordonné l'usage, il se serait attiré des représailles atomiques immédiates. Il eût été annihilé. Et cela, personne ne le voulait.

Cette guerre avait été financée pour l'essentiel par les pays directement intéressés, l'Arabie Saoudite, le Koweit et les Émirats. En ce sens, les forces de la coalition furent à peine plus que des mercenaires au service des pays producteurs de pétrole.

Ce ne sont pas les inventions techniques qui gagnent une guerre, ce sont des hommes. Les principes fondamentaux d'une armée sont toujours sa volonté de gagner et l'agressivité individuelle des soldats au front. En ce qui concerne les hommes, et en particulier ceux qui servirent dans les forces américaines, on peut juger qu'ils se battirent bien. Le syndrome post-Vietnam, où la devise « Devoir, Honneur et Patrie » cédait le pas au carriérisme (être dans le bon poste au moment où il faut), s'était effacé ; le sentiment était qu'il fallait atteindre un objectif, et celui-ci consistait à gagner une guerre. Quelles qu'eussent été les blessures infligées par la guerre du Vietnam à la confiance de l'Amérique en elle-même, elles s'étaient finalement cicatrisées.

Le plus visible de tous les chefs de la coalition, le général Norman Schwarzkopf, se révéla être un organisateur efficace, mais ses rapports avec ses subordonnés aussi bien qu'avec ses supérieurs furent médiocres. En mars 1991, il mit un point final à l'Opération *Desert Storm* avec la déclaration suivante à la presse : le président des États-Unis, George Bush, lui avait dérobé son succès final dans cette guerre. On le gratifia néanmoins d'une parade, il prit sa retraite et se consacra à la rédaction de ses Mémoires.

Saddam Hussein est toujours président de l'Irak.

La coalition était en elle-même une entreprise unique et une réussite politique. Pour une fois, une cause commune avait uni l'Occident et l'Orient, des musulmans et des chrétiens. Mais ici il convient de tirer un trait. Il est encore impossible d'évaluer les turbulences causées par la guerre du Golfe. Il est certain qu'elles modifieront les perspectives stratégiques pendant une longue période à venir, non seulement dans la péninsule Arabique, mais également dans ce vaste croissant qui s'étend de l'Indonésie à l'Algérie et au Maroc. La montée rapide du fondamentalisme islamique est en rapport direct avec l'Opération *Desert Storm*. Confronté à un milliard de musulmans assis sur ces richesses souterraines qui commandent les besoins immédiats des nations industrielles, l'Occident pourrait bien se trouver contraint à une acceptation pénible de la *Realpolitik* à l'égard de ceux qu'il a si magistralement vaincus.

Le désert a souvent été utilisé comme terrain d'essais. La plupart des nouvelles technologies militaires ont prouvé leur valeur dans la première « guerre verticale »[1]. Les progrès scientifiques, qui coûtent cher, ont

1. Les bombes à guidage laser (Paveway), le GPS ou Global Positioning System dont tous les véhicules et tous les avions étaient équipés, les hélicoptères d'attaque avec canon, l'artillerie à vision de nuit, les avions de contrôle aérien AWACs et Joint Star, la surveillance par satellite, les bombardiers furtifs F 117 Stealth, l'artillerie antitank aéroportée A 10, les UAV ou véhicules sans pilote, le système de défense antimissiles Patriot, les missiles de croisière lancés par sous-marins, sans oublier le contrôle psychologique obtenu par une télévision qui fabrique des images destinées à aider les gouvernements à

induit les hommes politiques et les militaires à croire que des prodiges technologiques suffiraient à eux seuls à faire le travail. Il est vrai, dans le cas de la guerre du Golfe, qu'une fois que les structures de commande de l'ennemi avaient été aveuglées, l'usage effréné de la puissance aérienne permit d'éliminer les forces terrestres de l'Irak. Les armements de haute technologie furent là d'un grand secours. Et cependant, c'étaient quand même les pilotes dans le ciel et les tankistes au sol qui gagnèrent la guerre. À la fin, *le facteur décisif* dans cette guerre-là fut comme toujours le facteur humain.

Cette bataille démontra aussi qu'il est désormais possible de livrer une guerre avec des pertes minimes, quelques centaines de vies. L'alternative qui s'offre est le Facteur Zéro ou l'annihilation totale.

Le grain de sable dans la guerre du Golfe fut une écrasante supériorité technologique qui s'affirma dès la première heure de l'attaque. Après cela, il n'y avait plus de guerre à livrer, il ne restait plus que l'annihilation.

---

incliner les opinions publiques en leur faveur.

Ces systèmes comportaient cependant des défaillances. Ainsi, le système Patriot était politiquement utile, mais son efficacité technique n'était que partielle ; sur les 88 Scuds lancés par l'Irak, 24 seulement furent interceptés. Par ailleurs, le système raffiné de surveillance aérienne ne permit pas de localiser les lanceurs mobiles de ces Scuds. Enfin, le système de guidage des missiles de croisière n'était pas non plus efficace à cent pour cent : seuls 65 % de ces missiles atteignirent leurs cibles.

Épilogue

Le facteur décisif

> « Cette révélation des secrets de la nature, qui fut longtemps et miséricordieusement refusée à l'homme, devrait inspirer les réflexions les plus solennelles dans les esprits et les consciences de tous les êtres humains qui en sont capables. Nous devons vraiment prier afin que ces effrayantes puissances servent à instaurer la paix entre les nations et qu'au lieu de semer des catastrophes incalculables sur la planète entière, elles deviennent une fontaine éternelle de prospérité. »
>
> Winston Churchill,
> quand il apprit la destruction
> d'Hiroshima, le 6 août 1945.

Si le pendule de l'Histoire s'était balancé dans l'autre sens, on peut se demander quelles auraient été les conséquences du combat du Croisé Guy de Lusignan contre le Turc Saladin. Une victoire des « Chevaliers de la vraie Croix » aurait-elle résolu le problème de Jérusalem ? La question reste ouverte. Et pourtant cette bataille-là et maintes autres qui furent importantes apparaissent comme mineures en regard de celle qui menaça de détruire la planète. Pour le comprendre, il faut revenir à un événement qui changea la mentalité des peuples civilisés et qui eut lieu à 8 h 15 par un beau matin d'août 1945. Ou, pour être plus précis, à l'instant où un éclair de lumière aveuglante perça les cieux au-dessus du Japon [1].

Mme Keiko Nakamura fit partie de ceux qui eurent de la chance : elle mourut sur-le-champ. D'autres sentirent leur peau brûler, puis leurs os avant que leurs cerveaux s'arrêtassent. Il faut parfois des heures pour mourir, des jours, des mois.

Ce fut donc un matin ensoleillé. La fin de l'alerte retentit à 7 h 45. Les habitants d'Hiroshima sortirent de leurs abris et contemplèrent le ciel bleu. Quelques-uns de ceux qui survécurent à l'holocauste qui s'ensuivit rapportèrent plus tard avoir vu la traînée de vapeur d'un avion isolé qui s'éloignait là-haut, tandis que d'autres dirent qu'ils avaient vu l'étincelle argentée d'un quadrimoteur qui volait vers la ville. Les uns et les autres avaient raison, car le premier appareil était l'avion météo qui avait indiqué la ville et déclenché l'alerte, et le second était l'*Enola Gay* avec sa terrible cargaison. Il n'y eut pas de semonce.

8 h 11... cinq... quatre... trois... deux... un... zéro.

Le monde se fracassa dans un éclair brillant. Il est douteux que les milliers de gens qui se rendaient au travail virent jamais l'éclair aveuglant qui, en une milliseconde, se changea en une gigantesque boule de feu.

La violence de l'explosion fut inimaginable et le cœur du foyer monta à plusieurs millions de degrés centigrades. Pendant quatre secondes, une boule de feu de quelque soixante-dix mètres de diamètre, deux fois plus brillante que le soleil, flotta au-dessus de la ville condamnée. Toute personne qui l'aurait regardée aurait eu les yeux brûlés par son éclat. Cette supernova artifi-

1. La température au centre de la terrifiante boule de feu fut égale à 4 fois celle qui règne au cœur du soleil.

cielle déclencha la combustion spontanée de tout ce qui se trouvait alentour. Et ce fut avant que l'onde de chaleur balayât Hiroshima comme une tempête fulminante.

À la verticale de l'explosion, la chaleur et le choc furent dévastateurs. Des poutres de fer fondirent et se transformèrent en boules grandes comme des balles de golf, des immeubles de béton se volatilisèrent en poussière. Il n'y eut aucun survivant dans un rayon de sept cents mètres de l'épicentre. Ce qui avait été substance humaine ne fut plus que cendres grises. À huit cents mètres, les rues en feu étaient jonchées de cadavres calcinés. À trois mille mètres, la panique régnait. Des gens à la chevelure en feu se dirigeaient en vacillant vers l'holocauste, d'autres se jetaient dans des puits pour éteindre leurs vêtements en feu. Les gémissements étaient partout les mêmes : « De l'eau ! De l'eau, s'il vous plaît ! » Une mère, prisonnière d'une maison en feu, jeta son enfant par la fenêtre à un passant, lui-même partiellement brûlé. « Sauvez mon enfant, je vous en supplie ! » L'homme reçut l'enfant, déjà roussi par le feu, cependant que la mère était dévorée par les flammes. Ceux qui avaient échappé à l'enfer tombaient morts dans les rues, en proie à des hémorragies internes, les tympans percés, les intestins consumés.

Plus loin montait le crescendo assourdissant des immeubles qui s'effondraient, du verre brisé, des cris. Des incendies se déclenchaient partout, des maisons explosaient d'un coup et se transformaient en furieux brasiers, des papiers brûlés flottaient dans l'air comme des confettis. Des geysers jaillissaient des conduites d'eau crevées et il pleuvait partout du verre cassé. Des cadavres jonchaient les rues, comme des poupées cassées et les survivants affreusement brûlés tâtonnaient dans une vapeur jaune, hurlaient, tombaient et s'immobilisaient.

À deux kilomètres de l'épicentre, les traverses de bois des voies ferrées s'enflammèrent. Ceux qui s'étaient trouvés en plein air à deux kilomètres et demi furent écrasés par l'onde de choc, pareille à un camion d'une tonne lancé à cent soixante kilomètres à l'heure. À trois kilomètres, l'onde de chaleur avait été si violente que les rares survivants ne parvenaient à donner aucune explication cohérente de ce qui s'était passé et personne ne se rappelait même plus avoir entendu une explosion. Dans une banlieue à dix kilomètres de l'épicentre, une personne qui se trouvait à sa fenêtre fut tuée.

Des fermiers bien plus loin se rappelèrent avoir vu un éclair aveuglant, puis avoir entendu le tonnerre avant que le ciel fût devenu noir et que la nuit fût brusquement descendue sur l'île.

Une lumière irréelle baignait les scènes d'horreur. Puis un calme soudain s'instaura. L'horreur immédiate n'avait duré que deux minutes, mais ce furent deux minutes qui changèrent le monde.

Une pluie noire tomba sur les survivants. Ce fut la seconde vague de mort, car cette pluie charriait de la radioactivité, qui imprégna ensuite la terre.

Une petite fille s'assit simplement le dos contre un mur et attendit que la mort vînt la prendre. Dans les deux jours qui suivirent, toutes les victimes qui avaient été fortement brûlées moururent. Mais sur les corps de ceux qui avaient réussi à échapper à l'explosion initiale, des symptômes inconnus apparurent : de grandes taches blanches autour des yeux et des oreilles, puis une fièvre élevée ; leurs amygdales commencèrent à se délabrer, leur respiration se fit sibilante. Ils moururent par centaines [1].

On n'effectua jamais de décompte précis des victimes, étant donné que les archives de la ville avaient aussi brûlé dans l'explosion.

---

1. D'après les récits de survivants de Hiroshima et de Nagasaki à des enquêteurs ; ces récits parurent dans des publications médicales.

Personne, au début de la Seconde Guerre mondiale, n'aurait imaginé que moins d'une décennie plus tard l'énergie nucléaire deviendrait un élément majeur de la politique internationale. Les Allemands avaient dominé l'Europe, s'étaient aventurés en Afrique et avaient déferlé à l'est. Ils avaient en plus commis une erreur qui se révéla catastrophique pour eux-mêmes : ils s'étaient montrés intolérants à l'égard des savants juifs. Le plus fameux de ceux qu'ils rejetèrent s'appelait Albert Einstein. Ses théories et les travaux d'autres réfugiés de la persécution nazie [1] créèrent un monstre. Les physiciens américains et anglais y contribuèrent : J. Robert Oppenheimer et Ernest O. Lawrence, qui travaillaient chacun de leur côté à la séparation de l'isotope léger de l'uranium U 235, de l'isotope plus lourd U 238 [2], et l'Anglais Nunn May [3] : soudain la guerre cessa d'être un jeu de hasard.

L'occasion et la peur créèrent un monde nouveau. Puis l'ère nucléaire, jaillie du besoin prométhéen de maîtriser la nature, suscita entre les grandes puissances une course aux armements, au mépris de ses conséquences. Les hommes politiques et les stratèges en vinrent à considérer que la menace du champignon atomique faisait désormais partie des réalités. L'âge des exterminations massives était né. Des ordinateurs calculèrent le nombre maximal de morts que l'humanité pouvait supporter sans risquer l'extinction. On entrait quasiment dans la science-fiction [4]. Si les superpuis-

---

1. Leo Szilard, Niels Bohr, Enrico Fermi, Lise Meitner, Otto Frisch, Rudolf Peierls, Eugene Wigner, Édouard Teller... « Les physiciens ont découvert le péché et c'est un savoir qu'ils ne pourront pas oublier », écrivit l'un d'eux, J. Robert Oppenheimer.

2. Étape essentielle à la fabrication de la bombe à fission atomique, première arme nucléaire. *(N.d.T.)*

3. Convaincu en 1945, avec Klaus Fuchs, d'espionnage atomique au bénéfice de l'URSS. *(N.d.T.)*

4. Le 10 octobre 1949, une commission informa le président Truman que « l'accélération du programme d'énergie atomique était nécessaire aux intérêts essentiels de la sécurité nationale ». On calcula qu'une seule bombe

sances reculèrent après 1945 devant le risque de la guerre totale, c'est parce qu'elle était impossible et suicidaire.

La crise cubaine des missiles de 1962 est bien connue : lors de cette confrontation dans les Caraïbes, l'URSS disposait d'un arsenal nucléaire de deux mille huit cents ogives atomiques et les États-Unis, de cinq mille cinq cents bombes atomiques, sans compter une flotte invincible de sous-marins capables de transporter et lancer des missiles nucléaires. Stratèges et hommes politiques des deux côtés s'avisèrent qu'un conflit ouvert était hors de question. Cuba n'était pas un théâtre nucléaire. Mais le Moyen-Orient, oui.

En 1972, le président de la Libye, Mouammar Khadafi envoya en Chine incognito son second, le major Jalloud, pour y acheter une bombe. Ce dernier fut reçu par le Premier ministre Zhou En Lai qui l'informa avec l'exquise courtoisie chinoise que les bombes atomiques n'étaient pas à vendre. En avril 1973, Mohamed Hassanein Heykal, conseiller personnel du président de l'Égypte, rendit visite au général français Pierre Gallois, « père » de la force de frappe et géo-stratège de renommée mondiale[1].

« Mon général, commença Heykal, les Israéliens attaquent nos villes, détruisent les écoles et tuent des enfants[2]. C'est intolérable et nous y mettrons fin. » Paroles énergiques qui présageaient d'une autre guerre au Moyen-Orient. « Nous sommes au fait du potentiel nucléaire des Israéliens. Ma question est : s'ils nous atta-

---

de 100 mégatonnes annihilerait une superficie 6 fois supérieure à celle de la zone métropolitaine de New York avec une population de 15 millions d'âmes.

1. Aujourd'hui retiré, Pierre Gallois a publié plusieurs ouvrages et il est un collaborateur de *Politique internationale*. L'histoire de la tentative libyenne d'achat d'une bombe à la Chine est tirée de l'ouvrage de M. H. Heykal, *Road to Ramadân*.

2. Lors d'un raid sur Le Caire, l'aviation israélienne y avait par erreur jeté une bombe.

quent, les Israéliens utiliseront-ils la bombe ? » La réponse de Gallois fut spontanée : « La bombe atomique n'est pas une arme, c'est un instrument de dissuasion. Si vous attaquiez pour reprendre ce que vous considérez comme votre propriété légitime[1] sans menacer l'existence même d'Israël, ils ne s'en serviront pas. Mais n'essayez pas de les jeter à la mer. » Gallois avait raison : le quatrième round de la lutte des Arabes contre Israël, auquel les Arabes avaient donné le nom de code de *Badr* et que les Israéliens appelaient la guerre du Kippour, inaugura un nouveau type de guerre : elle fut menée au-dessus du niveau conventionnel et au-dessous du niveau nucléaire. Ce fut une guerre limitée, dans ses objectifs aussi bien que dans sa durée[2]. La conséquence directe du quatrième conflit arabo-israélien fut que les Arabes se servirent de l'arme pétrolière pour la première fois[3].

Il existe un incident qui ne fut jamais expliqué : pourquoi, le 25 octobre 1973, les États-Unis ordonnèrent-ils une alerte nucléaire ? Leonid Brejnev avait adressé au président Nixon un télex ainsi libellé : « Si les Israéliens, ne veulent pas respecter le cessez-le-feu, travaillons ensemble à le leur imposer, fût-ce par la force. » Le secrétaire d'État Kissinger l'interpréta comme une menace. Brejnev et Nixon s'en entretinrent ensuite par téléphone et Brejnev téléphona au président de la Syrie, Hafez el-Assad, pour l'informer que c'était une fausse alerte, destinée à dramatiser la crise. L'incident était toutefois révélateur : il montrait que les superpuissances ne voulaient pas se laisser entraîner dans un conflit nucléaire.

1. Le canal de Suez et le Sinaï.

2. Elle dura 2 semaines et le terrain des combats ne dépassa pas une vingtaine de kilomètres de part et d'autre du canal de Suez.

3. L'inspirateur en fut le roi Faysal d'Arabie Saoudite, qui déclara au président Sadate : « Nous ne voulons pas nous servir de notre pétrole comme arme dans une bataille qui durerait deux ou trois jours. Mais nous voulons voir une guerre qui durerait assez longtemps pour mobiliser l'opinion mondiale. » (D'après M. H. Heykal.)

Dans les dernières années du XXe siècle, l'humanité s'est trouvée déchirée entre l'Orient communiste et l'Occident atlantique. La défense ne consistait plus dans la protection d'un pays, mais dans la capacité d'annihiler l'autre, comme on l'avait amplement vu à Hiroshima et Nagasaki. Seulement, le prochain conflit risquait d'être mille fois plus vaste. Pendant des années, la politique soviétique s'était fondée sur le fait que l'Occident ne déclencherait jamais une guerre nucléaire, parce que, à la différence des Soviétiques, les Américains ne pourraient jamais accepter l'idée d'une guerre qui ferait vingt millions de morts. L'Occident baignait ainsi dans une humeur défaitiste, qui offrait à l'URSS un avantage moral déterminant et capable de lui assurer la victoire finale.

L'Occident détenait des atouts préliminaires dans le cas d'une attaque atomique : ses missiles Minutemen et ses sous-marins nucléaires, que les Soviétiques ne pouvaient pas pister, alors que les Américains, eux, pouvaient pister les sous-marins nucléaires soviétiques. Mais les Soviétiques, eux, possédaient le potentiel nécessaire à une contre-attaque : le missile balistique intercontinental ou ICBM SS-18. Après l'avoir mis au point, ils en construisirent quelque trois cents, dont chacun était armé d'une triple ogive nucléaire. Chacun de ces ICBM était virtuellement chargé de détruire les silos des Minutemen. Cela leur donnait l'avantage dans la course aux armements. Puis les États-Unis mirent au point les sous-marins Trident et le système de guidage par satellites géostationnaires ou GPS. L'avantage passa de nouveau à l'Occident. Pendant des années, l'avantage en matière de dissuasion nucléaire oscilla de la sorte entre les deux camps, chaque parade étant suivie d'une contre-parade.

Ce rythme ne fut pas trop difficile à suivre : l'on ne faisait pas de grandes découvertes scientifiques ; l'essentiel avait été prévu par les théoriciens de la physique une trentaine d'années auparavant. Il n'était alors plus question que de trouver les matériaux et les instruments nécessaires et de les assembler, comme dans un puzzle d'enfant. L'on construisait des bombes de plus en plus grandes, parce que la précision du tir laissait à désirer. Une fois que le problème de la précision fut résolu, les grosses bombes devinrent des « bombinettes » capables d'atteindre une datcha de bois ou le Bureau Ovale de la Maison-Blanche à cinq mille kilomètres de là. Les États-Unis mirent au point l'Initiative de Défense Stratégique ou SDI, basée sur une technologie laser de pointe[1] (et dont le monde n'a, heureusement, jamais eu l'occasion de vérifier si elle est fiable).

La guerre froide se poursuivait. Une série de conférences sur le désarmement eut lieu, dont on fit grand cas mais qui était fondamentalement sans objet, étant donné que la réduction du nombre d'ogives nucléaires n'était qu'une opération « cosmétique »[2]. Même en réduisant de moitié leurs arsenaux nucléaires, chaque superpuissance conservait assez de bombes pour atomiser l'ensemble de la planète dix fois de suite.

Bien auparavant, un nouveau facteur était apparu : l'entrée en scène d'une possible troisième superpuissance, parce que la Chine ne serait ni une alliée, ni une ennemie, mais certainement une survivante dans une éventuelle et désastreuse guerre pousse-bouton. Et Moscou, dont les chefs étaient ethniquement des Russes blancs, craignait davantage un monde d'après-guerre dominé par un socialisme mondial sous la férule chinoise que la mainmise économique de l'Occident. Dans une conversation officieuse avec l'auteur, un ancien

---

1. Plusieurs faisceaux laser sont dirigés par une série de miroirs vers un réflecteur qui, à son tour, dévie le faisceau destructeur vers un missile qui approche. Ce système n'a rien à voir avec celui qui fut mis en œuvre par les Patriot, missiles antimissiles terre-air, dans la guerre du Golfe.

2. On y discuta beaucoup de la définition des « armes offensives » et des « armes défensives ». On y considéra que cette dernière était une arme qui ne serait ni menaçante, ni déstabilisante. On y discuta également des droits d'inspection des sites nucléaires.

haut fonctionnaire soviétique a déclaré qu'en comparaison avec la menace que représentait la Chine, avec son milliard d'habitants avides de terres, les armées hitlériennes n'avaient été qu'« une bande de pèlerins ».

La chute du Mur symbolique de Berlin avait mis fin à la guerre froide. Mais il serait aventureux d'en déduire que l'Occident dictera éternellement au reste du monde le chemin qu'il faut suivre. Le siècle à venir verra tout changer dans le monde, y compris les idées sur la guerre. L'intelligence artificielle pourrait bientôt surpasser son modèle humain. Et la science militaire ne restera pas à l'écart. La guerre du Golfe en a montré les premiers signes en 1991. L'obus a été remplacé par une puce pas plus grande que l'ongle du pouce. Dans un conflit futur, la logique du grain de sable pourrait bien dépendre d'un robot capable de pensée autonome. Le danger est que les soldats de l'avenir se fient trop à la technologie et non aux vertus humaines qui ont forgé les grands chefs militaires du passé.

Aux époques des batailles classiques organisées, les engagements duraient quelques heures, puis les vainqueurs dévastaient les territoires ennemis et massacraient les vaincus. Ces coups étaient portés par quelques milliers d'hommes, et le facteur décisif pouvait être indiqué avec précision. Même à l'époque napoléonienne, quand c'étaient de grandes armées qui se combattaient, on voyait bien qui avait commis une faute, et le résultat d'une simple erreur était à la fois immédiat et dévastateur. La logique du grain de sable s'obscurcit durant les longs conflits des guerres mondiales, jusqu'à la catharsis finale au Japon. Le monde est ainsi passé de manière continue de l'épée Excalibur du roi Arthur au *Little Man* de Robert Oppenheimer[1]. Dans un seul éclair éblouissant, une bombe élimina le

1. Nom de code de la bombe de Hiroshima.

vieux principe selon lequel la guerre est l'instrument ultime de la politique ; elle transforma la menace en dissuasion et démontra les horreurs d'une destruction mutuelle certaine.

Si nous acceptons le postulat que les armes nucléaires ont, en fait, préservé la paix durant les dernières années du deuxième millénaire, si nous osons considérer que les crises périodiques et les « bains de sang mineurs » du Moyen-Orient et de l'Afrique peuvent être considérés comme s'inscrivant dans une paix mondiale, nous pouvons alors dire que le facteur décisif ultime fut la bombe d'Hiroshima.

Mais si une génération future était assez folle pour jeter une autre bombe de ce genre, on pourrait dire que ce serait le dernier de tous les grains de sable...

Remerciements

Je dois beaucoup à ceux qui m'ont donné la bonne direction et qui m'ont ouvert la bonne page des bons livres : historiens, bibliothécaires, journalistes, géostratégistes, scientifiques et généraux.

Je dédie avant tout ce livre à ceux qui ont vécu à travers lui, à mes collègues et amis qui étaient là à mes côtés et à ceux toujours présents dans mon cœur. Merci encore à Peters, Fraser et Dunlop Ltd de m'avoir permis d'utiliser leurs recherches pour *Pursuit* de Ludovic Kennedy. E.D.

Photocomposition Nord Compo
Villeneuve d'Ascq
Achevé d'imprimer en octobre 2000
sur presse Cameron
par Bussière Camedan Imprimeries
à Saint-Amand-Montrond (Cher)

Imprimé en France

Dépôt légal : octobre 2000.
N° d'édition : 7260. N° d'impression : 004763/4.